CHIMIE

EXPÉRIMENTALE ET THÉORIQUE.

IMPRIMERIE DE BACHELIER,
rue du Jardinet, 12.

CHIMIE

EXPÉRIMENTALE ET THÉORIQUE,

APPLIQUÉE

AUX ARTS INDUSTRIELS ET AGRICOLES,

Par MUNIN,

Ancien élève de l'École Normale, ancien professeur de Physique et de Chimie
au Collége royal de Bourges, membre de la Société d'Émulation de Brest.

* * *

TOME PREMIER.

* * *

PARIS,

BACHELIER, IMPRIMEUR-LIBRAIRE

POUR LES SCIENCES,

QUAI DES AUGUSTINS, 55.

—

1845.

IMPRIMERIE DE BACHELIER,
rue du Jardinet, 12.

AVERTISSEMENT.

L'ouvrage que nous livrons aujourd'hui au public n'est pas un Traité complet de Chimie; car il eût été impossible de réunir dans deux volumes tous les faits nombreux qui sont la base de cette science et de faire connaître les lois, c'est-à-dire les rapports mutuels des phénomènes observés. L'auteur a eu seulement l'intention de donner dans son livre l'histoire des principaux corps simples et composés qui sont considérés comme les types d'une série d'autres corps; puis d'exposer les théories chimiques les plus simples et les plus naturelles adoptées par les savants de notre époque pour expliquer tous les phénomènes remarquables que présentent les corps dans leurs actions moléculaires.

Un Traité scientifique doit toujours être écrit dans le but d'être utile aux personnes qui suivent des cours publics et qui désirent acquérir une instruction solide; ce sont ces raisons qui ont porté l'auteur à se rapprocher le plus possible, par l'ordre et par la méthode, des cours faits à Paris par M. Gay-Lussac au Jardin-des-Plantes, par M. Dumas en Sorbonne, et par M. Pelouze au Collége de France. Sous ce rapport, ces Éléments auront le mérite de l'opportunité, puisqu'ils pourront servir aux personnes qui auront des examens à subir sur la Chimie, et qui même pourraient être appelées à soutenir des épreuves d'un ordre plus élevé sur cette science.

TABLE DES MATIÈRES

DU TOME PREMIER.

CHIMIE INORGANIQUE.

CHAPITRE Ier.

CHAPITRE II.

CHAPITRE III.

CHAPITRE IV.

CHAPITRE V.

CHAPITRE VI.

ÉLÉMENTS

DE CHIMIE

EXPÉRIMENTALE ET THÉORIQUE.

PREMIÈRE PARTIE.

CHIMIE INORGANIQUE.

CHAPITRE PREMIER.

NOTIONS GÉNÉRALES SUR LA MATIÈRE ET LES FORCES MOLÉCULAIRES.

Les philosophes et les physiciens sont généralement d'accord sur la définition des corps : ils appellent de ce nom ou de celui de matière, tout ce qui peut affecter un ou plusieurs de nos sens. Quelquefois cependant, nous éprouvons des sensations de chaleur et de lumière sans qu'on puisse assigner le nom de corps aux causes qui les produisent, aux objets qui les excitent.

La nature nous offre tous les corps sous trois états différents ; les uns sont solides comme la pierre, le fer, le bois, etc. ; d'autres sont liquides comme l'eau, le vin, l'alcool ; tandis que les derniers, c'est-à-dire les corps gazeux, sont impalpables et presque tous invisibles, comme l'oxygène et d'hydrogène ; leur existence ne nous est révélée que

I.

dans des circonstances toutes particulières, et par des propriétés spéciales. Par exemple l'air nous est accusé par une infinité de phénomènes usuels comme les vents, le jeu des soufflets, des pompes, etc. Dans la suite, en faisant l'étude de chaque gaz, nous indiquerons les principales propriétés qui pourraient servir à prouver son existence comme matière, et qui seront un guide certain pour ne pas le confondre avec les autres gaz.

Corps simples et corps composés. Nous avons dit que tous les corps de la nature, considérés sous le point de vue physique, pouvaient se partager en trois grandes classes : en les envisageant sous une autre face, on est conduit à les partager en deux groupes bien distincts, en corps simples et en corps composés. Les corps simples sont ceux qui sont les éléments des corps composés, ou bien sont des corps desquels on ne peut, par aucun procédé chimique, retirer plusieurs matières différentes; tandis que les corps composés peuvent, étant traités convenablement, donner plusieurs espèces de corps. Le fer, le soufre, le plomb, sont des corps simples, parce que jamais ces corps n'ont pu se décomposer en d'autres corps : le marbre est au contraire un corps composé, car si on le chauffe dans un vase capable de résister à une haute température, il sortira de ce vase, ou cornue, un gaz particulier, appelé *acide carbonique*, et il restera dedans une matière blanche qui est de la chaux.

Définition de la Chimie. Les corps simples et les corps composés étant définis, on peut dire que *la Chimie* est la science qui a pour but de rechercher les éléments des corps de la nature, puis avec ces éléments de former des corps composés, en étudiant les lois des phénomènes qui se passent dans la réunion de ces éléments, ou dans leur désunion. Ainsi la Chimie n'est pas simplement une science de description ; elle s'occupe non-seulement de décrire les propriétés apparentes et extérieures des corps comme on le fait dans l'histoire naturelle, mais aussi de constater les phénomènes qui se passent dans leur composition ou décomposition : et comme ces actions ont lieu, non entre les masses et à distance, mais à des distances inappréciables et entre les dernières molécules de la matière, on voit tout de suite l'importance de cette science. Si, comme la Physique, elle n'a pas à constater de grandes lois, son rôle parmi les sciences n'est pas moins beau, car elle a, sur celle-ci, l'avantage de faire naître une foule d'applications importantes et utiles à l'humanité.

Le nombre des corps composés, comme nous le reconnaîtrons dans la suite, est très-grand ; il n'en est pas de même des corps simples, dont le nombre est assez restreint. Les philosophes de l'antiquité, qui mêlaient la science à leurs spéculations idéologiques, ne reconnaissaient que quatre éléments dans la nature, qui étaient l'eau, l'air, la terre et le feu. Cette théorie, émise pour la première fois par Aristote, dut, à cause de sa simplicité, séduire ses disciples et régner souverainement, comme tant d'autres, dans les écoles de philosophie jusqu'au moment où des expériences vinrent la renverser et étayer d'autres systèmes. L'idée des quatre éléments n'est soutenue aujourd'hui que par le vulgaire, étranger aux sciences. Des quatre prétendus éléments d'Aristote, les trois premiers sont de véritables corps composés ; le dernier forme ce qu'on appelle un fluide impondérable, qui est l'origine d'une multitude de phénomènes, qui ne tombe pas lui-même sous nos sens ; c'est-à-dire qu'il n'est pas composé d'une matière appréciable à nos moyens d'investigation ; par conséquent

Des quatre éléments des philosophes de l'antiquité.

I.

1*

il ne constitue pas un élément dans l'acception du mot.

Nombre des corps simples.

Le nombre des corps simples, connus jusqu'ici, s'élève à cinquante-quatre, et tout fait penser que ce nombre augmentera à mesure que la science s'enrichira de faits et d'observations; peut-être reconnaîtra-t-on, par la suite, que plusieurs corps, considérés aujourd'hui comme simples, sont de véritables composés.

Molécules intégrantes et molécules constituantes.

Toute matière soumise à l'observation peut être divisée en particules de plus en plus petites jusqu'à une certaine limite au delà de laquelle on ne peut plus les diviser et les apercevoir. C'est à ces particules, de plus en plus petites, que l'on donne le nom de *molécules*. On en distingue de deux espèces : 1° les *molécules intégrantes*; 2° les *molécules constituantes*. Les premières ont pour caractère d'être semblables à la masse dont elles proviennent, et de jouir de toutes ses propriétés physiques et chimiques. Les molécules constituantes, au contraire, sont les molécules des corps composés. Ainsi le carbonate de chaux, qui est un composé d'acide carbonique, et de chaux, a deux espèces de molécules constituantes : l'acide carbonique, et la chaux; mais ces molécules sont combinées chimiquement, et ont perdu leurs propriétés caractéristiques, pour en acquérir d'autres qui n'appartiennent ni à l'acide carbonique, ni à la chaux, mais bien au carbonate de chaux. Les molécules constituantes ne sont donc pas semblables à la masse dont elles font partie. D'après ces définitions on voit qu'un corps quelconque n'a jamais qu'une espèce de molécules intégrantes, mais qu'il possède autant de molécules constituantes qu'il y a d'éléments qui entrent dans sa composition.

Les molécules sont unies entre elles avec une force plus ou moins intense. Dans les corps solides, elle est très-grande :

voilà pourquoi il faut un effort assez énergique pour séparer les molécules de ces corps. Les corps liquides sont, au
contraire, formés de molécules susceptibles de rouler les
unes sur les autres, quand on imprime des mouvements aux
vases qui les contiennent. Cette mobilité des molécules se
fait également remarquer dans les corps gazeux; mais un
autre caractère vient différencier cette dernière classe de
corps de la précédente; ce caractère consiste dans l'impos-
sibilité où sont ces corps de se limiter eux-mêmes. Leur
volume, extrêmement variable, dépend de la pression exer-
cée à leur surface, et à plusieurs autres circonstances qu'on
étudie en physique. Un litre de gaz peut être réduit, par
une forte pression, à un volume beaucoup moindre; il peut
occuper aussi un espace beaucoup plus grand, se répandre
par exemple dans toute l'étendue d'une chambre vide d'air
et presser les parois de cette chambre.

On ne peut expliquer les états solide, liquide et gazeux
des corps, qu'en admettant l'existence de forces agissant con-
tinuellement sur les molécules de la matière. Dans les corps
solides et liquides la force qui réunit les molécules et les
empêche de se séparer, a reçu le nom d'*attraction moléculaire* parce qu'elle ne s'exerce qu'à des distances inappréciables, auprès du point de contact. Cette attraction moléculaire est souvent combattue dans tous les corps par une
autre force, qui est la force répulsive de la chaleur. Dans
les gaz l'attraction moléculaire est très-faible, tandis que la
force répulsive provenant de la chaleur y est prépondérante.

L'attraction moléculaire qui tient réunies les dernières
particules des corps prend les noms :

1°. De cohésion quand elle réunit en nombre illimité des

molécules identiques. Alors elle est toujours combattue par la force répulsive de la chaleur.

Force de dissolution. 2°. De force de dissolution quand elle agit sur des molécules non identiques, mais qui sont analogues. C'est ainsi que l'eau dissout le sucre et les sels. Cette force n'a pas de limite inférieure, mais possède une limite supérieure : enfin elle est presque toujours augmentée par la chaleur.

Affinité. 3°. D'affinité quand elle réunit des molécules d'espèce différente et en nombre limité. Son énergie est d'autant plus grande que les molécules entre lesquelles elle agit sont plus dissemblables. L'affinité peut être modifiée dans plusieurs circonstances :

1°. Par la cohésion, qui s'oppose souvent à l'union des corps; c'est pour cela qu'on est dans bien des circonstances obligé de faire intervenir la chaleur afin de diminuer cette cohésion, et de permettre à l'affinité de s'exercer; c'est ainsi que le soufre et le fer, qui ne peuvent s'unir à la température ordinaire, parce que la cohésion de ces deux corps solides s'y oppose, entrent très-bien en combinaison à une haute température. Aussi les anciens philosophes avaient-ils formulé ce fait bien connu, par l'axiome suivant : *Corpora non agunt nisi sint soluta.*

2°. Par le calorique. Si cet agent favorise la combinaison des corps solides, il agit parfois d'une manière tout-à-fait opposée : cela se fait remarquer lorsque les corps que l'on chauffe peuvent passer à l'état gazeux. Le calorique peut même détruire des combinaisons préalablement obtenues à l'aide d'une température moindre : c'est ainsi que le mercure, qui absorbe l'oxygène et se convertit en bioxyde de mercure à 340° degrés environ, laisse dégager ce gaz à une température plus élevée.

3°. Par l'électricité, qui joue aussi un très-grand rôle dans l'affinité chimique. Pour le concevoir, il suffit de rappeler que deux corps électrisés de la même manière se repoussent et que deux corps électrisés d'une manière différente s'attirent.

4°. Par la pesanteur spécifique ; car lorsque deux corps ont une densité différente ils tendent à se séparer, et si leur affinité est très-faible ils ne peuvent se combiner. C'est pour cela qu'un alliage en fusion, formé de deux métaux de densité très-différente, tend à se décomposer en partie, lorsqu'on le refroidit lentement.

La pression augmente aussi l'affinité des corps très-compressibles, tels que les fluides élastiques ; elle favorise leur union entre eux et avec certains liquides. Ainsi lorsqu'un gaz a plus de force expansive que d'affinité pour l'eau, il ne se combine pas avec elle ; si on le comprime, l'affinité devient prépondérante et l'union a lieu ; mais une fois cet effet obtenu, si l'on vient à supprimer cette pression, la force élastique redevenant plus grande que l'affinité, le gaz se dégage en produisant une sorte d'ébullition. Il y a des substances qui sont formées par la combinaison d'un corps solide avec un fluide élastique, et qui se décomposent facilement à l'air libre, sous l'influence de la chaleur. La pierre à chaux est de ce nombre, mais en s'y prenant de manière à comprimer fortement ces substances, elles ne se décomposent pas.

Si, par exemple, après avoir rempli un tube de fer très-épais de pierre à chaux, on le ferme avec soin, il sera possible d'exposer ce tube à une température très-élevée, sans décomposer la pierre, qui pourra entrer en fusion, cristalliser par le refroidissement et se transformer en marbre. Dans cette opération, l'air renfermé dans le tube et la petite quantité de gaz qui se dégage de la pierre à chaux, exercent sur la masse de cette substance une pression assez forte pour s'opposer à sa décomposition. C'est au chevalier Hall que l'on doit cette expérience très-curieuse.

La quantité relative des corps entre lesquels la combinaison peut avoir lieu, peut aussi faire varier l'affinité. C'est ce que de très-nombreuses expériences nous montreront par la suite.

Analyse et synthèse. L'affinité préside à toutes les réactions entre les corps, et forme un sujet continuel de recherches pour le chimiste. Quand on en connaît parfaitement les lois, on peut, dans presque toutes les circonstances, décomposer les corps et en séparer les éléments; c'est cette opération qui est désignée sous le nom d'*analyse*; on nomme *synthèse* l'opération inverse, c'est-à-dire celle qui consiste à combiner les corps pour en former d'autres plus composés.

Phénomène de la combinaison.

La combinaison est le résultat de l'union de deux ou plusieurs corps, opérée en vertu d'affinités réciproques. L'affinité ne s'exerce qu'entre deux, trois ou quatre matières différentes; en effet on ne connaît qu'un petit nombre de composés renfermant plus de quatre éléments. L'affinité peut présider à la combinaison de corps solides, de corps liquides ou de corps gazeux; elle peut même s'exercer entre des corps solides et liquides, solides et gazeux, liquides et gazeux.

Phénomènes qui accompagnent les combinaisons. Plusieurs phénomènes apparaissent au moment où les corps se combinent. Tantôt il y a dégagement de chaleur et de lumière, comme dans la combinaison de l'oxygène et du fer, de l'antimoine et du chlore; tantôt production de chaleur seulement, comme cela arrive quand on combine l'acide sulfurique à l'eau ou à l'alcool. A la vérité, dans l'action de la glace pilée sur le sel marin il y a production de froid : mais ici le phénomène est complexe. On en trouve l'explication dans les *Traités de Physique,* à l'article du *calorique latent.*

Dans les corps composés les propriétés des éléments disparaissent et font place à de nouvelles propriétés qui, bien souvent, ne tiennent ni de l'un ni de l'autre des corps composants. Ces changements peuvent survenir dans l'état physique, la saveur, l'odeur, la solubilité, etc., et surtout dans les propriétés chimiques. Ainsi deux corps gazeux peuvent produire soit un corps liquide, soit un corps solide et souvent un corps gazeux. De même deux corps simples inodores peuvent en produire un très-odorant; deux corps solubles peuvent former un corps peu soluble ou tout à fait insoluble.

Changement des propriétés des corps après la combinaison.

Berthollet, célèbre chimiste français du temps de l'empire, soutint avec ténacité, pendant tout le cours de sa carrière scientifique, que les corps pouvaient se combiner dans une infinité de proportions et produire un très-grand nombre de composants. Ces idées fausses et complétement erronées, firent alors un grand tort aux progrès de la Chimie, car elles furent adoptées par plusieurs chimistes de l'époque, qui faisaient école et reconnaissaient Berthollet pour maître. Sans rapporter les vives discussions qui eurent lieu à ce sujet, et dans lesquelles Proust se fit remarquer en soutenant que chaque combinaison offrait une composition nécessaire et constante, nous allons nous contenter de citer des expériences qui prouvent clairement que les corps ne peuvent former entre eux qu'un nombre limité de combinaisons bien définies.

Idées de Berthollet sur le nombre des combinaisons des corps.

Si l'on fait passer dans un instrument appelé *eudiomètre,* et dont nous donnerons plus tard la description, 1 volume d'oxygène et 2 volumes d'hydrogène et si ensuite on excite à travers le mélange une étincelle électrique, alors les gaz disparaîtront complétement et il se formera de l'eau. En mettant dans l'eudiomètre des proportions différentes d'oxygène et d'hydrogène, on reconnaîtra toujours que l'oxygène et l'hydrogène se combinent dans les proportions nécessaires pour faire de l'eau. Ainsi 4 volumes d'hydrogène et 1 volume d'oxygène auraient laissé un résidu de deux volumes d'hydrogène pur ; donc 2 des 4 volumes d'hydrogène se sont encore combinés avec 1 volume d'oxygène pour produire de l'eau, ce qui n'aurait pas dû arriver si l'oxygène et l'hydrogène avaient pu former une combinaison de 4 volumes d'hydrogène et de 1 d'oxygène. En prenant d'autres mélanges d'oxygène et d'hydrogène, on reconnaîtra toujours que ces deux gaz se combineront dans la proportion de 1 volume du premier pour 2 volumes du second.

Les gaz chlorhydrique et ammoniac fournissent des résultats non moins nets et aussi convaincants : car si dans une éprouvette, contenant 1 volume d'acide chlorhydrique, on fait passer 1 volume de gaz ammoniac, on voit les deux gaz disparaître complétement et donner naissance à une matière blanche qui tapisse les parois de l'éprouvette et qui est du sel ammoniac.

Il se formera toujours du sel ammoniac quand on mettra les deux gaz en présence ; mais toujours les volumes entre lesquels se fera la combinaison seront égaux. On pourrait multiplier les expériences et l'on reconnaîtrait, dans tous les cas, que les corps ne se combinent qu'en un petit nombre de proportions.

Corps iso-mères. Un corps A peut se combiner en diverses proportions avec un autre corps B, et donner naissance à des composés différents par leurs propriétés ; ainsi un corps qui résultera de l'union d'une partie de A et d'une partie de B pourra être très-différent de celui qui sera formé par une partie de A et deux ou trois parties de B. Mais il peut arriver que deux corps A et B se combinent dans les mêmes proportions pour former des composés qui, cependant, ne se ressemblent pas. On donne le nom d'*isomères* à ces corps sur lesquels l'attention des savants s'est arrêtée depuis quelques années. Je citerai comme exemple de corps isomériques les acides tartrique et paratartrique qui ont la même composition et qui diffèrent cependant beaucoup l'un de l'autre ; il en est de même du gaz oléfiant, du méthylène, de l'hydrogène quadricarboné et du cétène ; ces quatre corps, très-différents par leurs propriétés, ont été reconnus avoir la même composition.

Lorsque deux corps ont été réunis en vertu d'une puissante affinité, il n'est plus possible de les séparer qu'en mettant le composé qui résulte de cette combinaison, en contact avec un troisième corps qui ait plus d'affinité pour l'un des éléments du composé que ceux-ci n'en ont l'un pour l'autre. C'est sur la connaissance de ce fait que repose en partie la théorie des analyses chimiques.

Principe des réactions chimiques.

Nomenclature chimique.

Les corps de la nature et ceux produits artificiellement étant, pour la plupart, composés, on a dû, pour rendre facile l'étude de la Chimie, faire une nomenclature chimique, c'est-à-dire créer un langage spécial pour la science. Cette nomenclature est principalement due aux travaux de Guyton-Morveau et du célèbre Lavoisier.

Dans cette nomenclature on a donné des noms insignifiants aux corps simples ; cela n'entraîne aucun inconvénient

Corps simples.

lorsque ces noms sont courts, et qu'ils se prêtent à la formation des autres noms; mais il est de la plus haute importance que les corps composés aient des noms qui rappellent les éléments qui les constituent, et les proportions relatives dans lesquelles ces éléments sont unis.

Classification des corps simples en métalloïdes et en métaux. Les cinquante-quatre corps simples, connus actuellement, sont partagés en deux classes bien distinctes, en métaux et en corps non métalliques désignés encore sous le nom de *métalloïdes*. Les métaux sont généralement caractérisés par une grande densité, par un éclat tout particulier, appelé *éclat métallique*, par des propriétés physiques que nous étudierons à l'article *des métaux*, et qui sont la ductilité, la malléabilité et la ténacité : ils ont aussi la propriété de se combiner tous avec l'oxygène, corps non métallique, et de ne pouvoir entrer en combinaison avec l'hydrogène, autre corps non métallique (le potassium excepté, selon quelques chimistes).

Les métalloïdes n'ont pas l'éclat, la ténacité, la malléabilité et la ductilité que l'on reconnaît aux métaux. Ils se combinent avec l'oxygène et forment des composés capables de jouer le rôle d'acides vis-à-vis des bases métalliques, comme nous aurons l'occasion de le remarquer par la suite.

Corps composés. Oxydes. On a donné le nom d'*oxydes* aux combinaisons de l'oxygène avec les corps simples, lorsque ces combinaisons ne rougissent pas la teinture de tournesol, et sont dépourvues d'une saveur aigre; à ce mot *oxyde* on ajoute le nom du corps simple métallique ou métalloïde qui est uni à l'oxygène. Ainsi la combinaison de l'oxygène avec le zinc porte le nom d'*oxyde de zinc*. Mais il arrive souvent que l'oxygène forme avec un même corps plusieurs combinaisons qui diffèrent entre elles, non-seulement par leurs propriétés, mais encore par la quantité relative des éléments. Dans ce cas, on appelle le moins oxygéné *protoxyde,* le second *sesquioxyde,* s'il contient une fois et demie plus d'oxygène que le premier; le troisième *bioxyde.* Ainsi l'on dit *protoxyde* et *bioxyde* de *mercure* pour désigner les deux combinaisons que l'oxygène peut former avec le mercure. Lorsque les combinaisons de l'oxygène ne suivent pas la loi de composition indiquée précédemment, et qu'il y a plus de deux composés, le deuxième oxyde porte le nom de *deutoxyde,* et le troisième, le plus oxygéné, celui de *tritoxyde.* On appelle encore *peroxyde* celui qui contient la plus grande proportion d'oxygène, quel que soit son rang. Ainsi le plomb forme avec l'oxygène quatre composés, qui sont : le protoxyde, appelé communément *massicot,* ou *litharge;* le *deutoxyde* (minium); le *peroxyde,* connu aussi sous le nom d'*oxyde puce,* et qui est un bioxyde; enfin un sous-oxyde récemment découvert.

On a appelé *acides* les composés d'oxygène et d'une ou plusieurs substances simples, qui rougissent la teinture de tournesol, et ont une saveur aigre ou caustique. Lorsqu'un corps ne forme qu'un composé acide avec l'oxygène, on ajoute la terminaison *ique* à son nom que l'on fait précéder du mot *acide.* C'est ainsi qu'on nomme *acide carbonique, acide borique,* les composés acides que le carbone et le bore forment avec l'oxygène. Quand un même corps forme deux combinaisons acides avec l'oxygène, on conserve la terminaison *ique* pour celui qui contient la plus forte proportion de ce dernier corps, tandis que le nom de l'autre se termine par *eux.* Ainsi l'arsenic forme avec l'oxygène deux composés acides : on nomme *acide arsénique* celui qui est le plus oxygéné, tandis que l'autre est désigné sous le nom d'*acide arsénieux.* Il peut se faire qu'il y ait un acide moins oxygéné que l'acide en *ique* et plus que celui en *eux;* il con-

Acides oxygénés.

serve la terminaison *ique*, mais son nom est précédé du mot *hypo* (du grec *ύπὸ*, au-dessous). Enfin, s'il y a un acide moins oxygéné que l'acide en *eux*, on le dénomme d'après la même convention. Ainsi le soufre forme plusieurs acides avec l'oxygène : le premier s'appelle *acide sulfurique*; le deuxième, *acide hyposulfurique*; le troisième, *acide sulfureux*; le quatrième *acide hyposulfureux*. Deux nouveaux acides du soufre, récemment indiqués, ont reçu des noms en dehors de cette nomenclature.

Acides hydrogénés.

L'hydrogène forme aussi avec quelques corps simples des composés qui jouissent de toutes les propriétés des acides; on leur donne le nom générique d'*hydracides*, pour les distinguer des *oxacides*, ou *acides oxygénés*. Pour former le nom d'un acide hydrogéné, on nomme d'abord le radical, qu'on fait suivre de la terminaison *hydrique*; ainsi l'on dit *acides chlorhydrique, fluorhydrique, sulf-hydrique* pour désigner les acides fournis par le chlore, le fluor et le soufre avec l'hydrogène.

Composés hydrogénés non acides.

Les noms des composés non acides de l'hydrogène et des corps simples sont formés par la réunion de ceux des deux éléments; on nomme le corps électro-négatif le premier, en le terminant par le mot *ure*. C'est ainsi que l'on dit *carbure d'hydrogène, phosphure d'hydrogène*, pour désigner les combinaisons de l'hydrogène avec le carbone et le phosphore. Autrefois on nommait ces corps *hydrures* lorsqu'ils étaient solides, tandis que le nom de ceux qui étaient gazeux était formé par la réunion des deux composants, en plaçant l'hydrogène le premier : c'est ainsi que l'on disait *hydrogène carboné, phosphoré, arsénié*. C'est M. Berzelius qui a réformé cette nomenclature, et l'a soumise aux règles générales de la nomenclature des composés binaires, qui ne sont ni des oxydes, ni des acides, ni des alliages.

Ces composés binaires reçoivent des noms formés par la Composés bi-
naires non
hydrogénés. réunion de ceux des composants; on commence toujours par le corps électro-négatif en le faisant suivre de la terminaison *ure*; ainsi l'on dit : *sulfure de carbone, sulfure de fer, phosphure de cuivre,* etc. Cependant il est bon d'avertir que M. Berzelius dans ses ouvrages termine en *ide* l'élément électro-négatif, quand cet élément est un métalloïde; ainsi il dit chloride de phosphore, sulfide de carbone. Ici, comme pour les noms en *ure*, la terminaison *ide* doit être appliquée à l'élément le plus électro-négatif. Or, dans la combinaison du chlore et du phosphore (chlorure de phosphore), le premier est plus électro-négatif que le second; il en est de même du soufre par rapport au carbone (sulfure de carbone). Pour concevoir parfaitement ce mode de nomenclature, nous allons faire connaître, suivant M. Berzelius, l'ordre suivant lequel on peut ranger les corps simples, relativement à l'état d'électricité dans lequel ils se constituent les uns par rapport aux autres, quand ils entrent en combinaison. Voici cet ordre :

1. Oxygène.		13. Vanadium.	
2. Soufre.		14. Tungstène.	
3. Azote.		15. Bore.	
4. Fluor.		16. Carbone.	
5. Chlore.		17. Antimoine.	
6. Brome.		18. Tellure.	
7. Iode.		19. Tantale.	
8. Sélénium.		20. Titane.	
9. Phosphore.		21. Silicium.	
10. Arsenic.		22. Hydrogène.	
11. Chrome.		23. Or.	
12. Molybdène.		24. Osmium.	

25. Iridium.
26. Platine.
27. Rhodium.
28. Palladium.
29. Mercure.
30. Argent.
31. Cuivre.
32. Urane.
33. Bismuth.
34. Étain.
35. Plomb.
36. Cadmium.
37. Cobalt.
38. Nickel.
39. Fer.
40. Zinc.
41. Manganèse.
42. Cérium.
43. Thorinium.
44. Zirconium.
45. Aluminium.
46. Ittrium.
47. Glucinium.
48. Magnésium.
49. Calcium.
50. Strontium.
51. Barium.
52. Lithium.
53. Sodium.
54. Potassium.

Le second de ces corps, le soufre, est électro-positif par rapport au premier, et électro-négatif relativement au troisième; ou, d'une manière plus générale, un corps quelconque pris dans cette série est électro-positif avec ceux qui le précèdent, et électro-négatif avec ceux qui le suivent. L'or commence la série des métaux fortement électro-positifs; les vingt-deux corps qui le précèdent, sont ou des métalloïdes ou des métaux électro-négatifs.

Lorsque les corps simples s'unissent en plusieurs proportions, on peut faire précéder le nom de l'élément électro-négatif des mots *proto, bi, sesqui, deuto, trito,* et dire, par exemple, protochlorure, bichlorure, protosulfure, bisulfure, sesquisulfure, etc.

M. Berzelius a fait quelques changements à cette partie de la nomenclature si exacte; les chimistes français n'ont pas adopté des modifications qui n'ajoutaient rien à la justesse du langage chimique et qui avaient le défaut de compliquer sans avantage la belle nomenclature de Lavoisier. M. Berzelius dit chlorure mercureux, chlorure mercurique, pour désigner les deux chlorures de mercure, dont l'un est le protochlorure, et l'autre le bichlorure.

Toutes les fois que deux métaux se combinent ensemble, ils forment un composé qu'on appelle *alliage;* il prend le nom d'*amalgame* lorsque le mercure en fait partie. On dit, par exemple, alliage de fer et d'étain, alliage de cuivre et d'étain, amalgame d'or.

Les acides oxygénés et les oxydes s'unissent ensemble pour former des *sels,* qui prennent le nom générique d'*oxy-sels.* Ils reçoivent des noms particuliers qui rappellent leur composition. On commence par nommer l'acide; s'il se termine *ique,* on change cette terminaison en *ate;* on la change au contraire en *ite* si le nom de l'acide était terminé en *eux.* Ainsi les sels formés par la combinaison d'une base quelconque avec les acides sulfurique, sulfureux, et hyposulfureux, prennent les noms de sulfate, sulfite et hyposulfite. On dit, par exemple, sulfate de protoxyde et de bioxyde de mercure, ou encore, suivant M. Berzelius, sulfate mercureux et sulfate mercurique, pour désigner les deux sels qui sont formés par la combinaison de l'acide sulfurique avec le protoxyde et le bioxyde de mercure. Si les sels sont avec excès d'acide, on les appelle *sur-sels;* on donne au contraire le nom de *sous-sels,* ou de *sels basiques,* à ceux qui sont avec excès de base. Dans le premier cas, suivant qu'ils contiennent une fois et demie, deux fois ou quatre fois autant d'acide que les sels neutres, on les désigne sous les noms de sesqui, bi, quadri-sels, et l'on dit par exemple bisulfate de po-

I.

2

tasse et quadroxalate de potasse : on suit la même règle pour les sous-sels, en mettant les mots bi, sesqui, etc., en avant du nom de l'oxyde. La nomenclature des sels formés par les hydracides est soumise aux mêmes lois que celles des précédentes ; on dit, par exemple, chlorhydrate ou hydrochlorate d'ammoniaque.

Quant aux corps composés que l'on retire des substances organiques, on leur donne, soit des noms insignifiants, soit des dénominations qui rappellent les substances qui les fournissent ; c'est ainsi que l'on dit acide tartrique, citrique, malique, pour désigner les acides que l'on retire du tartre, du citron et de la pomme.

DES LOIS SUIVANT LESQUELLES LES CORPS SE COMBINENT.

Loi des équivalents.

Expériences de Wenzel. Les corps ne se combinent qu'en un petit nombre de proportions, parfaitement définies, surtout lorsque les corps mis en présence ont les uns pour les autres une forte affinité. Nous avons déjà cité quelques expériences à ce sujet, pour réfuter les idées contraires, émises par Berthollet, qui avait soutenu que dans nombre de circonstances, les corps présentaient des compositions variables et indéfinies. Pour ne laisser aucun doute dans l'esprit du lecteur, et pour pouvoir déduire la belle loi des équivalents, trouvée par Wenzel, en 1777, nous allons rapporter encore quelques expériences. celles surtout qui ont été faites par ce chimiste, et que des analyses récentes ont reconnues exactes. On a trouvé que :

390,9 de soude +501,16	d'acide sulfurique, forment du sulfate de soude.		
589,9 de potasse+501,16	*idem*	sulfate de potasse.	
956,6 de baryte +501,16	*idem*	sulfate de baryte.	
356 de chaux + 501,16	*idem*	sulfate de chaux.	

390,9 de soude + 677,03 d'acide azotique, forment de l'azotate de soude.
589,9 de potasse+ 677,03   *idem*   azotate de potasse.
956,6 de baryte + 677,03   *idem*   azotate de baryte.
356   de chaux + 677,03   *idem*   azotate de chaux.

On voit par ces exemples, qu'il serait facile de multiplier, que 501,16 d'acide sulfurique peuvent être remplacés par 677,03 d'acide azotique, c'est-à-dire que ces deux quantités d'acide s'équivalent mutuellement ; aussi leur a-t-on donné le nom d'équivalents. Ainsi 501,16 et 677,03, quantités qui s'équivalent ou qui peuvent se remplacer, sont respectivement les équivalents de l'acide sulfurique et de l'acide azotique.

D'une autre part 390,9 de soude, qui sont les équivalents de ces acides, forment à leur tour l'équivalent de cette base ; et 589,9 et 956,9 sont de leur côté les équivalents de la potasse et de la chaux, parce qu'ils remplacent un équivalent de soude. On peut conclure de là que si l'on prend une quantité A d'un acide, et que pour le saturer il faille la combiner avec des quantités de diverses bases exprimées par a, b, c, d, etc., ce qui produira les composés neutres Aa, Ab, Ac, Ad,..., il suffira pour un autre acide de déterminer la proportion B qui est nécessaire pour neutraliser a. Sans autre analyse, on en pourra conclure, avec certitude, que les autres sels de cet acide auront pour composition exacte Ba, Bb, Bc, Bd. Ce sont là les premiers faits qui ont servi à l'établissement de la théorie des équivalents ; plus tard de nouvelles expériences étendirent la loi, et lui donnèrent une grande généralité. Ainsi l'on reconnut que si une quantité A de métal exigeait 100^{gr} d'oxygène pour passer au premier degré d'oxydation, qu'il faudrait constamment une quantité de soufre re-

présentée par 201^{gr},16 pour pouvoir chasser les 100 d'oxygène, et transformer ce métal en sulfure correspondant;
qu'il fallait toujours 442^{gr}, 65 de chlore pour transformer
le même oxyde ou le sulfure en chlorure. On en conclura
évidemment que 201,16 de soufre, 442,65 de chlore,
équivalent à 100 d'oxygène.

Notion des
équivalents
d'après la
précipitation
des métaux.

D'autres réactions, non moins nettes, sont encore venues étendre et préciser l'idée des équivalents chimiques;
nous voulons parler de la précipitation des métaux, des
liqueurs salines, par d'autres métaux. Si, par exemple,
dans une dissolution d'un sel de cuivre, on plonge une
lame de zinc, on reconnaîtra que le zinc se dissoudra dans la
liqueur, tandis que le cuivre qui s'y trouvait en sera complétement précipité; et l'on reconnaîtra en outre que pour
tous les sels de cuivre, et dans tous les temps, le rapport
entre la quantité A du métal précipitant dissoute et la quantité B de métal précipité reste constant et se trouve égal au
rapport de 403 à 791. Pour d'autres métaux il existe des
rapports analogues : ainsi l'on trouverait encore que 403 de
zinc pourraient précipiter 735 d'étain, 1350 d'argent, etc.
La conséquence importante à déduire de ceci, c'est que 403
parties de zinc peuvent remplacer 791 de cuivre, 735
d'étain, 1350 d'argent, etc. Les expériences citées précédemment font concevoir la possibilité de déterminer les
équivalents des acides par rapport aux bases et réciproquement, des corps simples les uns par rapport aux autres,
de certains métalloïdes entre eux et de certains métaux
par rapport à d'autres métaux.

Mais l'équivalent d'un corps, de même que sa densité,
n'est pas absolu : on est donc obligé, pour compléter l'i-
dée des équivalents, de prendre l'équivalent d'un corps

pour unité. L'oxygène est le corps qui sert de comparai-
son aux autres; son équivalent, du consentement de presque tous les chimistes, est représenté par 100. Il est alors
possible et facile de déterminer les équivalents des autres
corps simples et par suite des corps composés. Considérons par exemple l'hydrogène. Si l'on fait l'analyse de l'eau
qui, comme on le sait, est un composé d'oxygène et d'hydrogène s'équivalant mutuellement, on trouve que 100^{gr}
d'eau sont composés de 88^{gr},91 d'oxygène et de 11^{gr},09
d'hydrogène : cela étant, il sera facile, par la proportion

$$88^{gr},91 \; : \; 11^{gr},09 \; :: \; 100 \; : \; x,$$

de déterminer quelle est la quantité d'hydrogène capable
de s'unir avec 100 d'oxygène, sachant que 11^{gr},09 du
premier corps se combinent avec 88^{gr},91 du second pour
former de l'eau. On trouve alors pour x, c'est-à-dire
pour l'équivalent de l'hydrogène, 12^{gr},48. L'analyse du
protoxyde de plomb fait reconnaître que 100^{gr} sont formés de 92^{gr},83 de plomb et de 7^{gr},17 d'oxygène : en
établissant la proportion 7^{gr},17 : 92^{gr},83 :: 100 : x,
on aura l'équivalent du plomb, c'est-à-dire 1294^{gr},50.
Comme l'oxyde d'argent est formé de 6^{gr},89 d'oxygène et
de 93^{gr},11 d'argent, on trouvera par un calcul analogue
1351^{gr},61 pour l'équivalent de l'argent. Enfin, pour dernier
exemple, recherchons l'équivalent de l'azote. Le protoxyde
d'azote est le composé d'oxygène et d'azote le moins
oxygéné; son analyse démontre qu'il est formé de 36^{gr},10
d'oxygène et de 63^{gr},90 d'azote : son équivalent se trouvera alors par la proportion

$$36^{gr},10 : 63^{gr},90 :: 100^{gr} : x = 177^{gr},04.$$

Si donc on connaissait exactement la composition des

composés formés par les corps et avec la plus petite quantité d'oxygène possible, on aurait, par la méthode précédente, les équivalents de ces corps. Mais des raisons toutes
particulières, et très-importantes, ont dû déterminer les
chimistes à s'écarter quelquefois de cette règle générale.
En effet, depuis une vingtaine d'années, les savants font
généralement usage de formules chimiques qui peignent
facilement aux yeux et à l'esprit la composition des corps,
et qui sont une conséquence de la théorie des équivalents.
Ainsi ils ont représenté par la lettre O, non-seulement
l'oxygène, mais un poids d'oxygène représenté par 100,
c'est-à-dire l'équivalent de l'oxygène; ils ont semblablement représenté par H un poids d'hydrogène représenté
par 12,48, et par HO l'eau, qui est le résultat de la
combinaison d'un équivalent d'oxygène et d'un équivalent
d'hydrogène. HO est ce qu'on appelle la formule chimique en équivalents de l'eau. L'acide sulfurique a été reconnu formé de 300 d'oxygène et de 201,16 de soufre;
par conséquent il est le résultat de la combinaison de trois
équivalents d'oxygène et d'un équivalent de soufre (car
nous avons vu que 201,16 de soufre équivalaient à 100
d'oxygène); la formule de l'acide sulfurique en équivalents sera donc SO^3 : on met l'exposant ^{3} au-dessus de la
lettre O, signe de l'oxygène, pour indiquer les trois équivalents d'oxygène qui entrent dans l'acide sulfurique.

Cela posé, recherchons, en partant de ces idées, quelles
formules devraient être données, dans l'état actuel de la
science, aux acides chlorique et iodique, si l'on suivait la
règle générale. Le composé le moins oxygéné du chlore,
c'est l'acide hypochloreux, découvert par M. Balard ; il sera
donc formé d'un équivalent d'oxygène 100 et d'un équiva-

lent de chlore 442,65, et aura pour formule ChO. Or l'expérience a prouvé que l'acide chlorique contient, pour la même quantité de chlore, cinq fois plus d'oxygène que l'acide hypochloreux : sa formule sera donc ChO^5. De même l'acide chlorhydrique est formé de 442,65 de chlore : et de 12,479 d'hydrogène ; sa formule en équivalents serait H Ch. Examinons maintenant quelles seraient les formules des acides iodique et iodhydrique. La première combinaison oxygénée de l'iode que l'on soit parvenu à produire jusqu'ici, c'est l'acide iodique, que l'on trouve formé de 315,9 d'iode pour 100 d'oxygène : alors si 315,9 était l'équivalent de l'iode et si I représentait cet équivalent, IO serait la formule en équivalents de l'acide iodique. Nous voyons ici apparaître un grave inconvénient ; car l'acide iodique et l'acide chlorique, qui ont une très-grande ressemblance dans leurs propriétés, seraient représentés par des formules faisant disparaître cette analogie qu'il est si important de retenir et de savoir à chaque instant. La même difficulté va se représenter pour l'acide iodhydrique : car cet acide est formé de 12,48 d'hydrogène et de 1579,5 d'iode. Or, comme 1579,5 est le quintuple de 315,9 qui a été pris pour équivalent de l'iode, il s'ensuivrait que l'acide iodhydrique serait représenté par la formule I^5H, tout à fait dissemblable de celle qui représente l'acide chlorhydrique, avec lequel cependant il a la plus grande analogie. Mais ces inconvénients disparaîtront si l'on prend pour équivalent de l'iode 1579,5, c'est-à-dire la quantité d'iode capable de s'unir avec un équivalent d'hydrogène. Alors les formules des acides iodique et iodhydrique deviennent IO^5, IH, semblables à celles des acides chlorique et chlorhydrique. Si par la suite on trouvait, comme tout le fait espérer, les composés oxygénés de l'iode analogues à l'acide hypochloreux, au protoxyde de chlore, il serait très-facile de leur assigner une formule chimique, sans être obligé de changer la valeur de l'équivalent et les formules des composés d'iode déjà connus.

Ce sont des considérations analogues qui ont conduit dans la recherche des équivalents du bore, du fluor, du brome, de l'iode, de l'arsenic, du phosphore, du sélénium, du silicium, de l'antimoine, du chrome, du tellure, du titane, du tungstène et du colombium. Pour chacun de ces éléments on a déduit le nombre qui doit représenter son équivalent, d'un poids de son acide oxygéné capable de neutraliser une quantité de base renfermant 100 d'oxygène. Par exemple, 390,89 de protoxyde de sodium, contenant 100 d'oxygène, exigent 871,96 d'acide borique pour leur saturation complète; mais cette quantité d'acide borique est formée de 600 parties d'oxygène et de 271,96 de bore; donc le chiffre 271,96 représente l'équivalent du bore. De même, 589,92 de protoxyde de potassium, contenant également 100 d'oxygène, sont saturés par 446,15 d'acide phosphorique; mais ce dernier est formé de 250 parties d'oxygène et de 196,50 de phosphore : donc le nombre 196,50 représente l'équivalent du phosphore.

Équivalents en volume. Quand des corps gazeux se combinent, on remarque que toujours les volumes entre lesquels les combinaisons se manifestent sont dans un rapport simple. Ainsi nous avons reconnu que 1 volume d'oxygène se combinait avec 2 volumes d'hydrogène pour former de l'eau ; que 1 volume de chlore se combinait avec 1 volume d'hydrogène pour produire de l'acide chlorhydrique, etc.; il en résulte que l'ou pourra exprimer les équivalents des corps gazeux en volumes : ainsi, si l'on prend 1 volume d'oxygène pour l'équivalent de l'oxygène, 2 volumes sera l'équivalent de l'hydrogène ; et comme le chlore et l'hydrogène s'équivalent volume à volume, il s'ensuivra que 2 vol. sera aussi l'équivalent du chlore, etc. C'est la raison pour laquelle on représente, dans tous les ouvrages de chimie, les équivalents de l'hydrogène et du chlore, non par H et Ch, mais par H^2 et Ch^2 ; l'exposant ^{2} rappelle, à chaque instant, qu'il faut 2 volumes de chlore ou d'hydrogène pour équivaloir à 1 volume d'oxygène. Alors H^2O et H^2Ch^2 seront les formules de l'eau et de l'acide chlorhydrique.

Nous allons, dans le tableau suivant, faire connaître les signes employés généralement aujourd'hui pour représenter les équivalents des corps ; en général ce sont les initiales des noms de ces corps. Nous mettrons en regard les valeurs de ces équivalents et les poids des atomes dont nous parlerons plus tard.

NOMS.	Signes.	Poids des atomes.	Poids des équivalents.
Azote	Az	88,518	177,360
Bore	B	67,900	271,960
Brome.........	Br^2	489,153	978,306
Carbone	C	38,22	76,44
Chlore........	Ch^2	221,325	442,650
Fluor	F^2	116,900	
Hydrogène.....	H^2	6,239	12,479
Iode	I^2	789,750	1579,500
Oxygène........	O	100,000	100,000

NOMS.	Signes.	Poids des atomes.	Poids des équivalents.
Phosphore	Ph	196,150	196,150
Soufre.	S	201,16	201,16
Sélénium.	Se	494,581	494,581
Silicium.	Si	138,656	277,47
Aluminium.	Al	171,166	114,140
Antimoine.	Sb	806,452	1619,900
Argent.	Ag	675,803	1350,000
Arsenic.	As	470,120	470,120
Barium.	Ba	856,880	856,880
Bismuth	Bi	1330,377	886,900
Cadmium	Cd	696,767	696,767
Calcium.	Ca	256,019	256,019
Cerium	Ce	574,720	574,720
Chrome.	Cr	351,820	351,820
Cobalt.	Co	369,000	369,000
Cuivre.	Cu	395,695	791,390
Étain.	Sn	735,294	735,294
Fer	Fe	339,210	339,210
Glucinium.	G	331,261	220,980
Iridium.	Ir	1283,490	1283,490
Lithium.	L	127,810	127,810
Magnésium	Mg	158,360	158,360
Manganèse.	Mn	345,900	345,900
Mercure	Hg	1265,823	2531,600
Molybdène	Mo	598,520	598,520
Nickel	N	369,675	369,675
Or.	Au	1243,003	2486,006
Osmium.	Os	1244,481	1244,481

NOMS.	Signes.	Poids des atomes.	Poids des équivalents.
Palladium	Pa	665,900	665,900
Platine	Pt	1233,499	1233,499
Plomb.	Pb	1294,500	294,500
Potassium	K	489,916	489,916
Rhodium	R	651,387	1302,800
Sodium	No	290,897	290,897
Strontium	St	547,285	547,285
Tantale ou colombium.	Ta	1153,715	1153,715
Tellure	Te	802,121	802,121
Thorinium	Th	744,900	»
Titane	Ti	303,662	303,662
Tungstène	Tu	1183,200	1183,200
Urane	U	2711,358	2711,358
Vanadium	V	855,840	855,840
Ytrium	Y	402,514	402,514
Zinc	Zn	403,226	403,226
Zirconium	Zr	420,220	420,220

Quand plusieurs corps commencent par la même initiale il faut prendre les deux premières lettres.

On doit remarquer dans ce tableau plusieurs corps dont les signes ne sont pas formés avec les initiales de leurs noms; ainsi Sb, qui sert à désigner l'antimoine, est formé de *stibium*, mot latin qui signifie antimoine. Sn vient de *stannum*, étain; Hg vient du mot *hydrargirum*, mercure; Au est formé par les initiales d'*aurum*, or; K est tiré de *kalium*, synonyme de potassium ; Na vient de *natrium*, synonyme de sodium.

Ces signes n'indiquent jamais qu'un équivalent de l'élément qu'ils représentent. Quand on veut exprimer une combinaison binaire, on écrit l'un à côté de l'autre, les signes qui désignent les corps ; ainsi CuS signifie un équivalent de sulfure de cuivre ; de même HgO représente l'équivalent de protoxyde de mercure formé d'un équivalent de mercure et d'un équivalent d'oxygène. Toujours l'équivalent d'un corps composé est représenté par une formule chimique qui contient les signes des équivalents des corps constituants.

Exposants chimiques. Quand un corps entre pour plusieurs équivalents dans une combinaison, on rappelle ce nombre d'équivalents par un exposant algébrique que l'on place à la droite et à la partie supérieure du signe de ce corps : cet exposant n'affecte que le signe qui le précède immédiatement. C'est ainsi que la composition de l'acide azotique, formé de deux équivalents d'azote pour cinq d'oxygène, peut être représentée par Az^2O^5.

Coefficients chimiques. On parvient bien à représenter ainsi l'équivalent d'un corps composé, quelque compliqué qu'il soit : mais si dans une équation chimique, on doit faire entrer plusieurs équivalents du corps composé, 3 équivalents d'acide azotique, par exemple, ou pourra écrire indifféremment $3\,Az^2O^5$ ou Az^6O^{15} ; le premier mode est généralement employé. Le chiffre 3 qui affecte tous les signes des corps qui constituent le composé est ce qu'on appelle un coefficient chimique.

Ces signes permettent aussi de représenter très-facilement les sels. Prenons pour exemple le sulfate de potasse : il est formé de 1 équivalent d'acide sulfurique dont la composition est représentée par SO^3, et de 1 équivalent de potasse représenté par K O ; par conséquent l'équivalent de sel sera représenté par SO^3KO ou KO,SO^3, car un grand nombre de chimistes écrivent la base avant l'acide, en les séparant par une virgule. S'il est question d'un sel double, on écrit les deux sels l'un à la suite de l'autre, d'après les règles ci-dessus, et on les sépare par une virgule. Ainsi l'alun, qui est un sel double, formé de 1 équivalent de sulfate de potasse et de 1 équivalent de sulfate d'alumine, pourra être représenté par la formule

$$SO^3KO(3SO^3)Al^2O^3.$$

On voit dans cette formule l'exemple d'un coefficient relatif à l'acide sulfurique du sulfate d'alumine.

L'immense avantage des formules chimiques, c'est de pouvoir rendre compte facilement et avec brièveté du résultat des réactions chimiques. Ainsi quand on verse de l'acide sulfurique dans de l'eau qui contient de la grenaille de zinc, il se dégage de l'hydrogène et il se forme du sulfate de zinc; cette réaction peut être exprimée par l'équation suivante

$$SO^3+Zn+H^2O=SO^3ZnO+H^2,$$

qui peint aux yeux la réaction, c'est-à-dire qui montre que les équivalents des corps mis en présence, et qui sont représentés dans le premier membre de l'équation, doivent se retrouver après la réaction dans un arrangement différent, indiqué par le second membre de l'équation.

Connaissant le nombre d'équivalents simples qui entrent dans l'équivalent d'un corps composé, il est très-facile d'avoir la valeur numérique de l'équivalent du composé. Considérons l'eau par exemple. Ce liquide est formé de 1 équivalent d'oxygène $= 100$ et de 1 équivalent d'hydrogène $= 12,479$; donc l'équivalent de l'eau sera $112,479$.

Considérons encore l'acide sulfurique formé de 1 équivalent de soufre 201,16 et de 3 équivalents d'oxygène ; son
équivalent sera alors 501,16. Nous ne terminerons pas ce
sujet sans avertir le lecteur, que plusieurs chimistes appellent
atomes les équivalents tels que nous venons de les exposer.
Nous reviendrons sur ce sujet important dans une Note
placée à la fin de la Chimie inorganique, où nous expose-
rons aussi la théorie électro-chimique de M. Berzelius.

Loi des proportions multiples.

Nous avons déjà indiqué que lorsque les corps ont beaucoup d'affinité l'un pour l'autre, ils ne peuvent se combiner qu'en un petit nombre de proportions, dont les rapports sont toujours simples. On remarque en outre, par
l'étude attentive d'une foule de réactions chimiques, que
le nombre des composés formés par deux éléments va en
augmentant lorsque l'affinité entre ces éléments diminue ;
cependant le nombre des composés est toujours très-res-
treint. Ainsi le chlore et l'hydrogène, qui ont l'un pour
l'autre une affinité énergique, ne donnent qu'une seule combinaison, tandis que le chlore donne cinq combinaisons avec
l'oxygène, corps avec lequel il n'a qu'une faible tendance
à se réunir.

Loi de
M. Gay-Lus-
.sac.

Pour démontrer la proposition énoncée précédemment,
c'est-à-dire la simplicité du rapport entre les quantités des
corps qui peuvent former plusieurs composés, nous allons
d'abord considérer les phénomènes que nous offrent les
combinaisons gazeuses. M. Gay-Lussac a prouvé le premier *que ces substances se combinent en volume dans
des rapports simples, et que lorsque, par suite de la
combinaison, le volume est contracté, leur contraction*

est aussi en rapport simple avec les volumes des gaz ou plutôt avec le volume de l'un d'eux.

EXEMPLE.

2 vol. d'hydrogène + 1 vol. oxygène = 2 vol. de vapeur d'eau.

2   *Id.*   + 2   *Id.*   = eau oxygénée.

3   *Id.*   + 1 vol. azote   = 2 vol. de gaz ammoniac.

2 vol. d'azote   + 1 vol. oxygène = 2 vol. de protoxyde d'azote.

2   *Id.*   + 2   *Id.*   = 4 vol. de bioxyde d'azote.

2   *Id.*   + 3   *Id.*   = acide azoteux.

2   *Id.*   + 4   *Id.*   = acide hypoazotique.

2   *Id.*   + 5   *Id.*   = acide azotique.

2 vol. d'hydrogène + 2 vol. de chlore = 4 vol. d'acide chlorhydrique.

2 vol. de gaz chlorhydrique + 2 vol. de gaz ammoniac = chlorhydrate
[d'ammoniaque.

2 vol. de gaz ammoniac + 1 vol. d'acide carbonique = carbonate d'ammo-
[niaque.

2 vol.   *Id.*   + 2   *Id.*   = bicarbonate d'ammoniaque.

Par conséquent si l'on admet que deux gaz, que nous appellerons A et B, s'unissent en plusieurs proportions, et que la quantité du premier soit constante, il pourra se faire que les quantités du second soient telles que la plus petite soit contenue un certain nombre entier de fois en volume ou en poids dans les autres. Les cinq combinaisons d'azote et d'oxygène peuvent servir d'exemple. Or, comme on peut gazéifier plusieurs liquides et plusieurs solides, il est tout naturel de penser que ces lois de composition s'appliquent aussi à ces deux classes de corps; c'est en effet ce que l'expérience tend à démontrer. Ainsi le cuivre forme trois combinaisons avec l'oxygène: un protoxyde, un bioxyde et un quadroxyde de cuivre. La quantité en poids du métal étant représentée par 100 dans chaque combinaison, celle de l'oxygène le sera par 12,63 pour le protoxyde, 25,27 pour le bioxyde, et 50,55 pour le quadroxyde. De même l'oxygène, par sa combinaison avec le soufre, forme plusieurs acides : en représentant par 201 la quantité de soufre dans chacun d'eux, celle de l'oxygène équivaudra à 100 pour l'acide hyposulfureux, 200 pour l'acide sulfureux et 300 pour l'acide sulfurique. Afin de ne laisser aucun doute dans l'esprit du lecteur, nous mettons sous ses yeux le tableau suivant, où la loi apparaît manifestement.

345 gr. de manganèse + 100 d'oxygène = protoxyde de manganèse.
345   *Id.*   + 150   *Id.*   = sesquioxyde de manganèse.
345   *Id.*   + 200   *Id.*   = bioxyde de manganèse.
345   *Id.*   + 300   *Id.*   = acide manganique.
345   *Id.*   + 350   *Id.*   = acide hypermanganique.
339 gr. de fer   + 100 gr. oxygène = protoxyde de fer.
339   *Id.*   + 150   *Id.*   = sesquioxyde de fer.
339   *Id.*   + 442 de chlore = protochlorure de fer.
339   *Id.*   + 663   *Id.*   = sesquichlorure de fer.
339   *Id.*   + 201 gr. de soufre = protosulfure de fer.
339   *Id.*   + 250   *Id.*   = sesquisulfure de fer.
339   *Id.*   + 402   *Id.*   = bisulfure de fer.
589 gr. de potasse   + 501 gr. d'acide sulfurique = sulfate de potasse.
589   *Id.*   + 1002   *Id.*   = bisulfate de potasse.
589   *Id.*   + 276 gr. d'acide carbonique = carbonate de potasse.
589   *Id.*   + 552   *Id.*   = bicarbonate de potasse.
589   *Id.*   + 452 gr. d'acide oxalique = oxalate de potasse.
589   *Id.*   + 904   *Id.*   = bioxalate de potasse.
589   *Id.*   + 1808   *Id.*   = quadroxalate de potasse
589   *Id.*   + 652 gr. d'acide chromique = chromate de potasse.
589   *Id.*   + 1304   *Id.*   = bichromate de potasse.
589   *Id.*   + 437 gr. d'acide borique = borate de potasse.
589   *Id.*   + 874   *Id.*   = biborate de potasse.

Lois de Berzélius. Des nombreux exemples qui précèdent, il découle naturellement une loi que M. Berzelius a démontrée par des expériences multipliées, et que l'on peut énoncer ainsi : *Lorsque deux corps sont susceptibles de se combiner en diverses proportions,* ces proportions sont constamment les multiples par 1, 2, 3, 4, etc., de la quantité d'un des corps, la quantité de l'autre corps restant toujours la même.

Cette dernière loi, comme d'ailleurs les exemples cités le prouvent, s'applique aux combinaisons des corps élémentaires, comme aux combinaisons des corps composés. Mais indépendamment de cette loi, ces derniers corps, lorsqu'ils se combinent, nous offrent entre quelques-uns de leurs principes, des rapports remarquables dont la découverte importante est due à M. Berzelius. Voici l'énoncé de la loi qui les résume : *deux équivalents binaires, auxquels l'élément électro-négatif est commun, se combinent toujours dans des proportions telles, que le nombre des équivalents de l'élément électro-négatif de l'un est en rapport simple avec le nombre des équivalents de l'élémentélectro-négatif de l'autre.* Citons, pour exemple, les azotates métalliques, qui sont formés d'un oxyde et d'acide azotique contenant tous deux de l'oxygène électronégatif par rapport au métal et par rapport à l'azote, et dans lesquels l'oxygène de l'acide est toujours quintuple de l'oxygène de l'oxyde.

CHAPITRE II.

ÉTUDE DES ÉLÉMENTS OU CORPS SIMPLES.

Classification des corps d'après M. Dumas.

Pour rendre philosophique l'étude des corps simples, il faut évidemment, autant que la science le permet, réunir par groupes les corps qui offrent des ressemblances et des propriétés communes. Dans l'étude que nous allons faire de la chimie on reconnaîtra immédiatement les rapports évidents qui lient le chlore, le brome et l'iode les uns aux autres. On apercevra aussi facilement des rapprochements de même ordre entre le barium, le strontium et le calcium. Ce sont ces observations préliminaires, dont chacun est vivement frappé, qui ont porté M. Dumas à grouper de la même manière un certain nombre de corps, en les choisissant parmi ceux qui sont les mieux caractérisés, et dont les propriétés communes sont manifestes. C'est ainsi que le chlore, le brome et l'iode se réunissent sans contestation : le fluor viendra se placer à côté d'eux quand on l'aura isolé..

Le soufre a plusieurs analogues : tout nous porte à placer à côté de lui le sélénium et le tellure. En comparant l'eau oxygénée et le polysulfure d'hydrogène, les oxydes et les sulfures, on est même conduit à placer l'oxygène avec ces trois corps. De même l'arsenic et l'antimoine se placent à côté du phosphore, avec lequel ils ont tant d'analogie. Très-près de ces trois éléments on remarque l'azote, qui en diffère à quelques égards, quoique à bien d'autres il s'en rapproche beaucoup : enfin on forme un quatrième groupe avec le carbone et ses analogues, qui sont le bore, le silicium et le zirconium.

Comme l'hydrogène n'a pas d'analogue parmi les métalloïdes, on est conduit à adopter la classification suivante pour les corps simples non métalliques.

1579	Iode.	802	Tellure.
978	Brome.	494	Sélénium.
442	Chlore.	201	Soufre.
233	Fluor.	100	Oxygène.

Hydrogène.

76	Carbone.	177	Azote.
272	Bore.	196	Phosphore.
277	Silicium.	470	Arsenic.
420	Zirconium.	1620	Antimoine.

Dans chaque groupe de ce tableau les corps ont été rangés selon leur affinité pour l'hydrogène, qui augmente à mesure qu'on se rapproche de l'hydrogène placé au centre. Il est à remarquer que le poids de l'équivalent diminue à mesure que cette affinité augmente. Comme cette circonstance se reproduit dans tous, elle ne saurait être fortuite.

Il est à remarquer aussi que le corps prend de plus en plus des caractères métalliques quand son poids d'équivalent augmente, et que son affinité pour l'hydrogène diminue tellement, que certains d'entre eux qui occupent les derniers rangs, comme le tellure, le zirconium, l'arsenic et l'antimoine, ont été confondus avec ces métaux eux-mêmes. C'est là une raison puissante qui porterait à réunir les corps précédents aux métaux dans la classification naturelle, puisqu'on passe des corps non métalliques aux métaux par une nuance insensible.

Les caractères précédents sont déjà très-importants; mais on en peut joindre d'autres, tirés des combinaisons que peuvent former ces corps : car le fluor, le chlore, le brome et l'iode forment avec l'hydrogène des acides gazeux énergiques et fumants à l'air. Deux volumes d'hydrogène et deux volumes de chacun des trois derniers corps en forment quatre d'acide : il n'y a donc pas condensation. L'oxygène, le soufre, le sélénium et le tellure produisent avec l'hydrogène des composés très-faiblement acides, ou même indifférents. Deux volumes d'hydrogène unis à l'autre corps ne forment que deux volumes du composé, ce qui revient à dire qu'il y a condensation du volume du corps électro-négatif, mais que l'hydrogène lui-même ne se condense pas. L'azote, le phosphore, l'arsenic, produisent avec l'hydrogène des composés qui jouent le rôle de l'eau. Six volumes d'hydrogène unis à l'autre corps en font quatre du composé; ce qui revient à dire que dans celui-ci le corps électro-négatif se condense tout entier, et qu'en outre l'hydrogène lui-même se condense dans le rapport de 3 à 2. Enfin le carbone, qui seul parmi les corps auxquels on le compare a été combiné avec l'hydrogène, paraît produire de préférence des combinaisons qui jouent aussi le rôle de base, et dans lesquelles l'hydrogène se condense plus ou moins, et souvent beaucoup plus que dans le cas précédent.

Ainsi parmi les caractères nombreux communs aux corps qui composent chacun de ces quatre groupes, ceux que l'on tire de leurs combinaisons hydrogénées offrent une netteté qui les rend préférables à tous les autres quand il s'agit de justifier la classification adoptée. Ceci posé, M. Dumas observe que si, au lieu de classer ces corps comme on l'a fait plus haut, on les dispose dans un ordre inverse, c'est-à-dire en mettant près de l'hydrogène ceux qui ont le plus de ressemblance avec ce corps, ou le moins d'affinité pour lui, on obtient le tableau suivant :

Fluor	Oxygène
Chlore	Soufre
Brome	Sélénium
Iode	Tellure

Hydrogène.

Zirconium	Antimoine
Silicium	Arsenic
Bore	Phosphore
Carbone	Azote

dans lequel il est évident qu'à mesure que le corps perd de son affinité pour l'hydrogène, il acquiert le caractère métallique. Car on sait que les corps qui se ressemblent le plus sont ceux qui ont le moins de tendance à se combiner; de là M. Dumas arrive à conclure que l'hydrogène n'est probablement pas autre chose qu'un métal gazeux, ce qui s'accorde d'ailleurs avec des considérations d'une autre nature, et ce qui conduit à confondre l'hydrogène avec les métaux les plus électro-positifs. On peut dire que la base de la classification des corps précédents consiste *à réunir ceux qui se ressemblent par la nature, les proportions et le mode de condensation de leurs combinaisons avec l'hydrogène.*

Étude des métalloïdes.

Nous commencerons d'abord par l'oxygène et ses analogues; puis, avant de passer au groupe suivant, nous ferons l'étude de l'hydrogène, qui n'a pas d'analogue parmi les métalloïdes. Il convient de ne pas trop éloigner l'hydrogène de l'oxygène; car ces deux corps sont particulièrement caractérisés par leur affinité réciproque et par leur action sur les autres corps simples. En général, ceux de ces corps qui ont une très-grande affinité pour l'oxygène n'en ont qu'une très-faible pour l'hydrogène et réciproquement; de telle sorte que si les corps simples étaient rangés dans l'ordre de leur affinité pour l'oxygène, il suffirait de renverser cet ordre pour avoir celui de leur affinité pour l'hydrogène.

Oxygène.

L'oxygène, dont nous allons faire l'étude, est un des corps que la nature renferme le plus abondamment; car il entre dans la composition de presque toutes les substances organiques, d'une foule de produits inorganiques solides, liquides et gazeux, comme l'eau et l'air qui se trouvent en si grandes masses sur la terre et autour de cette planète.

Préparation. L'oxygène peut être obtenu par plusieurs procédés; le plus économique et le plus simple consiste à chauffer au rouge le bioxyde de manganèse dans une cornue en grès. Cet oxyde est très-commun et à bas prix dans le commerce; mais il renferme une assez grande quantité de carbonates de chaux et de manganèse, dont il faut le débarrasser. Pour cela on le pulvérise et l'on verse dessus de l'acide chlorhydrique, qui chasse l'acide carbonique avec effervescence et produit des chlorures solubles : par le lavage de la matière ces chlorures se dissolvent, et le bioxyde de manganèse purifié reste au fond du vase et peut être desséché. Pour procéder à l'extraction de l'oxygène avec un pareil oxyde, il faut en remplir presque entièrement une cornue de grès lutée, que l'on place dans le laboratoire d'un fourneau à réverbère; on adapte, comme la *fig.* 1 le représente, au col de cette cornue, un tube de verre recourbé muni d'un tube de sûreté, et allant se rendre sous une cloche pleine d'eau placée sur la cuve à eau, ou sur un vase rempli d'eau. L'appareil étant ainsi disposé, on porte peu à peu la cornue jusqu'au rouge, en mettant successivement dans ce fourneau quelques charbons incandescents et beaucoup de charbons noirs.

La chaleur dilate d'abord l'air de la cornue et le chasse en partie de l'appareil; mais lorsque l'oxyde est chauffé au rouge, il commence à laisser dégager de l'oxygène mélangé à l'air qui restait dans la cornue. On en laisse perdre un ou deux litres; celui qui se dégage ensuite peut être considéré comme pur, et doit être recueilli dans des flacons pleins d'eau et renversés, comme nous allons l'expliquer. Le tube, adapté à la cornue, se recourbe vers le bas, comme l'indique la figure, plonge dans un vase rempli d'eau, et pénètre dans un têt A par une échancrure représentée *fig.* 2 en B. Ce têt en terre cuite est percé d'une petite ouverture à sa partie supérieure, par laquelle le gaz peut s'échapper : dessus on place une éprouvette remplie d'eau et renversée. Le gaz, par sa légèreté, monte à la partie supérieure de l'éprouvette, déplace l'eau et finit bientôt par la remplir.

Souvent le tube recourbé, au lieu de plonger dans un simple vase CD, plonge dans la cuve à eau, qui est dispo-

Cuve à eau.

sée pour recueillir les gaz dans presque tous les laboratoires : cette cuve prismatique est supportée par des pieds et a près de 1 mètre de hauteur; de manière qu'un homme peut manipuler dessus, en se baissant légèrement, comme on peut le voir par la *fig*. 3. L'eau arrive jusqu'à 7 centimètres environ du bord supérieur : à 9 centimètres se trouve une planchette de 25 centimètres de largeur percée de plusieurs trous et au-dessous de laquelle on fait rendre les tubes recourbés des appareils.

Tubes de sûreté. Dans la *fig*. 1, au tube recourbé qui sert à recueillir les gaz, se trouve soudé un autre tube *mnpq* pourvu d'un renflement en *n* et que nous avons appelé tube de sûreté; nous allons expliquer le jeu de ce tube et la nécessité, afin d'éviter la rupture des appareils, d'en mettre dans certaines circonstances. Si la cornue était munie d'un simple tube recourbé il est facile de prévoir ce qui arriverait dans le cas où elle viendrait à se refroidir par suite d'un ralentissement dans le feu du fourneau : le vide se formerait d'abord dans cette cornue, puis l'eau du vase s'y précipiterait et la briserait inévitablement à cause de sa haute température. Cela n'arrive pas avec un tube de sûreté. Pour rendre efficace ce genre de tube, il faut y introduire un peu d'eau par l'entonnoir *q*. Supposons que l'eau soit au niveau *n x*, et que la cornue vienne à se refroidir comme dans le cas précédent. Le vide se formant, l'air extérieur comprime la colonne d'eau en *x*, la fait rendre dans la boule *n* et dans l'autre colonne, et pénètre alors dans l'intérieur du tube par bulles, ce qui empêche l'eau de remonter dans le tube et de pénétrer dans la cornue.

Revenons actuellement au gaz oxygène que nous avons préparé, et expliquons ce qui s'est passé. La chaleur a éloigné dans chaque particule les atomes d'oxygène de ceux du manganèse et les a mis hors de leur sphère d'attraction : alors les molécules d'oxygène, reprenant leur forme gazeuse, se dégagent, tandis que le manganèse, qui est fixe, reste dans la cornue en retenant encore en combinaison une certaine quantité d'oxygène que le calorique ne peut plus lui enlever, et formant un oxyde qui est une combinaison de protoxyde et de bioxyde. La réaction est représentée par l'équation

$$3\,MnO^2 = 2\,MnO,MnO^2 + O^2.$$

On voit donc qu'on ne peut retirer que deux équivalents d'oxygène de trois de bioxyde, qui cependant en contiennent six de gaz oxygène.

Le gaz oxygène peut encore être obtenu à l'état de pureté, en chauffant du chlorate de potasse dans une petite cornue en verre munie d'un tube propre à recueillir les gaz. Par l'action d'une faible chaleur, le sel est décomposé en partie et donne lieu à un dégagement d'oxygène.

L'oxygène est un gaz incolore, inodore, insipide, d'une pesanteur spécifique de 1,1026, celle de l'air étant prise pour l'unité. C'est le moins réfrangible de tous les gaz. Tous les corps simples peuvent se combiner à lui en une ou plusieurs proportions, tantôt avec dégagement de calorique, tantôt avec dégagement de chaleur et de lumière. Le fer donne un grand dégagement de chaleur et de lumière, comme on peut s'en assurer facilement : on fait recuire un ressort de montre, on le plante par l'une de ses extrémités à un bouchon, tandis qu'à l'autre se trouve attaché un morceau d'amadou allumé ; on plonge le fer dans le flacon et bientôt, quand l'amadou a communiqué sa chaleur au fer, on voit celui-ci brûler avec une lumière si vive et si éblouissante que l'œil ne peut la supporter longtemps ; le fer s'oxyde, et forme des globules qui entrent en fusion et tombent. Leur température est si élevée, qu'elles pénètrent le flacon et s'y attachent fortement, quoiqu'il contienne une couche d'eau de plusieurs centimètres. Le soufre et le phosphore peuvent aussi brûler dans le gaz oxygène avec un grand dégagement de chaleur et de lumière, lorsqu'ils présentent seulement un de leurs points en ignition. Ce dernier phénomène se manifeste toujours lorsqu'on plonge dans une éprouvette remplie d'oxygène une bougie qui a été allumée et soufflée et qui présente encore un point en ignition ; elle se rallume à l'instant et brûle avec une flamme éclatante. C'est là la propriété caractéristique du gaz oxygène et qui sert toujours à le faire connaître. L'eau en dissout environ $\frac{1}{100}$ de son volume à la température ordinaire.

Action du gaz oxygène sur l'économie animale. Le gaz oxygène est le seul gaz respirable ; mais il ne peut être respiré pur pendant longtemps, car alors il exerce une action très-énergique : en rendant la vie plus active il l'abrégerait. La médecine a cependant essayé de l'administrer dans diverses circonstances.

De la combustion. Nous avons vu le fer, le soufre, le charbon, le phosphore et plusieurs autres corps brûler vivement dans l'oxygène et donner lieu à un dégagement plus ou moins grand de chaleur et de lumière. C'est à ce phénomène qu'on a donné le nom de combustion. Autrefois l'oxygène portait le nom de corps comburant, tandis que les autres corps étaient généralement désignés sous le nom de corps brûlés. De pareilles dénominations sont devenues tout à fait fautives, depuis qu'il est bien prouvé que des phénomènes analogues à ceux que nous avons décrits plus haut peuvent être obtenus avec d'autres corps que l'oxygène. Ainsi du fer et d'autres métaux lorsqu'ils sont chauffés peuvent brûler activement dans le chlore, comme dans l'oxygène. Ces mêmes métaux peuvent aussi brûler dans de la vapeur de soufre, et produire un assez grand dégagement de chaleur et de lumière. Ainsi l'on avait trop restreint le phénomène de la combustion, et, dans l'état actuel de la science, on peut avancer hardiment qu'il y a combustion, apparente dans certains cas, faible dans d'autres, toutes les fois que deux corps se combinent. Le phénomène est presque toujours acccompagné de chaleur et quelquefois d'une vive lumière.

Soufre.

Le soufre, connu depuis très-longtemps, se trouve dans la nature, soit libre, soit combiné aux métaux, quelquefois à l'état de sulfate. Le soufre natif se trouve tantôt cristallisé, tantôt en masse compacte dans les pays volcanisés, dans quelques roches quartzeuses des terrains primitifs et intermédiaires ; il se rencontre aussi dans les montagnes secondaires associé à du sulfate de chaux. Le soufre combiné est beaucoup plus commun que le soufre natif ; il fait partie d'un grand nombre de sulfates et de sulfures naturels, parmi lesquels on peut citer les sulfures de fer, de plomb, de mercure, d'antimoine, de cuivre, etc., le sulfate de chaux (pierre à plâtre), les sulfates de potasse, soude, magnésie, etc. Le soufre combiné avec l'hydrogène forme la base des eaux sulfureuses ; enfin on le trouve encore dans le règne organique.

Le soufre s'extrait des terres où il existe, à l'état natif, ou des combinaisons qu'il forme avec le fer et le cuivre. Dans certaines contrées de l'Italie dont les terres contiennent de fortes proportions de soufre, on creuse dans le sol une cavité peu profonde dans laquelle on met des broussailles qu'on recouvre de terres sulfureuses : on met le feu au bois ; une partie du soufre se fond et coule à la partie inférieure de la fosse, tandis qu'une autre portion brûle à l'air et maintient la température suffisamment élevée. Le soufre obtenu de cette manière est encore fortement chargé de terre. Dans les mêmes pays on met encore les morceaux de mine concassés dans des pots de terre cuite de vingt litres de capacité, placés les uns à la suite des autres dans un long fourneau appelé *galère ;* ces pots communiquent, par une ouverture supérieure et latérale et à l'aide d'un tuyau, avec d'autres pots, placés hors du fourneau, qui servent de récipient et qui sont percés inférieurement d'un trou situé au-dessus d'une tinette pleine d'eau. Les pots du fourneau sont bouchés supérieurement avec un couvercle en terre luté avec soin. Par l'action de la chaleur, le soufre se volatilise et vient se rendre dans les récipients où il se condense, et de là dans les tinettes où il se fige. Obtenu par ce procédé, il porte le nom de soufre brut et contient environ $\frac{1}{12}$ de matière terreuse qu'il a entraînée. On le purifiait autrefois en le fondant dans une chaudière de fonte et le laissant en fusion jusqu'à ce que les impuretés fussent déposées ; puis on le coulait dans des moules cylindriques en sapin pour lui donner la forme de soufre en bâton qu'il affecte dans le commerce. Aujourd'hui cette purification s'obtient par la distillation du soufre dans une grande chaudière de fonte surmontée d'un chapiteau voûté qui communique par une ouverture latérale avec une chambre qui sert de récipient ; cette chambre est munie de soupapes qui s'ouvrent de dedans en dehors, et de conduits armés de robinets à la partie inférieure et au niveau du sol. Au moyen de cet appareil on peut faire à volonté du soufre en masse et de la fleur de soufre suivant la quantité de soufre que l'on distille dans un temps donné.

Quand on veut retirer le soufre des sulfures, on place sur un lit de bois un grand nombre de morceaux de sulfure de cuivre mêlés avec de l'argile et disposés en pyramides tronquées, au milieu desquelles se trouve un canal qui permet d'introduire des tisons enflammés : par l'élévation de la température, le métal passe à l'état d'oxyde, et le soufre se transforme en partie en gaz acide sulfureux qui se dégage, tandis qu'une autre partie vient se condenser dans des cavités pratiquées au sommet.

Extraction du soufre des sulfures.

Le soufre est solide, très-cassant, sans odeur, sans saveur, d'une belle couleur jaune-citron ; sa densité est de 1,99. Il est mauvais conducteur du fluide électrique, et s'électrise négativement quand on le frotte avec une peau de chat ou une étoffe de laine. Il entre en fusion à 108°, est alors complétement liquide, et peut cristalliser par le refroidissement en belles aiguilles jaunes. Si on le chauffe davantage, c'est-à-dire vers 160°, il s'épaissit et prend une teinte rougeâtre ; mais il reprend sa liquidité première et sa limpidité lorsqu'on abaisse la température : au-dessus de 250° il se liquéfie de nouveau, et peut enfin se gazéifier à 440°. D'après les travaux de MM. Dumas et Mitscherlich, le soufre gazeux a une densité de 6,654 et contient trois fois plus d'atomes qu'un volume égal d'oxygène. La vapeur de soufre peut se condenser sous forme de petits cristaux soyeux d'un beau jaune, qui portent le nom de *fleurs de soufre.* Ces cristaux contiennent presque toujours un peu d'acide sulfureux, dont on les débarrasse en les agitant avec de l'eau.

Propriétés du soufre.

Dimor-
phisme.

Le soufre maintenu pendant quelque temps à une température de 190° environ, et refroidi subitement par sa projection dans l'eau froide conserve après son refroidissement
une mollesse qui permet de le pétrir comme de la cire, et
de l'utiliser pour prendre des empreintes. La masse brune,
visqueuse, ne devient solide et jaune que longtemps après.
Il y a alors un travail moléculaire; car la matière, un peu
transparente, s'effleurit et devient opaque. On dit alors qu'il
y a phénomène de dimorphisme; car le dimorphisme c'est
la propriété dont jouissent certains corps de manifester des
formes et des groupements moléculaires différents, sans
cependant avoir changé dans leur nature chimique, c'est-à-
dire dans leur composition.

Usages du
soufre.

Le soufre sert dans la confection des allumettes, dans la
fabrication de la poudre à canon, et dans le blanchiment
de la soie, de la laine et de la paille : mais alors il est employé
à l'état d'acide sulfureux gazeux. Il sert encore pour préparer une foule de produits chimiques et pharmaceutiques.

Nous terminerons l'histoire de ce corps en remarquant
qu'il donne, lorsqu'il bout, un gaz jaune orangé dont la
couleur ressemble à celle des vapeurs de l'acide nitrique
fumant. Ce gaz, quand on y met le feu, brûle à l'air, de
même que le soufre, avec une flamme bleue et en répan-
dant une odeur d'acide sulfureux.

Hydrogène.

État et pré-
paration de
l'hydrogène.

L'hydrogène est un corps très-abondamment répandu
dans la nature ; car il fait partie de l'eau, des matières orga-
nisées et de plusieurs produits inorganiques. On prépare cet
élément, qui, à l'état libre, est toujours gazeux, en décomposant l'eau par la pile ou par le fer à une tem-

pérature rouge, ou bien encore par le zinc à froid en présence d'un acide puissant, comme l'acide sulfurique. L'expérience se fait dans un flacon à deux tubulures, *fig.* 4, dont l'une A porte un tube droit surmonté d'un petit entonnoir, tandis que l'autre B porte un tube recourbé qui va plonger dans la cuve à eau, ou plus simplement dans une terrine remplie d'eau. On met l'eau et le zinc en grenaille dans le vase, puis on ajuste le tube droit qui doit plonger dans l'eau, et l'on verse peu à peu de l'acide sulfurique du commerce dans l'entonnoir : cet acide se rend dans le flacon, et il se manifeste immédiatement une vive effervescence, produite par le dégagement d'un gaz qui n'est autre chose que de l'hydrogène.

La réaction a lieu entre un équivalent d'acide sulfurique SO^3, un équivalent de zinc Zn, un équivalent d'eau H^2O; elle est indiquée par l'équation chimique qui suit :

$$SO^3 + H^2O + Zn = ZnO\ SO^3 + H^2.$$

On voit que l'eau est décomposée en hydrogène qui se dégage, et en oxygène qui oxyde le zinc, et que cet oxyde de zinc se combine avec l'acide sulfurique pour donner du sulfate de protoxyde de zinc. Le métal seul n'aurait pu décomposer l'eau à la température ordinaire; s'il est parvenu à le faire ici, c'est qu'il se trouvait en présence d'un acide puissant qui provoquait la formation de l'oxyde de zinc, et par suite du sel.

L'hydrogène est un corps gazeux, incolore, inodore, d'une densité de 0,0688, impropre à la respiration et à la combustion, mais capable de brûler lui-même avec une flamme pâle. Ces deux dernières propriétés sont mises en évidence, en plongeant dans une éprouvette remplie de gaz hydrogène une bougie allumée : à l'instant elle s'éteint, mais elle produit une petite détonation au moment où elle pénètre dans l'éprouvette. Quand on approche la bougie de l'orifice, le gaz s'allume, brûle avec une flamme très-pâle et se change en vapeur d'eau. Puisque la densité de l'hydrogène est o,o688, il s'ensuit qu'il est près de 14 fois plus léger que l'air. Cette grande différence entre les poids spécifiques des deux gaz, qui a été mise à profit pour s'élever dans les airs, peut être rendue manifeste par une expérience assez curieuse. On remplit deux éprouvettes de même grandeur, l'une d'air, l'autre de gaz hydrogène; et, après avoir rapproché les orifices, on les met lentement dans une position verticale, de manière que celle qui contient l'air soit en haut. Alors, après quelques secondes, cette dernière ne contient plus que de l'hydrogène, facile à constater par un corps enflammé, tandis que l'autre est remplie d'air qui provient évidemment de l'éprouvette supérieure.

Action de l'oxygène sur l'hydrogène. L'oxygène exerce une action remarquable sur l'hydrogène, à une température élevée, ou sous l'influence de l'électricité; ces deux gaz se combinent subitement avec une forte détonation et un dégagement de chaleur et de lumière. Toujours, comme nous avons déjà eu l'occasion de le dire, dans cette réaction le volume de l'hydrogène est double de celui de l'oxygène.

Si l'on veut se contenter de faire l'expérience grossièrement, on introduit dans un flacon à petit goulot un mélange d'oxygène et d'hydrogène dans le rapport précédemment cité; puis, après avoir enveloppé le flacon avec un linge, pour prévenir les dangers que pourrait occasionner sa rupture, on y introduit une bougie allumée; il y a aussitôt une forte détonation, souvent aussi intense que celle d'un pistolet. Quelquefois on remplit une vessie, munie d'un robinet et d'un tube effilé, du mélange des deux gaz, et dans un mortier rempli d'eau de savon on fait arriver le gaz par la compression de la vessie ; il se forme alors des bulles savonneuses remplies du mélange des deux gaz, et qui produisent de fortes détonations quand on en approche un corps enflammé.

Mais lorsqu'on veut constater avec précision que les deux gaz peuvent se combiner par l'étincelle électrique, et qu'ils le font dans le rapport de 2 volumes d'hydrogène pour 1 volume d'oxygène, il faut employer un instrument dû au génie de Volta, et qui est connu dans les laboratoires sous le nom d'*eudiomètre*.

L'eudiomètre qu'on emploie sur la cuve à eau, se compose d'un fort tube AB, *fig.* 5, en verre, muni, à ses deux extrémités, de garnitures en cuivre armées de robinets C et D. La garniture inférieure est un peu évasée en P, tandis que l'autre est terminée en vis, afin de pouvoir y ajuster un tube gradué H ; enfin, une tige en cuivre x s'élève dans l'intérieur du tube et est terminée par une boule F ; une autre tige traverse la paroi de verre, à la partie supérieure, et se termine par deux petites boules, l'une g destinée à recevoir l'étincelle électrique, tandis que l'autre est très-rapprochée de F. Pour se servir de cet instrument, on le remplit d'eau sur la cuve à eau, puis, fermant le robinet D et ouvrant le robinet C, on introduit successivement dans l'intérieur du tube, avec une mesure, 2 volumes d'hydrogène et 1 volume d'oxygène ; cela fait, on ferme le robinet C, et l'on approche le plateau d'un électrophore de la petite boule extérieure de l'eudiomètre. Si l'expérience est bien conduite, une vive lumière, signe de la combinaison des deux gaz, apparaît. En ouvrant le robinet C, l'eau remonte subitement, ce qui indique que les deux gaz ont disparu et qu'il s'est formé un vide dans l'instrument. Nous devons cependant avertir que toujours il y a une bulle d'air à la partie supérieure de l'eudiomètre, que l'on peut recueillir en vissant à l'appareil un grand tube rempli d'eau, et ouvrant le robinet D. On voit alors la bulle d'air, dont nous avons parlé, monter dans le long tube gradué et venir se loger à la partie supérieure. Cet air provient de l'eau renfermée dans l'eudiomètre qui, comme nous le verrons, contient toujours de l'air en dissolution, et qui se dégage par le vide fait dans l'instrument. Si l'on introduisait 100 vol. d'hydrogène et 100 vol. d'oxygène, il resterait, après l'étincelle électrique, 50 vol. d'oxygène qui peuvent être recueillis et mesurés par le long tube gradué. Il résulte évidemment de cette expérience que les 50 vol. d'oxygène qui ont disparu se sont combinés avec les 100 vol. d'hydrogène.

Action de la compression sur un mélange d'oxygène et d'hydrogène. — La compression peut aussi opérer la combinaison de l'oxygène et de l'hydrogène. Il faut faire l'expérience dans un corps de pompe, et comprimer subitement le mélange ; mais il faut avoir soin, pour ne pas briser l'appareil, de n'opérer que sur de petites masses de gaz.

Action du platine sur un mélange d'oxygène et d'hydrogène. — M. Dœbereiner a constaté qu'en dirigeant à travers l'air un courant d'hydrogène sur un morceau de platine, il se forme de l'eau, et il se développe assez de chaleur pour enflammer le gaz et faire rougir le métal ; bien plus, il a fait voir que ce platine, en poudre ou en éponge, pouvait déterminer subitement la combinaison d'un mélange d'oxygène et d'hydrogène, en donnant lieu à une détonation, comme l'aurait fait une bougie allumée ou l'étincelle électrique.

(5ı)

Depuis on a reconnu que le palladium et le rhodium possèdent des propriétés analogues, sans pouvoir déterminer
la cause de si curieux phénomènes.

Quand l'hydrogène brûle, il produit une très-forte chaleur ; on peut même dire que c'est de tous les corps celui
qui, en brûlant, produit le plus de chaleur. C'est sur ce
phénomène qu'est fondé le chalumeau à gaz. Cet appareil se
compose d'un gazomètre contenant un mélange d'oxygène
et d'hydrogène dans les proportions pour former de l'eau,
et d'un tube effilé par lequel le gaz peut s'échapper. Si l'on
allume le jet de gaz, et si l'on entretient le courant, il se
produit une chaleur capable de fondre, en quelques instants,
plusieurs substances regardées pendant longtemps comme
infusibles. C'est ainsi que le platine, qui n'avait jamais pu
être fondu aux meilleurs feux de forge, se fond quand il est
exposé en fils très-minces ou en petits fragments, et tombe
par gouttes, quand on l'expose au chalumeau à gaz oxygène
et hydrogène. Le silex se fond en un verre coloré ; l'alumine
se convertit en un émail blanc, la baryte en émail grisâtre.
Il en est de même pour la zircone, la strontiane, la glucine,
la chaux et la magnésie.

L'antimoine, le fer, le cuivre, l'argent et même l'or, placés sur le charbon et sous le jet des gaz enflammés, fusent
et brûlent rapidement avec une flamme dont la couleur
varie selon la nature du métal : l'antimoine et le fer donnent une flamme vive accompagnée d'une belle scintilla-
ion, tandis que le cuivre, l'argent et l'or donnent seulement une flamme verte. On a aussi obtenu la fusion de la
porcelaine, de la poterie commune, des fragments de creusets de terre les plus réfractaires qu'on connaisse de la

I.   4*

faïence de Wedgwood, de plusieurs argiles, comme la terre de pipe, la brique réfractaire et quelques roches.

Gazomètre. Dans le gazomètre à gaz oxygène et hydrogène, le mélange des deux gaz, dans les proportions les plus convenables, est renfermé dans un gazomètre dont l'écoulement est réglé par une chute d'eau : la communication entre l'intérieur du gazomètre et l'extérieur est gênée par des centaines de toiles métalliques qui laissent bien passer le gaz, mais qui arrêteraient la flamme si, par une circonstance particulière, elle venait à rentrer dans le tube. On conçoit alors qu'elle déterminerait subitement la combinaison des gaz mélangés dans le gazomètre, et produirait une explosion épouvantable, dont pourraient être victimes les expérimentateurs. On peut éviter tout danger en maintenant les deux gaz dans des gazomètres isolés, et les mêlant seulement à peu de distance de la flamme. Nous ne terminerons pas ce sujet sans dire que la vivacité de la flamme du chalumeau à gaz ne répond pas à l'énorme température développée. Cependant cette flamme devient très-vive quand on la fait rendre sur un corps blanc très-réfractaire et en morceaux suffisamment gros pour ne pas être fondus. En prenant de la craie, la lumière et si vive que l'œil ne peut la supporter longtemps; elle n'a d'analogue, parmi les lumières artificielles, que celles que l'air produit en rapprochant deux cônes de charbon qui communiquent chacun avec l'un des pôles d'une forte pile voltaïque en activité; cette lumière est même, dit-on, beaucoup plus intense.

Quand on allume un jet d'hydrogène s'échappant par un tube très-étroit, on a ce qu'on appelait autrefois la *lampe philosophique*. Si l'on introduit le jet lumineux dans l'intérieur d'un tube en verre d'un assez grand diamètre, il se produit un son tout particulier dont la hauteur, le timbre, changent à mesure qu'on enfonce le grand tube. Dans cette expérience très-curieuse, la colonne d'air du tube est évidemment mise en vibration par les couches d'hydrogène dont la combustion produit des condensations et des dilatations, et par suite le son.

L'hydrogène, par sa légèreté, sert à gonfler les aéros-tats. Il produirait, sans aucun doute, une immense révolution dans un grand nombre d'industries, si l'on parvenait à se le procurer à bon marché ; car alors les procédés d'extraction des métaux seraient complétement changés, ainsi que la cuite des briques, des porcelaines, etc. _{Usages de l'hydrogène.}

Nous ne terminerons pas l'étude de l'hydrogène sans dire quelques mots sur ce qu'on appelle communément la *flamme*. Suivant sir Humphry Davy, la flamme n'est autre chose qu'une matière gazeuse chauffée au point d'être lumineuse, et jouissant d'une température qui surpasse la chaleur blanche des corps solides. L'intensité qu'elle présente dépend de la nature du produit de la combustion. Si ce produit est un gaz ou une vapeur, la flamme est peu intense, comme cela se remarque dans la combustion du soufre qui produit du gaz acide sulfureux, et de l'hydrogène qui forme de la vapeur d'eau. Elle est, au contraire, vive et éclatante lorsque le produit de la combustion est une substance solide qui, se précipitant dans l'intérieur de la flamme, acquiert elle-même une haute température et devient lumineuse. C'est ce dernier effet qui est produit dans la combustion du phosphore qui produit de l'acide phosphorique fixe, du zinc qui donne naissance à de

I.   4*

l'oxyde de zinc solide, et des matières huileuses ou grasses qui laissent déposer momentanément du carbone. Par la même raison, en projetant dans la flamme du soufre, de l'hydrogène, des fragments d'une matière solide, comme du sable fin, de la limaille d'acier, de l'amiante, de la craie en poudre, etc., on augmente l'intensité de la flamme.

Une matière combustible ne peut être enflammée qu'après avoir été réduite en vapeur ou transformée en gaz et portée à une température plus ou moins élevée. Les mèches de coton dans les lampes et les chandelles déterminent l'ascension de la matière combustible entre leurs filaments, et occasionnent, par la chaleur que produit leur combustion, la décomposition de l'huile ou du suif liquéfié.

Expériences des toiles métalliques. La flamme des matières combustibles ne peut subsister qu'à une certaine température : si celle-ci s'abaisse, la flamme s'éteint; c'est ce qui arrive quand on souffle une chandelle allumée. Il en est de même quand on met en contact immédiat avec la flamme un corps solide susceptible d'absorber une certaine quantité de calorique et de refroidir le corps qui brûle. Davy a démontré cette vérité par les expériences que nous allons rapporter : 1° Si l'on allume le gaz hydrogène qui se dégage d'une lampe philosophique, et que l'on mette un peu au-dessus de l'orifice une toile métallique dont les trous soient excessivement petits, le gaz hydrogène traversera la toile; mais la matière gazeuse sera tellement refroidie, qu'on ne pourra pas allumer une allumette soufrée un peu au-dessus de la toile, tandis qu'on l'enflammera facilement dans l'espace qui sépare cette toile de l'ouverture du tube; 2° que l'on éteigne la flamme de la lampe philosophique, et que l'on place la toile métallique un peu au-dessus de l'ouverture du tube par lequel sort le gaz hydrogène, celui-ci traversera la toile, et pourra être enflammé à l'aide d'un corps en combustion au-dessus de la toile. A son tour, la flamme que produira le gaz hydrogène en brûlant au-dessus du tissu métallique sera refroidie, en sorte qu'il sera impossible d'enflammer une allumette soufrée que l'on placera entre l'extrémité du tube de la lampe et la face inférieure de la toile.

DEUXIÈME GROUPE FORMÉ DU CHLORE, DU BROME, DE L'IODE ET DU FLUOR.

Chlore.

Le chlore existe abondamment dans la nature, mais toujours à l'état de combinaison ; c'est ainsi qu'il se trouve uni au sodium et à quelques autres métaux, et forme des composés qui se trouvent au sein des mers. Son étude est très-importante : d'abord parce qu'il joue un grand rôle dans une foule de réactions chimiques, et ensuite parce qu'il est le type d'un groupe de corps qui ont à peu près les mêmes propriétés. Nous commençons l'étude de ce groupe par le chlore, parce qu'il a été découvert le premier, et ensuite parce qu'ayant des propriétés très-caractéristiques, il est comme le type des autres. Ces corps sont particulièrement caractérisés par leur peu de tendance à se combiner avec l'oxygène, avec lequel ils ne forment que des composés si peu stables, que la moindre chaleur peut en opérer la décomposition, tandis qu'ils donnent des composés très-énergiques et très-stables avec l'hydrogène et les métaux.

Le chlore peut être obtenu par deux procédés différents : Préparation du chlore.

I.						4*

le premier consiste à traiter, dans un petit ballon, à une douce chaleur, l'acide chlorhydrique par le bioxyde de manganèse. Ce petit matras, *fig.* 6, est terminé par un tube recourbé, propre à recueillir le gaz, qui va s'engager dans un flacon rempli d'air. Le gaz se dégage bientôt et vient remplir le flacon en le colorant en vert. Dans cette réaction, il faut 2 équivalents d'acide chlorhydrique, représentés par H^4Ch^4, pour 1 équivalent de bioxyde de manganèse MnO^2 : l'acide chlorhydrique est décomposé en ses éléments; les 2 équivalents d'hydrogène H^4 se combinent avec les 2 équivalents d'oxygène O^2 du bioxyde pour former de l'eau $2H^2O$, tandis que les 2 équivalents de chlore se partagent en deux parties, dont l'une Ch^2 se dégage, et dont l'autre se combine avec le manganèse du bioxyde pour former du protochlorure de manganèse. La réaction se trouve complétement expliquée par l'équation chimique suivante :

$$H^4Ch^4 + MnO^2 = 2H^2O + Mn\,Ch^2 + Ch^2.$$

Comme on connaît les équivalents du chlore, du manganèse et de l'oxygène, il est facile de déterminer en grammes les quantités d'acide et de bioxyde nécessaires pour rendre la réaction complète.

L'autre procédé consiste à traiter, dans un grand ballon, *fig.* 7, le sel marin et le bioxyde de manganèse par l'acide sulfurique étendu d'eau. Pour éviter les inconvénients d'une rentrée subite de l'eau dans le ballon, on le garnit d'un tube de sûreté qui, par sa forme, permet de verser l'acide sulfurique dans l'extérieur du ballon, quand le besoin l'exige. On commence par broyer le sel marin et le

bioxyde, puis on les introduit dans l'appareil avec de l'eau;
cela fait, on ajuste les tubes, et l'on ferme bien les jointures
pour éviter une perte de gaz; c'est alors que l'on verse
l'acide par le petit entonnoir.

Ici l'acide sulfurique, en agissant sur le sel marin,
donne lieu à la formation de sulfate de soude et d'une certaine quantité d'acide chlorhydrique, sur lequel le bioxyde de manganèse agit, comme dans l'expérience précédente, en donnant lieu à un dégagement de chlore et en
produisant du chlorure de manganèse. Le sulfate de soude
et l'acide chlorhydrique se forment par la décomposition
de l'eau introduite et par celle du chlorure de sodium :
l'oxygène de l'eau oxyde le métal, le fait passer à l'état
d'oxyde de sodium (soude), qui s'unit à l'acide sulfurique en
produisant le sulfate de soude cité; l'hydrogène de l'eau
se combine avec le chlore du chlorure pour donner de l'a-
cide chlorhydrique. Voici d'ailleurs l'équation chimique
de cette réaction :

$$2NaCh^2 + 2SO^3 + MnO^2 = 2NaO,SO^3 + MnCh^2 + Ch^2.$$

Quoique l'on puisse expliquer la réaction sans admettre
la décomposition de l'eau, il ne faudrait pas en conclure
que cette eau est inutile; car si l'on ne prenait pas de l'a-
cide étendu, et si l'on ne versait pas de l'eau dans le ballon,
il se formerait de l'acide chlorhydrique qui se dégagerait
presque entièrement et souillerait le chlore.

Le chlore, ainsi nommé à cause de sa couleur, est un Propriétés du chlore.
gaz jaune verdâtre, d'une odeur forte, désagréable et tout
à fait caractéristique, d'une densité de 2,4216. La flamme

des bougies qu'on plonge dans le chlore, pâlit en s'agran-
dissant, prend une teinte rouge, puis s'éteint. Ainsi le chlore
n'éteint pas subitement les corps enflammés, comme le
font l'hydrogène, l'azote et plusieurs autres gaz. Le chlore,
lorsqu'il est humide, peut se congeler même au-dessus de
zéro, et former un hydrate qui, desséché entre des feuilles
de papier joseph et liquéfié dans un tube de verre séché,
donne deux liquides dont l'un, le plus foncé, est du chlore
pur, suivant M. Faraday.

Action de la chaleur sur le chlore. Puisque le chlore est un élément, le calorique et l'électricité doivent être sans action sur lui. Cependant, dans les
premiers temps de sa découverte, on fut loin de le considérer ainsi, et l'on admit même qu'il était formé d'oxygène
et d'acide muriatique (chlorhydrique), ce qui lui avait fait
donner le nom d'acide muriatique oxygéné. C'est qu'a-
lors les chimistes, en le faisant passer à travers un tube de
porcelaine rougi par un fourneau à réverbère, ne prenaient
pas la précaution de le dessécher : par suite, le gaz ne
sortait plus simple ; c'était un mélange d'oxygène et d'a-
cide chlorhydrique qui provenait de la décomposition de
l'eau par le chlore. Mais, depuis, des expériences faites
avec soin ont montré que le chlore sec n'est nullement altéré par la chaleur et la lumière, et que c'est un véritable
corps simple.

Action de l'hydrogène sur le chlore. L'air et l'oxygène se mêlent au chlore sans l'altérer ; il
n'en est pas de même de l'hydrogène qui, comme nous
avons déjà eu l'occasion de le dire, a une très-grande affinité pour le chlore et s'y combine en donnant de l'acide
chlorhydrique. Dans l'obscurité, le mélange d'hydrogène
et de chlore reste tel pendant des années entières ; mais
à la lumière diffuse et à la température ordinaire, la com-

binaison a lieu assez promptement, sans détonation, tandis que la lumière solaire, une température élevée, ou encore une étincelle électrique, en provoquent subitement la combinaison avec une très-forte détonation. La combinaison a toujours lieu entre des volumes égaux des deux gaz, et donne un volume d'acide chlorhydrique double de l'un d'eux. L'affinité du chlore pour l'hydrogène est si grande, qu'il l'enlève aux corps organisés pour se substituer à sa place, équivalent pour équivalent, d'après la loi des substitutions : il en résulte alors un équivalent d'acide chlorhydrique qui s'échappe ou que l'on peut chasser, et un nouveau corps organique ne différant de celui sur lequel on a expérimenté, qu'en ce qu'un équivalent de chlore remplace un équivalent d'hydrogène, corps nouveau à la vérité par ses propriétés physiques, mais dont les propriétés chimiques sont les mêmes. Souvent la couleur et l'odeur du corps sont changées : aussi le chlore est-il employé dans un grand nombre de circonstances pour changer ces qualités dans les produits naturels où elles sont nuisibles. Ainsi le chlore est employé avec avantage pour blanchir le lin et le chanvre, tandis qu'autrefois les étoffes tissées avec les fils de lin et de chanvre étaient exposées pendant plusieurs mois à l'action de l'air et de l'eau dans les prairies. Cependant, il est bon de prévenir le lecteur que l'action du chlore doit être ménagée et habilement combinée avec les lessives de potasse, afin d'empêcher l'altération des fils.

L'action décolorante du chlore, qui a lieu si promptement, a été essayée dans ces dernières années pour blanchir la cire. Le produit obtenu, après l'action du chlore, contient lui-même du chlore qui, lorsque la cire brûle, forme avec l'hydrogène de la matière une certaine quantité d'acide chlorhydrique ; cet acide apparaît par des fumées blanches et occasionne de très-graves inconvénients aux consommateurs.

Action du chlore sur l'encre. Le chlore peut faire disparaître les traces de l'encre à écrire ; ce fait s'explique, si l'on pense que l'encre est formée d'une matière organique destructible par le chlore, et d'un oxyde de fer coloré moins oxyde que le peroxyde et facilement suroxydable. On peut avoir besoin de faire reparaître une écriture enlevée dans un but criminel : cette opération est possible si le papier a été simplement traité à l'eau de chlore ; il faut alors plonger le papier falsifié dans une dissolution de cyanure de potassium et de fer. A l'instant les caractères se reproduisent, mais en bleu ; c'est qu'alors il se forme du bleu de Prusse sur les caractères. Pour faire reparaître ces caractères en noir, il faudrait laver le papier avec une dissolution d'acide tannique ; on ne réussirait pas si le papier avait été préalablement lavé à l'acide chlorhydrique. Non-seulement le chlore possède la propriété de décolorer les matières organiques, mais il peut encore détruire les miasmes putrides : il suffit, dans le lieu empesté, de faire dégager du chlore d'un ballon, opération qui a été indiquée par Guyton-Morveau, et qui s'appelle *fumigation guytonienne*.

Chlore liquide. L'eau peut dissoudre, à la température et à la pression ordinaires, une fois et demie son volume de chlore : cette solution, qui porte le nom de *chlore liquide*, peut se faire au moyen de l'appareil représenté *fig.* 8, qui s'appelle *appareil de Wolf :* il est composé d'un ballon A, d'où l'on fait dégager du chlore, par l'action du bioxyde de manganèse sur l'acide chlorhydrique ; il communique avec plusieurs flacons à trois tubulures, comme l'indique la figure. Le premier flacon contient une

petite quantité d'eau, destinée à laver le gaz et à le débarrasser d'une petite quantité d'acide chlorhydrique qu'il
aurait pu entraîner ; de là le chlore se rend dans un second flacon, presque plein d'eau, que l'on maintient à une
température basse en l'entourant de linges mouillés et re-
nouvelés fréquemment. La solution aqueuse de chlore a
l'odeur et la couleur du chlore gazeux, et la même action
sur les miasmes, les matières colorantes organiques. Refroidie à 2 ou 3 degrés au-dessus de zéro, il s'y produit
des cristaux jaunes, lamelleux, beaucoup plus riches
en chlore que la dissolution elle-même. Cette solution
s'altère promptement quand on la laisse exposée à la lumière ;
le chlore décompose l'eau, se transforme en acide chlorhydrique et dégage l'oxygène. C'est pour cela qu'il est nécessaire de tenir cette solution à l'abri de la lumière, en la
mettant dans l'endroit le plus obscur du laboratoire, et en
recouvrant de papier noir les flacons destinés à la contenir.

Du brome.

Le brome est un corps découvert, seulement en 1826,
par M. Balard, de Montpellier, dans les eaux-mères des marais salants, où il existe en combinaison avec le magnésium.
Il a été aussi trouvé dans les eaux de plusieurs salines,
dans l'éponge et dans certaines plantes marines.

Pour préparer le brome, on fait passer un courant de Préparation.
chlore dans les eaux-mères qui contiennent ce corps en
combinaison avec les métaux. Le chlore, en raison de sa
grande affinité pour ces derniers, s'en empare et met le
brome en liberté : celui-ci reste en dissolution dans l'eau-
mère et la colore en rouge pâle. Cette première opération
faite, on agite l'eau-mère avec de l'éther sulfurique qui dis-

sout le brome en se colorant, et vient surnager l'eau-mère décolorée. On décante la liqueur qui contient le brome, et on la traite par une dissolution de potasse caustique, qui la décolore à son tour. La potasse perd alors peu à peu ses propriétés alcalines et donne lieu, par son action sur le brome, à la formation de deux nouveaux produits, savoir : du bromure de potassium soluble et du bromate de potasse qui l'est peu et se précipite. Dans cette réaction, dont nous verrons souvent des analogues, une partie seulement de la potasse (protoxyde de potassium) perd son oxygène : celui-ci s'unit à une partie du brome pour donner de l'acide bromique qui s'unit à la potasse non décomposée, tandis que le potassium, provenant de la potasse décomposée, se combine avec le reste du brome pour donner du bromure de potassium. Toutes ces réactions se trouvent facilement comprises dans l'équation chimique suivante :

$$6\,\mathrm{Br}^2 + 6\,\mathrm{KO} = \mathrm{KO},\mathrm{Br}^2\mathrm{O}^5 + 5\,\mathrm{KBr}^2.$$

Par la filtration de la liqueur, on obtient le bromure de potassium, que l'on traite par le bioxyde de manganèse et l'acide sulfurique étendu d'eau dans une cornue munie de son ballon, qui contient un peu d'eau ; le brome se dégage sous forme de vapeurs jaunes rougeâtres, qui viennent dans le ballon se condenser en un liquide qui tombe au fond de l'eau.

Les phénomènes qui se passent dans cette opération sont semblables à ceux qui ont lieu dans l'extraction du chlore par la réaction mutuelle du chlorure de sodium, du bioxyde de manganèse et de l'acide sulfurique.

A la température ordinaire, le brome est un liquide d'un
rouge brun, qui paraît noir par réflexion, et rouge hyacin-
the par transmission. Son odeur est forte, désagréable, et
a quelque analogie avec celle de l'oxyde de chlore. Il colore la peau en rouge ; mais cette coloration n'est pas
stable et disparaît au bout de peu de temps. Sa densité
= 2,966 ; il entre en ébullition à 47° et forme des vapeurs
rouges ; il se solidifie en une masse cristalline d'un aspect
métallique à — 20°. La flamme d'une bougie introduite
dans la vapeur du brome devient verte à sa base, rouge à
sa partie supérieure , et s'éteint bientôt après. Ainsi que
nous l'avons déjà remarqué, il a peu d'affinité pour l'oxygène, mais il en a beaucoup pour l'hydrogène, moins
pourtant que le chlore. Enfin , le brome est peu soluble
dans l'eau, très-soluble dans l'alcool et l'éther, et agit sur
l'économie à la manière des poisons irritants.

Iode.

L'iode est un corps dont la découverte est due à M. Cour-
tois ; mais c'est M. Gay-Lussac qui en a fait connaître les
principales propriétés dans un Mémoire remarquable ; c'est
lui aussi qui lui a donné le nom qu'il porte, nom qui rappelle la couleur de sa vapeur (ιωδης), violet. Il a d'abord
été découvert dans la soude de varec et dans les cendres
des fucus qui croissent sur les bords de la mer. Depuis il a
été trouvé dans les éponges, dans plusieurs eaux salées, dans
plusieurs mollusques marins et dans certains polypiers.

L'iode se retire de l'eau de la soude de varec qui con-
tient une certaine quantité d'iodure de potassium. On traite
cette eau-mère par un excès d'acide sulfurique concentré
dans une cornue, munie d'une allonge et d'un ballon , *fig.* 9.

Par l'action d'une douce chaleur, l'iode se dégage en formant des vapeurs violettes très-belles, qui viennent se condenser dans le col de la cornue et dans l'allonge, sous forme de paillettes noirâtres et cristallines. Il reste dans la cornue l'excès d'acide sulfurique et du sulfate de potasse. Les phénomènes qui se passent d'abord dans cette réaction sont semblables à ceux qui se produisent dans l'extraction du chlore et du brome ; c'est-à-dire que l'eau est décomposée, et que ses éléments s'unissent à ceux de l'iodure de potassium pour former de l'acide iodhydrique et de la potasse. Mais ici les phénomènes deviennent plus compliqués : à mesure que l'acide iodhydrique se forme, il réagit par ses éléments sur l'acide sulfurique, le transforme en acide sulfureux qui se dégage, à l'extrémité de l'appareil, en eau qui est absorbée par l'excès d'acide sulfurique, et en iode, qui forme les vapeurs violettes. C'est d'ailleurs ce que l'on peut facilement voir par l'équation chimique

$$KI^2 + 2SO^3 = KO,SO^3 + SO^2 + I^2.$$

Il est facile de prévoir que l'on peut faciliter la marche de la réaction en ajoutant une certaine quantité de bioxyde de manganèse au mélange d'eau-mère et d'acide. Cet oxyde agit ici comme dans la préparation du chlore et du brome.

Propriétés. L'iode, à la température ordinaire, est solide, d'un noir bleuâtre, en lamelles brillantes, qui, par leur éclat, lui donnent l'aspect d'un *métal.* Sa densité est de 4,946 ; son odeur est désagréable ; il tache la peau en jaune foncé, mais cette tache ne tarde pas à disparaître. Il fond à 107°, et entre en ébullition à 175°, en formant de très-belles vapeurs violettes dont la densité est, d'après M. Gay-

Lussac, de 8,6ı8 : ces vapeurs si denses sont peu transparentes, car il est difficile de distinguer des objets à
travers. L'air et l'oxygène sont sans action sur lui; son
affinité pour l'hydrogène est grande, moins forte cependant que celle des deux corps précédemment étudiés.
L'eau dissout très-peu d'iode, environ $\frac{1}{7000}$. Cette solution, exposée à la lumière, se comporte comme celle du
chlore, c'est-à-dire qu'elle se décolore et qu'elle devient
acide par suite de la décomposition de l'eau et de la formation d'un peu d'acide iodhydrique. L'eau bouillante
entraîne l'iode en vapeurs sans l'altérer. Si l'eau n'est pas
un bon dissolvant de l'iode, il n'en est pas de même de
l'alcool et de l'éther sulfurique, qui dissolvent l'iode très-
facilement en se colorant en brun. Toutes ces dissolutions,
mises en contact avec de l'amidon délayé dans l'eau, le
colorent tout de suite en beau bleu : de telle sorte que
l'iode est un précieux réactif pour le chimiste qui veut
reconnaître si une liqueur contient de l'amidon; réciproquement l'amidon peut facilement constater la présence de l'iode, soit libre, soit combiné. Si une liqueur
contient de l'iode libre, aussitôt qu'on y versera quelques
gouttes d'une dissolution d'amidon, il y aura formation
d'une couleur bleue; mais si l'iode était combiné,
s'il était à l'état d'iodure, la couleur ne paraîtrait qu'autant qu'on aurait soin de verser préalablement dans la
liqueur quelques gouttes de chlore qui, en mettant l'iode
en liberté, feraient immédiatement paraître la couleur
bleue. C'est ainsi qu'on doit s'y prendre pour reconnaître
si des sels marins ont été falsifiés par des sels qui renferment
de l'iodure de potassium. Cette fraude a été en effet
reconnue il y a quelques années à Paris et dans quelques

<table>
<tr><td>I.</td><td>5*</td></tr>
</table>

autres localités. Certains fabricants de produits chimiques,
à cause de la cherté de l'iode, falsifient ce corps avec du
charbon : il est alors possible de reconnaître cette fraude,
soit en traitant l'iode par l'alcool, qui dissout ce corps
sans dissoudre le charbon, soit en en distillant une petite
quantité.

Quand on eut reconnu la présence de l'iode dans les
éponges, on ne tarda pas à soupçonner l'effet de ce corps
nouveau sur les individus atteints de l'affreuse maladie des
goîtres, si nombreux dans les vallées de la Suisse, où l'air
est pesant et malsain; car depuis longtemps on adminis-
trait à ces malades de l'éponge à l'état de division dans les
aliments. A haute dose, l'iode est un poison très-irri-
tant; mais, administré avec précaution, il n'offre aucun
danger.

Fluor.

Le fluor est le radical d'un composé désigné par les
minéralogistes sous le nom de *spath-fluor,* que l'on trouve
assez abondamment dans la nature, et qui est un fluorure de calcium. Ce radical, qui joue absolument, dans ses
composés, le même rôle que le chlore, le brome et l'iode,
n'a pu cependant être isolé, malgré les nombreux efforts
tentés jusqu'ici par un grand nombre de chimistes; toutefois, MM. Knox ont annoncé qu'ils le préparaient dans
un·appareil fait de fluorure de calcium. Ce qui démontre
clairement son analogie avec les corps du groupe qui nous
occupe, c'est que le fluorure de calcium, traité par l'acide
sulfurique, laisse dégager un acide absolument analogue,
comme nous le verrons plus tard, aux acides chlorhydrique, bromhydrique et iodhydrique.

Histoire de l'azote, du phosphore et de l'arsenic.

Azote.

L'azote est un des principes de l'air que nous respirons, et qui entoure notre planète avec une épaisseur que les astronomes portent jusqu'à 14 lieues. On voit tout de suite que ce corps existe en grande quantité dans la nature, et que son étude offre une grande importance. Il est gazeux comme l'air, et constitue la partie de l'air qui ne peut entretenir la respiration des animaux et la combustion des corps. L'histoire de sa découverte, due à un jeune médecin anglais, est assez curieuse pour que nous la fassions connaître. Ruterfort, afin de couronner ses études médicales, dans la fameuse université d'Oxford, se chargea de soutenir une thèse sur différents phénomènes de la vie, et particulièrement sur la respiration des animaux. Il fit donc respirer un oiseau sous une cloche remplie d'air. Il remarqua alors que sa respiration devenait de plus en plus gênée, et qu'il finissait par périr. Il le retira pour le remplacer par un autre, puis par un troisième, etc. Il remarqua alors que le gaz restant sous la cloche devenait de plus en plus pernicieux, et qu'il arrivait une époque où l'animal obligé de le respirer périssait dans très-peu de temps. Il examina cet air particulier, et il reconnut ; non-seulement qu'il était incapable d'entretenir la vie des animaux, mais qu'il ne pouvait, en outre, entretenir la combustion des corps. Le gaz azote peut se préparer par le procédé que nous venons d'indiquer ; mais comme il est long et cruel, il a dû être remplacé par d'autres, qui permettent, de plus, d'obtenir l'azote à un plus grand état de pureté.

On peut enlever à l'air son principe respirable par le

phosphore, corps dont nous allons bientôt faire l'étude. Pour cela, on met sur une cuve à eau un têt disposé, par le moyen d'un bouchon, de manière à pouvoir flotter à la surface de l'eau. On met sur ce têt quelques morceaux de phosphore, que l'on enflamme et que l'on recouvre avec une grande cloche. Le phosphore en brûlant produit une vive lumière, d'un éclat éblouissant, mais qui cesse bientôt; la cloche se remplit de vapeurs blanches d'acide phosphorique et d'acide phosphoreux; ces vapeurs se condensent bientôt sur les parois de la cloche, et y forment une croûte blanche, en même temps l'air de la cloche diminue de plus en plus : ce phénomène est rendu évident par l'eau qui monte peu à peu dans la cloche. Le résidu gazeux est de l'azote, mais contenant encore un peu d'oxygène. Pour l'enlever complétement, il faut faire passer le gaz dans un long tube où l'on introduit des bâtons de phosphore. Si l'on abandonne cet appareil à lui-même pendant quelques heures, l'oxygène est complétement brûlé, et l'azote reste pur, ou du moins seulement souillé par quelques légères vapeurs de phosphore, lorsque la température du laboratoire dans lequel l'expérience se fait est peu élevée.

On peut encore préparer l'azote en traitant l'ammoniaque en dissolution par le chlore liquide. Quand les matières animales, formées d'azote, d'oxygène, de carbone et d'hydrogène, viennent à subir la putréfaction, il y a toujours formation, parmi les différents produits de cette décomposition, d'une certaine quantité d'ammoniaque, qui est une combinaison d'hydrogène et d'azote, et dont l'équivalent est représenté par la formule Az^2H^6. En traitant alors une dissolution d'ammoniaque par le chlore liquide, l'azote est mis en liberté, comme on peut le voir facilement par l'équation

$$Az^2 H^6 + 3 Ch^2 = 3 H^2 Ch^2 + Az^2,$$

et il y a formation d'acide chlorhydrique. L'expérience peut se faire dans un tube long et large, fermé à l'une de ses extrémités. On y verse d'abord la dissolution d'ammoniaque dont on remplit presque le tube, et l'on achève de le remplir par le chlore liquide; on bouche le tube avec le doigt et on le renverse. Alors la dissolution de chlore, par sa légèreté, monte à la partie supérieure, traverse les différentes couches d'ammoniaque, et décompose le gaz en dissolution, comme nous l'avons expliqué. Par ce moyen on peut promptement obtenir de l'azote très-pur.

L'azote est un gaz transparent comme l'air, qu'on ne Propriétés. peut respirer longtemps sans déterminer une asphyxie mortelle. Il est sans odeur, ou du moins nous sommes tellement habitués à le respirer dans l'air, que son odeur, s'il en a une, doit nous paraître insensible. Il ne peut entretenir la combustion; ce qui le prouve, c'est qu'il éteint subitement une bougie allumée que l'on plonge dans les éprouvettes qui contiennent ce gaz. Il a une densité de 0,97, a un faible pouvoir réfringent, et est peu soluble dans l'eau. Il peut s'unir directement avec l'oxygène sous l'influence d'une série d'étincelles électriques, et former des combinaisons, non-seulement avec ce corps, mais encore avec l'hydrogène, le chlore, l'iode et le carbone. La combinaison qu'il forme avec ce dernier corps a reçu le nom de *cyanogène;* cette combinaison offre cela de remarquable, qu'elle joue, à l'égard des métalloïdes et des métaux, le rôle d'un véritable corps simple, ainsi que nous le ferons connaître plus tard.

Phosphore.

Le phosphore est particulièrement remarquable par ses propriétés physiques, qui excitèrent l'étonnement et l'admiration au moment de sa découverte ; aujourd'hui encore, le vulgaire ne peut s'empêcher de le manier avec crainte, en le voyant brûler de lui-même dans l'obscurité et rendre lumineux les corps que l'on frotte avec lui. Sa découverte est assez curieuse. Elle fut faite par Brandt, alchimiste de Hambourg, occupé, comme tous ses confrères, à la recherche de la pierre philosophale, c'est-à-dire la transformation des métaux de peu de valeur en or, qu'ils appelaient le roi des métaux, tandis que le plomb, le fer, etc., étaient considérés comme des métaux vils, imparfaits, que l'on devait pouvoir transformer en métal parfait, c'est-à-dire en or. Or, parmi toutes les expériences extravagantes tentées par les alchimistes pour arriver à un pareil but, capable de faire la fortune de celui qui l'atteindrait, celle de Brandt, qui conduisit à la découverte du phosphore, ne le cède en rien en originalité et en extravagance à la plupart des autres : Brandt imagina, pour réussir dans ses projets, d'ajouter de l'extrait d'urine humaine aux métaux qu'il voulait convertir en or ; mais au lieu d'obtenir de l'or, comme il s'y attendait, il reconnut que le produit de l'évaporation de l'urine, calciné fortement en vase clos avec du charbon, donnait un corps jusque alors inconnu, lumineux dans l'obscurité, et spontanément inflammable à l'air : c'était le phosphore. Ceci se passait en 1669 ; et ce ne fut qu'un siècle après que l'on retira le phosphore des os des animaux, qui en contiennent une plus grande quantité que l'urine humaine.

Le phosphore, comme nous venons de le dire, se re- Préparation.
tire des os des animaux, où il existe à l'état de phosphate
de chaux. Le procédé d'extraction est fort long et demande
une grande habitude dans l'art de manipuler. On choisit
des os de mouton et de veau, et on les calcine à l'air
jusqu'à ce que toute la matière organique soit détruite,
et qu'il ne reste plus que la partie minérale de l'os. Celle-ci
est broyée avec soin, tamisée, puis délayée avec de l'eau
dans une terrine de grès, et transformée en une bouillie
liquide sur laquelle on verse les cinq sixièmes de son poids
d'acide sulfurique concentré. Comme les os calcinés sont
formés de 76 à 77 parties de phosphate de chaux, de
20 parties environ de carbonate de chaux, d'une petite
quantité de chlorure de sodium et de quelques traces
d'autres principes, l'acide sulfurique, en agissant sur eux,
transforme le carbonate de chaux en sulfate de la même
base, et en dégage l'acide carbonique. Il agit sur le phosphate neutre en s'emparant de la moitié de la base de ce
sel, de manière à le transformer en sel acide, c'est-à-dire
en phosphate acide de chaux. Son action sur le chlorure de
sodium donne lieu à la formation de sulfate de soude et
d'une certaine quantité d'acide chlorhydrique qui forme
quelques vapeurs blanches.

Pendant que cette réaction se passe, la masse se boursoufle et prend de la consistance ; cela provient de l'absorption de l'eau par le sulfate de chaux (plâtre) qui s'est formé ;
on y ajoute une nouvelle quantité d'eau, puis, après vingt-
quatre heures, temps pendant lequel on a soin de remuer
la masse, on ajoute encore de l'eau, et l'on sépare la liqueur
du dépôt par décantation. Cette liqueur est filtrée, puis
évaporée dans une chaudière de plomb jusqu'à ce qu'elle

prenne la consistance sirupeuse. Sous cet état, la petite quantité de sulfate de chaux qui avait été dissoute peut être isolée en jetant sur la masse trois ou quatre fois son poids d'eau bouillante, filtrant la liqueur, et l'évaporant de nouveau dans la chaudière de plomb, comme précédemment. La masse que l'on obtient alors est entièrement composée de biphosphate de chaux : c'est de ce sel qu'on extrait le phosphore.

Pour cela, on ajoute au phosphate le quart de son poids de charbon pulvérisé, et l'on porte le mélange à une température rouge dans une bassine de fonte, afin de le dessécher; on s'arrête quand on voit apparaître des lueurs phosphorescentes, et l'on introduit ce mélange dans une cornue de grès lutée, que l'on remplit aux trois quarts. Cette cornue, placée dans le laboratoire d'un fourneau à réverbère, est munie d'une allonge très-inclinée que l'on fait rendre dans un flacon rempli d'eau. Tout étant bien disposé, et les luts étant bien secs, on chauffe l'appareil avec précaution. Lorsque la cornue est portée au rouge, il se dégage du gaz oxyde de carbone, de l'acide carbonique et du gaz hydrogène carboné; ce dernier provient de la décomposition de l'eau contenue dans le phosphate acide par le charbon porté à une haute température. Les vapeurs de phosphore ne commencent à se dégager que plusieurs heures après le commencement de l'opération, si toutefois elle a été bien conduite, et si la cornue a été maintenue constamment au rouge : ces vapeurs se condensent dans l'allonge ou dans le récipient. Sur la fin de l'opération, il se dégage de l'oxyde de carbone et du gaz hydrogène phosphoré, ce que l'on peut concevoir avec facilité en remarquant que l'eau, dans sa décomposition par le carbone, met de l'hydrogène en liberté, qui se trouve à l'état naissant avec des vapeurs de phosphore. Ce qui prouve que les gaz dégagés contiennent du phosphure d'hydrogène, c'est que, recueillis dans une éprouvette, ils peuvent s'enflammer spontanément à l'air, à la température ordinaire.

Lorsqu'il ne se dégage plus de gaz, l'opération est terminée : le phosphore est solidifié dans le fond du récipient, mais il est impur et coloré en rouge-jaunâtre par un peu de soufre et par quelques traces de phosphure de carbone, au dire de quelques chimistes. Pour le purifier, on le place dans une peau de chamois, dont on fait un nouet bien solide que l'on place dans une terrine contenant de l'eau chauffée à 5o ou 6o°. Le phosphore entre en fusion et passe à travers les pores de la peau de chamois, quand on comprime celle-ci entre les branches d'une pince en fer : les matières qui la coloraient restent dans le nouet. Le phosphore est alors transparent, et peut être façonné en cylindres; pour cela, on se sert d'un tube de verre creux, ouvert par les deux bouts, et dont la cavité intérieure est toujours sensiblement conique; on plonge l'une des extrémités dans la masse du phosphore fondu et recouvert d'eau, et l'on aspire d'abord de l'eau, puis le phosphore, afin que celui-ci ne puisse atteindre la bouche, puis on ferme l'extrémité inférieure avec un doigt, et l'on porte le tube, ainsi rempli en partie de phosphore, dans une cuve d'eau froide. Le phosphore en se solidifiant se contracte et n'adhère plus aux parois intérieures du tube, de telle sorte qu'il devient facile de l'en faire sortir en le secouant, ou bien en poussant le phosphore avec une petite tige en fer. On obtient ainsi de longs bâtons de

Purification du phosphore.

phosphore que l'on coupe en morceaux ou que l'on replie sur eux-mêmes pour les introduire dans des flacons remplis d'eau distillée, où ils se conservent très-bien. Nous ne pouvons trop recommander à ceux qui voudront mettre en pratique toutes ces manipulations, d'éviter, avec le plus grand soin, de mettre le phosphore fondu en contact avec l'air afin d'éviter son inflammation ; car alors ils seraient exposés à être atteints par le phosphore, dont les brûlures sont très-dangereuses à cause des douleurs aiguës qu'elles occasionnent et par la difficulté où l'on se trouve d'éteindre le phosphore.

Dans l'extraction du phosphore, le charbon n'agit que sur un équivalent d'acide phosphorique du biphosphate ; il s'empare de son oxygène et met en liberté le phosphore qui se dégage. Ce qui prouve que le charbon agit seulement sur la moitié de l'acide du sel, c'est qu'il reste dans la cornue du phosphate neutre, sur lequel le charbon est sans action. Il est important de constater que, si l'on faisait agir le charbon sur de l'acide phosphorique, il y aurait très-peu de phosphore mis en liberté ; cela proviendrait de la volatilité de l'acide, à la température à laquelle on serait obligé d'opérer. Si dans l'action du charbon sur le biphosphate il y a un équivalent d'acide décomposé, cela tient à ce que la base retient l'acide et l'empêche de se volatiliser avant d'avoir atteint la température nécessaire pour être décomposé.

 Le phosphore est un corps solide à la température ordinaire, d'une densité de 1,77 : il est transparent lorsqu'il est pur, flexible, facile à être rayé par l'ongle et à être coupé par les instruments tranchants. Dans l'obscurité et au contact de l'air, il est toujours lumineux ; on le voit alors répandre des vapeurs blanches, signe de sa combustion : ces vapeurs sont encore visibles au jour. Il entre en fusion à 43° : chauffé jusqu'à 60 ou 70°, puis refroidi subitement, il devient noir, ressemble à de la corne et peut redevenir incolore par la fusion. Il est bon de prévenir que ce curieux phénomène ne peut être produit qu'avec du phosphore bien purifié par plusieurs distillations. Ce phosphore noir et corné a évidemment la même nature chimique que celui qui l'a produit : et il est probable que c'est un arrangement différent des molécules qui est la cause de ce phénomène; c'est ici, comme pour le soufre fondu et refroidi dans l'eau, un état physique particulier, un véritable cas de dimorphisme.

Soumis à une température de 200°, le phosphore entre en vapeur et peut être distillé; cette distillation ne doit se faire, ni sans précaution, ni sur des portions considérables; car la facilité avec laquelle ce corps entre en combustion et l'énergie avec laquelle il brûle pourraient la rendre dangereuse. Cette opération se pratique à l'aide d'une petite cornue privée d'air, dont le bec plonge dans un récipient plein d'eau très-chaude. Si l'on voulait faire subir au phosphore plusieurs distillations successives, il faudrait prendre un tube plusieurs fois recourbé, représenté *fig.* 10 : on commence par remplir le tube d'azote, puis on introduit le phosphore dans le coude A par l'extrémité B, que l'on ferme ensuite ; cela fait, après avoir plongé l'extrémité E dans un vase rempli d'eau chaude, on chauffe graduellement le coude A où se trouve le phosphore; il distille et passe alors dans le coude C; puis on chauffe en même temps les deux coudes A et C, et le phosphore passe en D. En continuant ainsi, on voit que l'on peut, dans très-peu de temps et sans courir de grands dangers, faire subir au phosphore plusieurs distillations et l'obtenir très-pur dans le vase M.

Les rayons solaires colorent le phosphore en rouge : ce changement de couleur arrive encore à la lumière diffuse, mais plus lentement : quelques chimistes pensent qu'il est dû à la formation d'un peu d'oxyde rouge de phosphore. Comme ce phénomène se produit, non-seulement dans l'air, mais encore dans le vide et les gaz privés d'oxygène, il faut pour l'expliquer, d'après l'opinion citée plus haut, admettre que le phosphore contient toujours une petite quantité d'eau, qu'il parvient à décomposer en s'appropriant l'oxygène pour produire l'oxyde rouge de phosphore.

A la température ordinaire, la combustion du phosphore est lente, se fait sans flamme, et donne lieu à un acide connu sous le nom d'*acide hypophosphorique*, qui n'est qu'un mélange d'acide phosphorique et d'acide phosphoreux. Nous avons vu que l'on met cette propriété du phosphore à profit pour purifier l'azote obtenu par la combustion au rouge du même corps ; dans l'analyse de l'air, nous y aurons encore recours. Mais ce qu'il y a de remarquable, c'est que cette combustion lente ne peut avoir lieu que dans de l'oxygène pur et soumis à la pression ordinaire ; il est très-facile de s'en assurer, en faisant passer un bâton de phosphore dans un tube rempli d'oxygène. Ce gaz a besoin d'être raréfié, soit par une diminution de pression, soit par son mélange avec un autre gaz, impropre à la combustion comme l'azote, pour que la combustion du phosphore puisse avoir lieu. Quand on introduit le phosphore dans le vide barométrique, et que l'on y fait passer

quelques bulles de gaz oxygène, la combustion lente
s'opère très-facilement, et d'autant plus facilement que
l'oxygène est plus raréfié : cependant il est bon de prévenir que la combustion cesse d'avoir lieu à 5° et au-dessus de
zéro.

Le phosphore, dont nous venons d'examiner les propriétés avec tant de détails, est un corps qui commence à
avoir une assez grande importance commerciale, à cause de
ses nombreux usages. Plusieurs fabriques de Paris en ver-
sent de grandes quantités dans le commerce, et tout fait
penser que cette industrie nouvelle n'a pas encore atteint
son plus haut degré de croissance. La plus grande partie
du phosphore est employée à la fabrication des briquets
phosphoriques et des allumettes chimiques. La manière la
plus simple de faire ces briquets consiste à faire fondre sous
l'eau de petits morceaux de phosphore introduits soit dans
un petit cylindre de plomb fermé avec un bouchon du
même métal, soit dans un petit tube de verre fermé avec un
bouchon ordinaire ou mieux encore avec un bouchon en
verre à l'émeri. Quand on veut se procurer de la lumière
on plonge vivement une allumette soufrée dans le flacon,
on la retire et l'on en frotte l'extrémité sur un morceau de
liége ou sur du gros drap, ce qui élève la température des
parcelles de phosphore enlevées par l'allumette, les enflamme et par suite le soufre de l'allumette. Quelques fabricants ajoutent au phosphore un quinzième de son poids
de magnésie calcinée, et maintiennent pendant une demi-
heure ce mélange en fusion, à une douce chaleur, sur un
bain de sable. La magnésie divise la masse du phosphore,
et le dessèche complétement ; puis une partie du phosphore
se transforme en oxyde rouge très-combustible, de telle

sorte que le mélange acquiert des qualités inflammables qu'il n'avait pas auparavant. Cette composition met le feu aux allumettes soufrées sans qu'il soit nécessaire de frotter celles-ci : mais cette grande combustibilité rend ces briquets fort dangereux. Les allumettes chimiques françaises et allemandes, dont la fabrication est tenue secrète, contiennent encore du phosphore mais mélangé avec d'autres corps inflammables.

Action du phosphore sur l'économie.

Pour terminer l'étude du phosphore, il nous reste à dire que ce corps administré inconsidérément est un poison très-violent; qu'il agit en désorganisant les parties avec lesquelles il se trouve en contact, et que, donné à haute dose, il agit comme un excitant très-puissant dont l'action très-prompte, mais peu durable, paraît principalement se porter sur le système nerveux, et surtout sur les organes de la génération en excitant l'appétit vénérien, comme l'ont constaté plusieurs médecins et physiologistes.

Arsenic.

L'arsenic a été rangé pendant longtemps au nombre des métaux; cependant plusieurs de ses propriétés le rapprochant du phosphore et de l'azote, des chimistes très-distingués n'ont pas craint de le placer à côté de ces deux corps, c'est-à-dire au nombre des corps non métalliques. L'arsenic est connu depuis la plus haute antiquité comme poison; mais c'est Brandt qui, le premier, le considéra comme un métal particulier. Il existe dans la nature, soit natif, soit combiné avec des métaux comme le fer, l'argent, le bismuth et l'antimoine; il se trouve aussi à l'état d'arséniate et à l'état d'arséniure de fer, mélangé au sulfure de fer dans quelques pyrites.

Dans les pays où se trouve de l'arsenic natif, on le sublime dans des cornues de fonte qui communiquent avec de larges cylindres ; dans ceux où se trouvent les mines de cobalt arsenicales, on grille ces mines : alors une partie seulement de l'arsenic passe à l'état d'acide arsénieux par l'oxygène de l'air, tandis que l'autre portion échappe à l'oxydation, et vient se sublimer à l'entrée du four où le grillage s'opère. Tout l'arsenic métallique consommé dans les arts provient de ces deux procédés. Il faut employer un autre procédé quand il s'agit dans les laboratoires d'obtenir de l'arsenic exempt de corps étrangers ; on traite alors au rouge, dans une cornue, l'acide arsénieux par son poids de charbon ; on mélange bien les deux corps avant de les introduire dans la cornue qu'on a eu soin de fermer avec un bouchon percé d'un petit trou. L'acide arsénieux est décomposé par le charbon qui lui enlève son oxygène ; l'arsenic devenu libre se sublime dans le col et à la voûte de la cornue, tandis que l'excès de charbon reste au fond.

L'arsenic est solide, très-cassant, d'un gris d'acier, brillant lorsqu'il est récemment sublimé, d'une texture grenue, d'un éclat et d'une apparence métallique, d'une densité de 5,959. Chauffé jusqu'à 170 ou 180°, il se vaporise à l'air libre ; mais ce qu'il y a de remarquable dans cette sublimation, c'est qu'elle a lieu sans que l'arsenic prenne l'état intermédiaire entre la solidité et la volatilité, c'est-à-dire sans passer à l'état liquide. On peut cependant l'obtenir liquide, en le chauffant sous une pression de beaucoup supérieure à la pression atmosphérique. L'oxygène le ternit à la température ordinaire et le transforme en une poussière noire, qui est probablement un oxyde d'arsenic. Si l'on chauffe l'arsenic, sa combinaison avec l'oxygène se fait rapidement avec une flamme bleuâtre, et donne lieu à la formation de l'acide arsénieux, qui se manifeste en vapeurs blanches très-épaisses, d'une odeur alliacée très-caractéristique. Cette odeur est due, non pas, comme on l'a cru longtemps, à l'acide arsénieux lui-même, mais à l'arsenic en vapeur qui échappe à l'oxydation complète, et qui se trouve mélangé avec les vapeurs blanches d'acide arsénieux. L'air agit de la même manière par l'oxygène qu'il contient, mais son action est moins vive.

L'eau ordinaire, qui contient toujours, comme nous le verrons, de l'air en dissolution, ternit l'arsenic, l'oxyde peu à peu, et finit par acquérir elle-même des propriétés vénéneuses, en dissolvant une petite quantité de l'acide arsénieux qui s'est formé. Mais si l'eau est pure et si elle a été privée d'air par l'ébullition, elle est totalement sans action sur l'arsenic.

QUATRIÈME GROUPE, FORMÉ PAR LE CARBONE, LE BORE ET LE SILICIUM.

Carbone.

Le carbone est un corps que la nature nous offre avec abondance, car il entre dans la composition des corps animaux et végétaux; de plus, il existe en grandes masses, mélangé avec d'autres substances, dans le sein de la terre. Mais il se trouve rarement à l'état de pureté.

Carbone pur ou diamant.

Sous cet état, il constitue le diamant. C'est là un fait que la science a ignoré pendant longtemps; et on le conçoit, en se rappelant les grandes différences physiques qui existent entre le charbon noir, sans éclat, poreux, et le diamant, qui est si compacte, dont l'éclat est si éblouissant, les couleurs si belles, et qui est inaltérable.

Newton, le premier, après avoir remarqué que les corps réfractaient d'autant plus la lumière qu'ils étaient plus combustibles, après avoir constaté que le diamant était doué d'un grand pouvoir réfringent, soupçonna que cette substance était composée d'une matière combustible. Les académiciens de Florence, si célèbres par leurs ingénieuses expériences, confirmèrent cette idée du grand géomètre anglais, en brûlant un diamant au foyer d'un miroir ardent.

Mais il était réservé à Lavoisier de nous apprendre et de nous démontrer, par des expériences simples, que le diamant est du carbone à l'état de pureté complète. Cet illustre chimiste parvint à brûler cette substance dans des vases clos remplis d'oxygène, et à reconnaître qu'il se formait de l'acide carbonique dans cette combustion; il put en conclure que le diamant était du carbone. Cette découverte a d'ailleurs été confirmée par de nombreux travaux entrepris par les chimistes de l'époque de Lavoisier.

Nature du
diamant.

Les diamants se trouvent dans la nature, enfouis dans les terres et les sables de quelques parties du Nouveau-Monde : mais ils sont rares, surtout ceux qui sont d'une grande dimension. Voilà pourquoi cette matière est si précieuse et si recherchée. Le prix élevé du diamant est non-seulement le résultat de sa rareté, mais encore de l'éclat qu'il donne; car il réfléchit les couleurs les plus brillantes, ce que ne peuvent faire les pierres précieuses fabriquées et taillées dans le but d'imiter les diamants.

Lieux où se
trouvent les
diamants.

Le charbon, proprement dit, cette matière noire, plus ou moins poreuse, et friable, sans éclat, si abondante dans l'économie domestique, s'obtient en décomposant en vases clos des matières animales et végétales. Cette substance

Charbon
provenant de
la distilla-
tion des
matières or-
ganiques.

I.   6*

contient non-seulement du carbone, mais encore de l'hydrogène et des principes fixes qui se trouvaient dans la
matière organique que l'on a soumise à la distillation. Ce
sont ces principes qui forment les cendres qui restent après
la combustion du charbon. Le charbon, connu sous le
nom de *noir de fumée,* est du carbone presque pur; il est
formé par une poussière très-ténue et très-légère qui se
précipite naturellement de la fumée produite par la combustion des matières huileuses et résineuses. Mais pour
que le noir de fumée soit pur, il faut le priver d'une huile
qu'il contient toujours, ce qui se fait en le calcinant dans
des vases fermés.

Charbon mi-
néral.

Nous venons de considérer le carbone à l'état de diamant,
puis de charbon résultant de la distillation des matières
organiques. Il reste à parler d'une troisième espèce de carbone, de celui que l'on trouve au sein de la terre, en couches
très-épaisses et d'une grande étendue, de celui qu'on appelle
charbon de terre. Ce charbon paraît provenir de la décomposition lente des matières organiques qui ont été enfouies dans la terre par suite des révolutions du globe. Tantôt ce charbon est disposé en couches et imprégné de matières
bitumineuses et de différentes substances minérales : on le
connaît alors sous le nom de *houille* ou de *charbon de
terre;* tantôt il est noir, luisant, compacte, friable, sans
formes régulières et mêlé d'alumine, de silice et d'oxyde
de fer; il est alors connu des minéralogistes sous le nom
d'*anthracite.* Ce dernier charbon, qui ne peut brûler qu'avec
difficulté, depuis peu d'années employé dans les arts, ne
peut servir dans l'économie domestique; la houille, au
contraire, remplace avec avantage le bois pour le chauffage,
et le charbon de bois dans les arts et dans certaines opérations

métallurgiques. Les pays les plus riches en houille sont l'Angleterre, la Belgique, puis la France.

La houille contient du carbone, de l'hydrogène, du soufre et des matières fixes. C'est en calcinant ce corps dans de grands cylindres en fonte, qu'on prépare le gaz hydrogène carbonisé qui sert maintenant à l'éclairage des grandes villes. Comme ces charbons contiennent toujours du soufre, il en résulte qu'il se produit aussi, dans les mêmes circonstances, du gaz hydrogène sulfuré, et de l'hydrosulfate d'ammoniaque, qui communique au gaz de l'éclairage une odeur tout à fait désagréable. On peut l'en priver en l'agitant avec des dissolutions métalliques de sulfate de fer, par exemple; on obtient alors du sulfate d'ammoniaque et du sulfure de fer.

Le fusin, dont les dessinateurs font un fréquent usage, n'est autre chose qu'un charbon qui résulte de la distillation en vases clos du bois de saule.

Le noir de pêche et le noir d'ivoire, qui sont employés en peinture, résultent de la combustion, dans les mêmes circonstances, des noyaux de pêche et de l'ivoire.

Quoique plusieurs propriétés du charbon aient été analysées, nous allons les reprendre et les compléter. Le carbone est toujours solide, car les hautes températures auxquelles on l'a exposé n'ont jamais pu le liquéfier, ni le gazéifier; il est inodore, insipide, insoluble dans l'eau et dans les dissolvants des autres corps. Mis en contact avec les gaz, il les absorbe avec rapidité. Cette curieuse propriété a été étudiée avec soin par M. Théodore de Saussure. Ce chimiste a reconnu que tous les corps poreux jouissaient de la propriété d'absorber les gaz, mais que le charbon, surtout le charbon de buis, jouissait de cette

6**

propriété au plus haut degré. D'après son travail, un volume de charbon de buis privé d'air et d'humidité, soit
par sa calcination, soit par son exposition dans le vide de
la machine pneumatique, condense : 90 volumes de gaz
ammoniac, 85 de gaz acide chlorhydrique, 63 de gaz
acide sulfureux, 55 de gaz acide sulfhydrique, 40 de
protoxyde d'azote, 35 d'acide carbonique, 35 de bicarbure
d'hydrogène, 9,42 d'oxyde de carbone, 9,25 d'oxygène,
7,50 d'azote, 1,75 d'hydrogène. Tous ces gaz sont absorbés avec un faible dégagement de calorique; tous, à
l'exception de l'hydrogène, sont dégagés par la chaleur,
sans avoir éprouvé d'altération. Le gaz oxygène se combine
peu à peu avec le charbon, et se transforme en acide carbonique. Le charbon, lorsqu'il est imprégné d'acide sulfhydrique, s'échauffe du moment qu'il est exposé à l'air ou
à l'oxygène; l'hydrogène de ce gaz se combine avec l'oxygène, et le soufre se dépose. C'est là un phénomène très-
curieux, et dont les chimistes tireront certainement un
grand parti.

Combustion du charbon.

Le charbon ne se combine pas avec l'oxygène à la température ordinaire; mais quand la température est élevée,
la combinaison, comme nous l'avons vu à l'étude de l'oxygène, s'effectue avec un grand dégagement de chaleur et
de lumière. L'expérience peut se faire en introduisant
dans un flacon rempli d'oxygène un morceau de charbon qui présente un point en ignition. Le charbon se transforme par l'oxygène en acide carbonique gazeux. La présence d'un corps acide dans le flacon se constate en y versant
de la teinture de tournesol, qui est aussitôt rougie; de
plus, l'eau de chaux et l'eau de baryte, versées dans ce
flacon, sont troublées, et laissent précipiter des flocons

blancs de carbonate de chaux ou de carbonate de baryte.

Une des propriétés les plus curieuses et les plus impor- *Propriétés décolorantes et désinfectantes du charbon.*
tantes du charbon, pour les arts et l'industrie, c'est la
faculté qu'il possède d'absorber l'odeur et le goût de certaines substances, et de détruire la couleur de plusieurs
autres. Car des liquides qui contiennent des matières animales putréfiées en suspension, et qui, pour cette raison,
ont une odeur et une saveur désagréables, perdent leur
odeur et leurs propriétés nuisibles quand on les fait passer
à travers une couche de charbon : c'est sur cette propriété qu'est basée l'habitude de charbonner l'intérieur des
tonneaux destinés à contenir l'eau des marins. Enfin, ce qui
est plus important, un grand nombre de liquides peuvent être décolorés par le charbon. Tout le monde sait
maintenant que c'est avec le charbon qu'on décolore le
sucre et les sirops. On tomberait dans une grave erreur
si l'on pensait que tous les charbons jouissent au même
degré des propriétés décolorante et désinfectante : celui
qui provient de la calcination des os (noir d'os, noir animal du commerce) l'emporte sur tous les autres sous ce
double rapport. On peut se faire une idée juste de cette
supériorité en cherchant à décolorer le même vin avec du
noir animal et du noir de fumée; la décoloration sera
complète avec le premier charbon, et seulement partielle
avec l'autre. Le charbon peut aussi enlever le mauvais
goût aux viandes qui auraient déjà subi un commencement
de putréfaction; il suffit pour cela de les faire bouillir dans
une eau qui contient du charbon divisé.

Bore.

Le bore ne se trouve jamais isolé dans la nature; il existe

dans les lacs de la Toscane combiné avec l'oxygène, c'est-à-dire à l'état d'acide borique, et dans l'Inde à l'état de borate. Le bore a été extrait de l'acide borique, par MM. Gay-Lussac et Thenard, quelque temps après que ces chimistes eurent découvert leur procédé pour extraire le potassium.

Préparation. Pour préparer le bore, il faut traiter l'acide borique par le potassium, métal qui a une très-grande affinité pour l'oxygène, et qui, pour cette raison, enlève ce corps à l'acide borique en mettant le bore en liberté. L'opération se fait dans un tube fermé par un bout; on met un équivalent de potassium au fond, et on le recouvre par deux équivalents d'acide borique; puis on chauffe. Alors un seul équivalent d'acide borique est décomposé; le bore est mis en liberté, tandis que l'oxygène transforme le potassium en protoxyde de potassium, qui se combine avec l'équivalent d'acide borique non décomposé. On traite le résidu par l'eau bouillante; elle dissout le borate et laisse le bore qui se précipite au fond de l'eau, sous forme d'une poudre brune verdâtre, que l'on recueille et que l'on fait sécher après l'avoir lavée de nouveau. On pourrait encore obtenir le bore en traitant le borate de soude par le charbon à une haute température. Nous n'insisterons pas davantage sur la préparation d'un corps qui n'a aucun usage dans les arts; nous nous contenterons même de faire connaître seulement ses principales propriétés.

Propriétés du bore. Le bore est solide, sans odeur, sans saveur, toujours en poudre, d'une couleur brune tirant sur le vert. Il est infusible, fixe au feu, et plus dense que l'eau. L'air, l'oxygène et l'eau sont sans action sur lui; mais au rouge, l'air et l'oxygène le convertissent presque totalement en acide borique.

Silicium.

Non-seulement le silicium est un corps qui, lorsqu'il est isolé, n'a aucune importance commerciale, mais même il ne sert pas dans le laboratoire du chimiste. La nature nous l'offre toujours uni à l'oxygène à l'état d'acide silicique, communément désigné sous le nom de *silice*. Cette silice joue le rôle d'un acide très-puissant à l'égard de certains oxydes. Cette matière existe à l'état de pureté dans le quartz ou cristal de roche, et constitue presque en entier les agates, les porphyres, les grès, les cailloux, le verre, le sable et plusieurs pierres précieuses.

C'est M. Berzélius qui le premier a isolé le silicium de la silice. Pour cela il traite par le potassium un fluorure double de silicium et de potassium. Une portion de potassium se substitue au silicium dans le fluorure, tandis qu'une autre partie se combine au silicium. L'expérience se fait dans un tube fermé par un bout, où l'on met alternativement des couches de potassium et de fluorure, et que l'on chauffe pour vaporiser le potassium. La masse est traitée par l'eau, qui dissout le fluorure de potassium, tandis que le siliciure de potassium décompose l'eau de manière que le potassium s'empare de l'oxygène pour former de la potasse soluble, tandis que le silicium se combine avec l'hydrogène pour donner de l'hydrure de silicium insoluble, qui se précipite au fond du vase. On recueille cet hydrure et on le chauffe au rouge dans un creuset de platine : l'hydrogène est chassé, et le silicium reste en poudre au fond du creuset, mêlé à un peu de silice qui s'est formée pendant la calcination, et que l'on peut enlever en faisant digérer la masse dans de l'acide chlorhydrique affaibli.

Propriétés. Le silicium ainsi préparé est en poudre, d'un brun-noisette, sans éclat métallique, sans odeur, sans saveur, et sans action sur les couleurs végétales. Il a de la difficulté pour se combiner avec l'oxygène, même au rouge obscur. Il ne faudrait pas conclure de ce que nous venons de dire qu'il a peu d'affinité pour l'oxygène ; il en a, au contraire, une très-grande, qui est rendue évidente par la difficulté que l'on éprouve de le séparer de l'oxygène dans la silice.

Les acides sont sans action sur lui ; mais il peut se combiner avec le soufre, le chlore, le brome, le carbone, et, par des moyens indirects, avec l'hydrogène et le fluor.

CHAPITRE III.

DE L'AIR ET DE L'EAU.

Ces deux corps jouent un rôle si grand dans la nature et dans les réactions chimiques, qu'il est convenable de ne pas retarder plus longtemps leur histoire. En agissant ainsi, nous mettons un peu de variété dans l'étude de la science, ce qui est nécessaire pour ne pas être promptement rebuté par une fatigante monotonie. L'ordre logique voudrait que l'on s'occupât de l'étude des métaux après celle des corps non métalliques, et cela afin de bien faire ressortir les différences qui existent entre ces deux classes de corps. Mais comme l'air intervient à chaque instant dans l'oxydation des métaux, comme l'eau est presque toujours employée dans les laboratoires, nous avons pensé que ces considérations devaient l'emporter, et que nous devions, sans retard, nous occuper de l'air et de l'eau.

Air.

Tout le monde connaît les propriétés physiques de l'air. On sait que c'est un fluide gazeux qui entoure notre globe, et autour duquel il paraît former une couche de douze à quinze lieues. On sait qu'il est transparent, invisible, inodore, insipide. Son odeur et sa saveur seraient insensibles pour nous, si elles existaient, puisque nos organes sont habitués à le respirer et à le goûter. Il est pesant, comme tous les gaz. Cette vérité a été ignorée pendant des siècles; cependant elle avait été soupçonnée, dit-on, par quelques philosophes de l'antiquité; mais, plus tard, elle fut généralement niée, et il ne fallait rien moins que le génie de Galilée pour l'annoncer de nouveau aux savants, et la mettre hors de doute par des expériences précises. Ce célèbre physicien, afin de prouver cette vérité, pesa successivement un ballon plein d'air comprimé et plein d'air non comprimé. Dans les cours de physique on pèse un ballon d'abord vide d'air, puis rempli de ce gaz : le second poids étant plus grand que le premier, il s'ensuit évidemment que l'air est pesant. Cette vérité est encore confirmée par le jeu du baromètre, instrument qui fut imaginé par Toricelli, disciple de Galilée. Mais nous sortirions du cadre que nous nous sommes tracé, si nous voulions faire la description de cet appareil, car ce serait nous jeter dans le domaine de la physique.

La pesanteur de l'air fit soupçonner celle des autres fluides élastiques, qui furent tous découverts depuis Galilée. Dans la physique on détermine les rapports des poids des gaz, sous le même volume, à celui de l'air choisi pour unité. Le poids d'un litre d'air à $0^m,76$ de pression et à o degré est de $0^{gr},3$. L'air est très-compressible; il est comme tous les gaz, qui se resserrent et diminuent de volume lorsqu'on les comprime, suivant une loi qui a été découverte par Mariotte. L'air est un mauvais conducteur de la chaleur et de l'électricité; il jouit, comme l'oxygène, lorsqu'il est subitement condensé, de la propriété de produire de la chaleur au point de pouvoir enflammer l'amadou dans le briquet à air.

L'air intervient à chaque instant dans l'oxydation des métaux, et de certains corps non métalliques. De plus il reste inaltérable quand on le soumet aux plus hautes comme aux plus basses températures. Il joue aussi un grand rôle dans la respiration des animaux et des plantes : ni les uns ni les autres ne pourraient vivre dans un gaz qui ne serait pas, comme l'air, un mélange d'oxygène et d'azote. Dans l'acte de la respiration il se passe un phénomène très-remarquable ; car une portion de l'oxygène aspiré est expectorée et changée en acide carbonique. La proportion de ce dernier corps, qui est formée dans la respiration, est même si grande, qu'un homme de moyenne taille en rend chaque jour de 7 à 8 onces. L'atmosphère serait évidemment bientôt viciée, c'est-à-dire rendue impropre à la respiration des animaux, si quelque cause ne venait enlever ce carbone versé dans l'air en si grande quantité, non-seulement par l'homme, mais encore par les animaux. Ce sont les plantes que la nature a chargées de ce soin important ; car des expériences nombreuses ont constaté que les plantes, après avoir été exposées aux rayons solaires une partie du jour, peuvent s'approprier le carbone de l'acide carbonique de l'air, et rendre l'oxygène libre. On conçoit alors, d'après cet échange, pourquoi la composition de l'air n'a pas varié pendant des siècles, quoiqu'elle puisse cependant varier d'une partie du jour à l'autre. Quoi qu'il en soit, nous allons d'abord constater la formation de la grande quantité d'acide carbonique lors de la respiration. Pour cela il suffit de faire passer à travers une dissolution de chaux un courant d'air sortant des poumons ; alors on voit la dissolution, d'abord incolore, devenir laiteuse par la production d'une grande quantité de carbonate du chaux, qui est un sel très-peu soluble. Si l'on avait fait passer, par le moyen d'un soufflet, un courant d'air ordinaire, un trouble se serait encore produit, mais bien moins intense que dans le premier cas. Pour constater les fonctions des plantes, inverses de celles des animaux, il suffit de renfermer, sous une cloche contenant de l'air et de l'acide carbonique, des plantes qui ont été exposées à la lumière solaire. Alors on remarque, au bout d'un certain temps, que l'air renfermé sous la cloche contient beaucoup plus d'oxygène qu'auparavant, et moins d'acide carbonique : on peut constater ce double fait par la bougie et par l'analyse.

Analyse de l'air. Nous arrivons à une question très-importante, à l'analyse de l'air, c'est-à-dire à la détermination des principes qui le composent et des proportions dans lesquelles ils entrent dans ce fluide élastique. Si l'on voulait se contenter d'une petite approximation, on pourrait répéter l'expérience ingénieuse de Lavoisier, qu'il fit principalement pour constater la présence dans l'air de l'oxygène et de l'azote. Son appareil représenté *fig.* 2, se composait d'un petit ballon A communiquant par un tube recourbé B, soudé au col du ballon, avec l'intérieur d'une éprouvette C placée sur la cuve à mercure. Le ballon contenait un peu de mercure bien purifié ; le reste du ballon, le tube et l'éprouvette, contenaient de l'air à la pression ordinaire. En chauffant, Lavoisier remarqua la formation d'une poussière rouge à la surface du mercure contenu dans le ballon, et il vit diminuer peu à peu le volume de l'air de l'appareil, diminution mise en évidence par le mercure de la cuve qui remontait dans l'éprouvette. Après vingt-quatre heures, le gaz ayant cessé de diminuer de volume, il arrêta l'expérience. La différence des volumes, avant l'expérience et à la fin, lui indiqua la nature et la quantité du gaz absorbé et du gaz restant. C'est ainsi qu'il découvrit le premier l'oxygène, et reconnut l'identité du gaz résidu avec celui qui avait été retiré par Ruterfort de l'air, et que l'on obtenait par le phosphore,

comme nous l'avons indiqué. Il isola l'oxygène en chauffant la poussière rouge dans une petite cornue; après l'a-
voir obtenu, il put reformer un air parfaitement identique
avec celui qui avait servi à faire l'expérience, en mélangeant cet oxygène avec le gaz résidu qui était l'azote. C'est
après un grand nombre d'expériences qu'il avança que
100 volumes d'air étaient formés de 28 volumes d'oxygène et de 72 volumes d'azote. Ce mode d'analyse, très-
long, est sujet à de grandes chances d'erreur : aussi ne
faut-il pas être étonné des efforts tentés par les meilleurs chimistes, qui vinrent après Lavoisier, pour trouver des mé-
thodes plus simples et plus rigoureuses, et modifièrent ses
résultats. Nous allons exposer ces procédés successivement.

On peut analyser l'air par le phosphore : on remplit de ce
gaz une petite cloche courbe AB sur le mercure, *fig.* 12, puis
on fait passer un petit morceau de phosphore dans la partie courbe B, et l'on chauffe vivement ce phosphore avec la
lampe à esprit-de-vin. Le phosphore s'enflamme, brûle avec
une flamme verte qui persiste tant qu'il y a de l'oxygène,
et que l'on voit bientôt descendre dans le tube et s'éteindre; c'est qu'alors l'expérience est achevée. On peut faire
plusieurs expériences et prendre leur moyenne. On trouve
alors sensiblement les proportions indiquées par Lavoisier, et obtenues au moyen de son ingénieux appareil.
La flamme verte paraît due à la vapeur de phosphore,
qu'on doit produire par une chaleur suffisamment élevée,
afin que tout l'oxygène soit en même temps absorbé
par le phosphore.

L'expérience peut se faire avec le phosphore et à la
température ordinaire, dans un tube gradué : dans ce cas
le phosphore devra agir jusqu'à ce qu'il ne soit plus lumi-

Analyse de
l'air par le
phosphore.

neux dans l'obscurité. Cette méthode est même avantageuse, en ce qu'elle donne des résultats plus exacts que la précédente.

Actuellement je vais décrire une méthode nouvelle, longue à la vérité, mais fondée sur des mesures de poids, ce qui la rend plus exacte que les précédentes. On prend un ballon, dont la capacité est à peu près un quart de litre, dans lequel on met 5o grammes de limaille ou grenaille de plomb qu'on humecte avec 39 grammes d'eau. Le reste est rempli d'air à la pression ordinaire. On agite le ballon de temps en temps pendant trois ou quatre heures. Alors le plomb, par l'oxygène, se recouvre d'une couche blanche qui se détache par l'agitation continuelle, de telle sorte qu'il peut facilement s'en former une autre, etc.; il ne reste plus, après trois ou quatre heures, que l'azote de l'air du ballon. La disparition de l'oxygène que contenait l'air du ballon peut se constater par l'allumette qui ne peut plus brûler dans le gaz qui reste, ou encore en plongeant le goulot du ballon dans l'eau; comme l'eau monte, il s'ensuit bien qu'il y a eu disparition d'un gaz. Mais quand on veut achever l'expérience, il faut, après avoir agité le ballon le temps voulu, le peser ouvert; comme on en avait déterminé le poids avant l'expérience, on est à même de connaître, par la différence des résultats, le poids de l'oxygène que contenait l'air du ballon, et par suite celui de l'azote. On peut ainsi obtenir ces poids à $\frac{1}{300}$ près. M. Gay-Lussac se sert, au lieu de plomb, d'une lame de cuivre mouillée avec de l'eau acidulée. On peut également employer un oxyde métallique suroxydable.

Analyse de l'air par l'eudiomètre. L'eudiomètre est un instrument précieux pour faire l'analyse de l'air : c'est avec lui que furent faites les premières analyses un peu rigoureuses de l'air atmosphérique. Ces analyses reposent sur la propriété que possède le gaz oxygène de se combiner avec le double de son volume de gaz hydrogène pour former de l'eau. Voici alors comment on opère : on mesure exactement, avec un tube gradué, 100 volumes d'air et 100 d'hydrogène que l'on introduit successivement dans l'eudiomètre décrit (page 67), et disposé convenablement sur la cuve à eau ; puis on fait passer une étincelle électrique à travers ce mélange gazeux, en ayant soin de laisser ouvert le robinet inférieur, et l'on mesure le gaz restant avec le long tube de l'appareil dont la graduation doit concorder avec celle de la mesure qui a servi à introduire les gaz dans l'eudiomètre. Par l'effet de l'étincelle électrique, tout l'oxygène de l'air se combine avec un volume double d'hydrogène pour former de l'eau, et il se produit dans l'instrument une diminution de 63 volumes, car il ne reste plus que 137 volumes des 200 qui avaient été introduits. Puisque 63 volumes ont disparu, le tiers ou 21 volumes étaient de l'oxygène : donc les 100 volumes d'air contenaient 21 volumes d'oxygène et par suite 79 volumes d'azote.

Autrefois les chimistes, en se fondant sur ce procédé, admettaient la constance du rapport entre l'oxygène et l'azote de l'air, car, mis en pratique dans les villes, les plaines, les vallées et au-dessus des plus hautes montagnes, il donnait toujours les mêmes proportions d'oxygène, quand on prenait la moyenne de plusieurs expériences. La constance du rapport entre l'oxygène et l'azote de l'air avait été niée par Dalton, physicien anglais, qui soutenait que la quantité d'oxygène diminuait à mesure qu'on s'élevait dans l'atmosphère. M. Gay-Lussac avait déjà réfuté victorieusement une pareille assertion, en analysant avec soin de l'air recueilli dans son ascension aérostatique, quand M. Brunner, de Berne, avec des procédés plus précis, est venu récemment prouver la fausseté de l'idée émise par Dalton et professée par les savants anglais. M. Brunner est allé se loger sur une des plus hautes montagnes de la Suisse, avec un appareil de son invention représenté par la *fig.* 13. Il se compose d'un vase A, rempli d'huile, portant un robinet à sa partie inférieure, et communiquant avec l'air extérieur par un tube recourbé PCD. Ce tube porte un renflement en C où se trouve de l'amiante; il contient, en outre, des morceaux de phosphore dans la partie D, ouverte, par laquelle l'air peut pénétrer. Si l'on ouvre le robinet B, l'huile s'écoule et force l'air de l'atmosphère à pénétrer dans le tube DCP; de telle sorte que le volume du liquide écoulé indique le volume d'azote qui arrive dans le vase A. Car l'air, en passant lentement sur le phosphore enflammé dans la partie D du tube, s'y décompose; il se forme un liquide acide que l'amiante retient, et de l'azote qui pénètre dans le vase A. L'augmentation de poids de l'amiante indique l'acide phosphorique formé, et par suite celui de l'oxygène retenu par le phosphore; le poids de l'oxygène peut faire connaître le volume correspondant. M. Brunner, par l'emploi de ce procédé, a toujours trouvé 21,7 pour les plus petites valeurs du volume d'oxygène renfermé dans 100 volumes d'air, et 21,8 pour les plus grandes. Ce sont les mêmes quantités que ce chimiste avait trouvées en expérimentant dans les plaines. Cependant, il faut l'avouer, M. Gay-Lussac a trouvé, pour la composition de l'air recueilli dans son as-

aérostatique, des proportions un peu différentes de celles de l'air recueilli à la surface de la terre.

C'est ici le lieu de faire remarquer que la méthode de M. Brunner offre un avantage très-grand, en ce que l'oxygène n'est plus dosé immédiatement en volume, mais en poids. L'avantage est évident, puisque les balances permettent d'apprécier les poids avec autant de précision qu'on le veut, tandis que, pour doser des volumes avec quelque exactitude, il faut que les gaz soient rigoureusement à la même température et à la même pression, double condition toujours difficile à réaliser dans la pratique. MM. Dumas et Boussingault ont modifié l'appareil de Brunner, et l'ont rendu applicable à l'analyse de l'air pris dans toutes les localités possibles; ils sont arrivés, du reste, aux mêmes résultats que ce chimiste.

Plusieurs chimistes et physiciens avancent et soutiennent que l'air est un composé véritable, et non un simple mélange d'azote et d'oxygène; et comme les combinaisons s'effectuent toujours dans un rapport simple entre les éléments, ils en concluent hardiment que l'air est composé de $\frac{20}{100}$ ou $\frac{1}{5}$ d'oxygène et de $\frac{80}{100}$ ou $\frac{4}{5}$ d'azote. D'abord, l'air peut être reproduit avec toutes ses propriétés, en faisant passer dans un vase 79 parties d'azote et 21 parties d'oxygène. Le gaz obtenu ainsi est complétement identique avec l'air ordinaire. Cependant il n'y a pas eu dégagement de la moindre quantité de chaleur au moment où les gaz se sont trouvés en présence. Or, comme il y a toujours dégagement de chaleur lors de la combinaison des corps, surtout quand ils ne changent pas d'état, on est déjà en droit de conclure, d'après cette expérience, que l'air présente les caractères d'un mélange, et non d'une combinaison. L'action de l'eau sur l'air est encore une preuve de cette vérité; car quand un gaz est homogène, c'est-à-dire simple ou composé dans le sens chimique, on remarque que l'eau agit constamment de la même manière sur chacun de ses éléments. C'est ainsi que l'eau, dans son action sur l'ammoniaque, dissoudra toujours les éléments de l'ammoniaque, c'est-à-dire 1 volume d'azote et 3 volumes d'hydrogène, au commencement comme à la fin de l'expérience : recherchons si elle agit de la même manière sur l'air. Comme on le sait, l'eau ordinaire contient toujours de l'air en dissolution, que l'on peut chasser par l'ébullition. Pour recueillir cet air, on remplit d'eau un ballon A qui communique avec une éprouvette B par un tube recourbé, *fig.* 14; l'air se dégage peu à peu de l'eau à mesure que l'on chauffe, d'abord en très-petite quantité avant l'ébullition; mais, arrivée à ce terme, la quantité qui s'en dégage est beaucoup plus considérable. Si alors, à diverses époques de ce dégagement, on recueille le gaz, et si l'on en fait l'analyse, on trouve que les quantités d'oxygène sont 0,22, 0,23, 0,24, 0,26,..., 0,40, 0,41,... pour 1 volume de gaz analysé; si de plus on cherche la moyenne de tous ces résultats, on trouve que l'air de l'eau contient 0,33 d'oxygène. Il en résulte la preuve que l'eau, dans son action dissolvante sur l'air atmosphérique, s'est approprié une quantité d'oxygène plus grande que celle qui aurait dû avoir lieu, si l'air avait été une véritable combinaison. On peut même aller plus loin, et rechercher, d'après une loi physique, quels devraient être les coefficients de dissolution de l'oxygène et de l'azote à la pression ordinaire, connaissant celui de l'air, et réciproquement. Cette loi consiste en ce que tout gaz se dissout dans l'eau d'une quantité proportionnelle à la pression, lorsque ce gaz est seul ou lorsqu'il est mélangé avec tout autre gaz sans action sur lui. A $0^m,76$, l'eau dissout $\frac{3}{100}$ d'oxygène et $\frac{2}{100}$ d'azote. L'oxygène dans l'air n'a plus qu'une pression qui est les $\frac{21}{100}$ de $0^m,76$, ou $\frac{21 \times 0^m,76}{100}$; d'après la loi indiquée, puisque 100 parties d'eau dissolvent 3 parties d'oxygène à $0^m,76$, il est évident que la même quantité d'eau à $\frac{21 \times 0^m,76}{100}$, en dissoudra une quantité donnée par la proportion $0^m,76 : 3 :: \frac{0^m,76 \times 21}{100} : x$: d'où $x = \frac{3 \times 0^m,76 \times 21}{100 \times 0^m,76} = \frac{63}{100}$. Par un calcul semblable, on reconnaîtra que la pression de l'azote dans l'air est de $\frac{0^m,76 \times 79}{100}$, et que 100 parties d'eau en dissoudront $\frac{158}{100}$. La quantité de gaz dissoute par l'eau sera donc $\frac{63}{100} + \frac{158}{100} = \frac{221}{100} = 2 + \frac{1}{5}$. Cette proportion étant celle qu'indique l'expérience, l'idée d'un simple mélange se trouve ainsi confirmée complétement. On conçoit comment il faudrait s'y prendre pour résoudre le problème inverse.

Les expériences de M. Dulong sur la réfraction sont encore venues confirmer les idées précédentes sur la nature de l'air. Ce physicien, si exact dans ses travaux, a reconnu que tous les gaz composés ont un pouvoir réfringent plus grand ou plus petit que la somme des pouvoirs réfringents de leurs éléments ; tandis que les mélanges gazeux en ont un qui est précisément en rapport avec celui des différents gaz qui entrent dans la composition de ce mélange ; or l'air atmosphérique est dans ce dernier cas.

L'air ne contient pas seulement de l'oxygène et de l'a-

Expériences
de Dulong
sur la
réfraction.

zote; ce gaz, renferme encore de la vapeur d'eau facile à constater, quelques centièmes d'acide carbonique, et, suivant M. Boussingault, quelques traces d'un carbure d'hydrogène.

La vapeur d'eau existe dans l'air en quantité très-variable, et se trouve sous la dépendance de la température des lieux : après les jours de pluie, cette eau, à l'état de vapeur dans l'air, se manifeste facilement : aussi le vulgaire dit-il alors que l'air est humide. Mais dans les temps ordinaires, cette vérité n'est plus aussi évidente. Lorsqu'on veut prouver que l'air contient toujours de l'eau, il suffit de mettre de la glace dans un verre : sa surface extérieure est bientôt recouverte de gouttelettes qui finissent par se solidifier en blanchissant. Cette neige provient évidemment de la vapeur d'eau contenue dans l'air qui se liquéfie, puis se congèle, à cause de son contact avec un corps froid. L'air ne se charge pas indéfiniment d'humidité : quand celle-ci est parvenue à sa dernière limite, on dit que l'air en est saturé. Saussure a construit un instrument appelé *hygromètre,* qui fait reconnaître les degrés extrêmes d'humidité et de sécheresse pour la température ordinaire et qui peut servir à déterminer quand un lieu contient plus d'eau en vapeurs qu'un autre. Cependant ses indications ne donnent pas des nombres qui mesurent cette humidité. On est obligé de recourir au calcul et à des tables afin de connaître les quantités de vapeurs d'eau correspondantes aux indications de l'hygromètre.

Nous avons déjà vu comment on pouvait constater la présence de l'acide carbonique dans l'air : il nous reste à exposer les procédés qui ont été mis en pratique pour en déterminer la quantité. M. Thenard est le premier chimiste qui se soit occupé de la solution de cette question. Il faut prendre un ballon de la capacité de 10 litres, y introduire 1 litre d'une dissolution de baryte saturée de carbonate de baryte, et faire le vide aussi exactement que possible; cela fait, on laisse rentrer de l'air en agitant le ballon : la baryte s'empare de l'acide carbonique de l'air, forme du carbonate de baryte insoluble qui se précipite au fond du vase : en faisant de nouveau le vide et laissant rentrer l'air, la baryte s'empare encore de l'acide carbonique des 9 nouveaux litres d'air introduits. On conçoit tout de suite, si cette expérience est répétée dix fois, que le carbonate de baryte qui se formera, contiendra tout l'acide carbonique des 90 litres d'air qui ont été successivement introduits dans le ballon. Connaissant la composition du carbonate de baryte, on peut déduire du poids de carbonate formé celui de l'acide carbonique, et par suite son volume. Il est nécessaire, pour opérer avec précision, d'employer une dissolution barytique saturée de carbonate de baryte, afin que tout le carbonate formé pendant l'expérience puisse se précipiter. M. Théodore de Saussure, dans de nombreuses expériences qu'il a faites sur le même sujet, employait un ballon de 30 à 40 litres; il avait soin, à chaque expérience, de noter l'état du baromètre, celui de l'hygromètre, la température ambiante, l'état du ciel et des vents : enfin il lavait, à différentes reprises, l'intérieur du ballon, non avec de l'eau pure, mais avec de l'eau saturée de carbonate de baryte.

Par l'emploi de ce procédé M. Théodore de Saussure a pu reconnaître : 1° que, dans une prairie située à Chambusy, près de Genève, 10 000 parties d'air donnaient 4,15 d'acide carbonique par une moyenne de 104 observations de jour et de nuit, et dans des saisons très-variées; les nombres extrêmes ont été 5,74 et 3,15; 2° que l'eau, en traversant l'atmosphère, se charge d'acide carbonique, l'entraîne avec elle dans le sol, et diminue la quantité de celui qui se trouve habituellement dans l'air; 3° qu'une grêle produit un effet opposé et augmente la proportion de l'acide carbonique de l'air; 4° que la quantité moyenne de l'acide carbonique est plus forte en été qu'en hiver, et que le rapport est de $\frac{100}{77}$, d'après la moyenne de plus de 130 observations; 5° que la quantité d'acide carbonique est plus grande, pendant le jour, à la ville qu'à la campagne, et que l'inverse a lieu pour la nuit. Ces deux derniers résultats n'ont rien qui doive surprendre et étonner, du moment que l'on connaît l'action que les plantes exercent sur l'acide carbonique sous l'influence de la lumière solaire.

Afin de compléter les résultats indiqués plus haut, nous dirons que M. Thenard, en expérimentant dans les salles de spectacle, a reconnu que l'air, vers la fin des représentations, était chargé de grandes quantités d'acide carbonique, quantités qui étaient d'autant plus grandes que la salle était moins aérée, contenait plus de spectateurs, selon ses dimensions. Les amphithéâtres, où souvent plus de douze cents auditeurs écoutent pendant une heure et demie des professeurs éloquents, doivent aussi, comme on le conçoit, être très-chargés d'acide carbonique.

Ces expériences pourraient être rendues beaucoup plus rigoureuses, moins longues et moins difficiles, en employant l'appareil à boules de Liebig, dont on fait un si grand usage dans les analyses chimiques. Cet appareil, *fig.* 15, se compose d'un tube B à boules soudées les unes aux autres, et contenant une dissolution de potasse caustique : ce tube communique avec deux autres A et C qui contiennent du chlorure de calcium en morceaux ; le premier est ouvert à l'air, tandis que l'autre communique avec un vase D rempli d'eau qui peut s'écouler par un robinet E placé à la partie inférieure. Quand l'écoulement a lieu, l'air extérieur entre par le tube A, se dessèche, traverse la potasse contenue dans les petites boules, y perd son acide carbonique, et arrive humide de nouveau dans le tube C, pour remplacer ensuite l'eau du vase D. L'acide carbonique de l'air se combine avec la potasse et forme du carbonate de potasse, dont la quantité peut être appréciée par la pesée du tube à boules avant et après l'expérience. L'augmentation de poids n'est pas précisément le poids de l'acide carbonique ; car il faut tenir compte aussi de l'eau qui a été entraînée par l'air dans les boules, et dont la proportion est donnée par l'augmentation de poids du second tube à chlorure de calcium. La quantité d'acide carbonique donnée est celle qui correspond au volume d'air mesuré par le liquide écoulé.

Ainsi que nous l'avons dit précédemment, l'air, d'après M. Boussingault, renferme des traces d'un carbure d'hydrogène. L'appareil employé, il y a seulement quelques années, par ce chimiste pour mettre ce fait hors de doute, est représenté dans la *fig*. 16. AB est un long tube en verre contenant une matière desséchante, telle que de l'amiante imprégné d'acide sulfurique ; l'air arrive sec dans le tube à boules CD où il dépose son acide carbonique ; dans le tube E il se dépouille de l'humidité dont il aurait pu se charger dans les boules, de telle sorte que l'air arrive, sec et privé d'acide carbonique, dans un tube en verre rougi par un fourneau MN, et dans lequel se trouve de l'oxyde

Apprécia-
tion d'un
carbure d'hy-
drogène
contenu dans
l'air.

I

7*

de cuivre. Le carbure d'hydrogène, s'il existe dans l'air, doit se décomposer en présence du bioxyde de cuivre porté au rouge : l'hydrogène doit former avec l'oxygène de l'oxyde de cuivre, de l'eau, et le carbone de l'acide carbonique. Or, c'est précisément ce que M. Boussingault a remarqué; car l'amiante sulfurique du tube F a augmenté de poids, ainsi que la potasse contenue dans le tube à boules. L'appareil est terminé par un tube H à chlorure et par un vase K muni d'un robinet.

Lorsque le vase est rempli d'eau et que le robinet est ouvert, l'eau s'écoule et tend à faire rentrer l'air par le tube AB.

Analyse de l'air par MM. Dumas et Boussingault. MM. Dumas et Boussingault ont entrepris, il y a environ trois ans, une série d'expériences dans le but d'analyser très-exactement *l'air*. Leur Mémoire est inséré dans les *Comptes rendus des séances de l'Académie des Sciences*, t. XII, p. 1005. Je vais indiquer ici brièvement les résultats de leurs travaux. Ils faisaient passer l'air sur du cuivre chauffé au rouge. La colonne de cuivre était assez longue pour absorber tout l'oxygène. Ils étaient certains que l'air était complétement privé de son oxygène, lorsque cet air ne pouvait pas colorer en bleu le mélange d'une dissolution de protochlorure de cuivre et d'ammoniaque. — Ce mode d'expérience permettait de peser l'oxygène sans peser l'azote. Afin de peser l'azote, ils disposaient à la suite du tube de cuivre des ballons vides que l'air venait remplir après avoir perdu son oxygène. Ils ont alors trouvé que 100 parties d'air renfermaient 79,19 d'azote et 20,81 d'oxygène. Ces proportions sont, comme on le voit, un peu différentes de celles trouvées avant eux par les autres chimistes. Ils ont aussi trouvé 0,972 pour densité de l'azote au lieu de

0,9757, et pour densité de l'oxygène 1,1057, au lieu de 1,1026. Dans toutes leurs expériences l'air était pris au Jardin des Plantes. Pour opérer sur l'air d'une localité donnée, ces chimistes se servent de grands ballons de verre munis d'armatures de cuivre garnies de caoutchouc ; le vide est fait dans ces ballons, on les ouvre dans l'endroit où l'on veut prendre de l'air.

Eau.

L'eau, par sa grande abondance dans la nature, par ses usages, par ses propriétés, dont la principale est de dissoudre les alcalis, la plupart des sels et un grand nombre de substances organiques, intéresse au plus haut degré le physicien et le chimiste. Nous passerons cependant rapidement sur ses propriétés les plus connues, pour nous attacher aux faits principaux et à son analyse.

L'eau existe dans la nature sous les trois états dans lesquels les corps se présentent à nous. Quand elle est solide, elle constitue la glace et la neige qui se trouvent en si grande quantité sur les hautes montagnes de l'ancien et du nouveau monde, et dans les mers polaires. A l'état liquide, l'eau forme les rivières, la mer, les lacs, tombe du ciel sous forme de pluie, et jaillit du sein de la terre en donnant lieu aux sources. Elle se trouve rarement à l'état de pureté : l'eau de pluie et celle qui provient de la fonte de la neige sont les seules qui soient pures. Toutes les autres contiennent presque toujours des sels de soude, de chaux, quelquefois des sels de fer et de magnésie, quelquefois encore de l'acide carbonique et de l'acide sulfhydrique libres ou combinés. Quand l'eau a une saveur prononcée, et contient en solution une assez forte proportion de substances étrangères pour pouvoir exercer sur l'économie animale une certaine action, on lui donne le nom d'*eau minérale*. On donne encore les noms d'*eau salée* à celle de la mer et des sources riches en sel marin, d'*eau douce* à celle des rivières et des fontaines. Les eaux de puits, formées par l'infiltration lente des eaux pluviales à travers des couches de sels calcaires, se saturent de ceux-ci et deviennent souvent impropres à quelques usages de l'économie domestique. Elles ne peuvent dissoudre le savon, qui s'y dépose sous forme de gros grumeaux; elles sont également impropres à la cuisson des légumes, et c'est pour cela que les ménagères les désignent sous le nom d'*eaux crues* ou *dures*. L'eau, à l'état de vapeur, existe dans l'air, même au-dessous de 0°. Sa proportion augmente à mesure que la température s'élève; mais si elle vient à diminuer, cette vapeur se condense et forme alors les brouillards, les nuages, la pluie et les différents météores aqueux.

Distillation
de l'eau.

Puisque l'eau à l'état liquide, même celle de pluie, est impure, il importe souvent de la priver des substances étrangères qu'elle contient : on lui fait alors subir, dans les laboratoires et les officines, une préparation connue sous le nom de *distillation,* dans un appareil représenté par la *fig.* 17, qui porte le nom d'*alambic.* Il se compose de trois pièces essentielles : la première est une chaudière A, où l'on introduit le liquide à distiller, et qui porte le nom de *cucurbite :* cette chaudière, placée sur un fourneau, est recouverte par un chapiteau B, portant latéralement un tube conique CD; cette dernière pièce s'emboîte à un autre tube DE, recourbé en spirale, et qui a reçu le nom de *serpentin :* il plonge dans un tonneau rempli d'eau froide. L'eau à purifier étant placée dans la cucurbite, on allume le feu après avoir bien assemblé toutes les pièces de l'appareil. Par l'effet de la chaleur, l'eau se réduit en vapeur, se sépare des matières fixes, s'élève et s'écoule par le tube latéral dans le serpentin, où les vapeurs se condensent par l'effet de l'eau froide. L'eau ainsi distillée s'écoule par l'extrémité inférieure du serpentin, et peut être recueillie dans des vases. Ces appareils sont quelquefois construits en étain, à l'exception de la cucurbite qui est en cuivre; mais le plus souvent ils sont établis en cuivre rouge travaillé au marteau. Dans les lieux où l'eau est rare, il importe de disposer dans le tonneau réfrigérant, sur l'une de ses arêtes, un tube vertical surmonté d'un entonnoir dans lequel l'eau froide est versée; comme ce tube est ouvert seulement vers le fond, cette eau froide s'y rend, remonte peu à peu à mesure qu'elle s'échauffe, à cause de sa légèreté, arrive à la partie supérieure, et se verse à l'extérieur par une ouverture pratiquée à l'une des douves. On rejette ordinairement les premières portions distillées; car elles pourraient contenir quelques produits volatils provenant de la décomposition des matières organiques qui pouvaient se trouver dans ce liquide.

L'eau est un liquide transparent, incolore, inodore, insipide, compressible et élastique. Il peut cristalliser en passant avec lenteur de l'état liquide à l'état solide, et donner des cristaux qui se présentent sous forme d'aiguilles, souvent groupées comme des feuilles de fougère et dont on peut se former une idée en examinant à la loupe quelques flocons de neige. La densité de l'eau varie avec la température à laquelle on l'expose, et c'est à elle que l'on compare celle des corps solides et liquides. Mais le poids du volume d'eau, qui sert de densité, est pris à $4°,41$, et non à $0°$, comme on serait tenté de le penser. La cause dépend d'une irrégularité que présente l'eau dans sa dilatation; car l'eau prise à 0°, et chauffée graduellement, présente un phénomène remarquable : au lieu de se dilater immédiatement comme tous les corps, elle se contracte de plus en plus jusqu'à 4°,1 ; à partir de cette température, elle se dilate et rentre dans la loi générale. Inversement, si l'on prenait de l'eau chaude, à 20° par exemple, et si on la faisait refroidir, elle se contracterait de plus en plus jusqu'à la température de 4°,1 ; puis, au lieu de continuer à diminuer de volume, elle se dilaterait jusqu'au moment de sa solidification. Puisqu'à 4°,1, le même poids d'eau occupe le plus petit volume, on voit qu'alors elle pèse le plus, ou qu'elle est à son maximum de densité. C'est l'unité de volume d'eau qui, dans ces circonstances, sert aux physiciens et aux chimistes pour mesurer les densités des autres corps solides et liquides.

Force expansive de la glace. Quand on fait refroidir de l'eau à partir de 4°,1, nous avons dit qu'elle se solidifiait à 0° ; mais au moment de cette solidification, elle présente une particularité remarquable et dont la connaissance permet d'expliquer plusieurs phénomènes naturels : c'est qu'au moment de sa solidification, l'eau augmente de volume avec une force expansive considérable, probablement par le fait du nouvel arrangement des molécules. La force d'expansion est si considérable, qu'elle peut vaincre de grands obstacles. On fait ordinairement l'expérience suivante pour le prouver : on remplit d'eau un canon de pistolet en bon état, dont on ferme la lumière par un clou rivé, et l'ouverture par une vis ; puis on plonge ce canon dans un mélange de glace pilée et de sel marin, qui peut, dans très-peu de temps, produire un abaissement de température. L'eau contenue dans le tube en fer se solidifie bientôt, augmente de volume malgré la résistance du canon, finit par vaincre cette résistance en occasionnant la rupture du canon, que l'on retire gercé par des fentes assez longues. C'est cette même cause qui fait briser les vases en bois, en faïence, en terre, dans lesquels on laisse congeler de l'eau pendant l'hiver ; c'est elle encore qui occasionne la mort des arbres pendant les hivers rigoureux.

L'eau, à toutes les températures, même à l'état de glace, donne des vapeurs dont la tension peut être mesurée par des procédés indiqués par les physiciens, et qui va en augmentant avec la température, de telle sorte qu'à 100° ces vapeurs sont capables de vaincre la pression atmosphérique, et de donner lieu au phénomène de l'ébullition ; mais l'ébullition ne peut avoir lieu à 100° qu'autant que la pression est de 0^m,76 ; car à mesure que la pression augmente, le point d'ébullition de l'eau, au lieu de rester à 100 degrés, s'élève. Pour le prouver, il faut alors faire chauffer l'eau dans un vase fermé : les vapeurs produites se mélangent avec l'air, compriment par leur élasticité la surface du liquide et forcent l'eau à acquérir une température de plus en plus élevée, qui pourra elle-même donner lieu à des vapeurs d'une force élastique considérable et capable de vaincre des résistances énormes. C'est la force élastique de la vapeur d'eau qui est le moteur de ces machines d'invention française, qui sont un objet d'admiration pour le vulgaire comme pour le savant, et qui servent à extraire du sein de la terre cette houille si nécessaire aux arts ; de ces machines qui font mouvoir les usines et les moulins, qui mettent en mouvement les voitures et les bateaux destinés à transporter les voyageurs à de grandes distances avec des vitesses énormes, et dont l'homme n'avait jamais cru la réalisation possible.

Marmite de Papin.

Puisque la vapeur, aux températures de 120°, 130°, 150°, a une force expansive si énorme, on doit imaginer ce qu'elle serait à des températures encore supérieures. Pour s'en faire une idée fixe, on peut employer la marmite de Papin, *fig.* 18 et 19, qui se compose d'un vase AB en fonte, très-épais et très-résistant, surmonté d'une pièce en fer CD fortement fixée au vase et portant un écrou à travers lequel passe une vis dont l'extrémité inférieure comprime une plaque de fonte M. Cette plaque repose sur la surface de l'eau, dont le vase est rempli en partie, de plus elle est fortement appuyée contre cette surface par la vis. Tout étant bien disposé, comme il vient d'être indiqué, l'appareil est fortement chauffé dans un feu de forge. L'eau, comme la fonte, s'échauffe de plus en plus et peut même rougir. Si alors on débouchait une ouverture pratiquée dans la plaque et fermée par une soupape xy, l'eau rougie se trouverait en présence de l'air, se réduirait en vapeur et produirait un jet d'une violence extrême, avec un sifflement et un bruit qui pourraient épouvanter l'opérateur, s'il n'était habitué à ces expériences, d'ailleurs très-dangereuses. L'eau, quand elle est rouge, n'a pas une très-grande tendance à se réduire en vapeur, comme on serait tenté de le penser. Cette vaporisation une fois commencée, s'achève avec la rapidité dont nous avons parlé, mais elle ne commence que difficilement ; c'est ce qu'une expérience très-simple de M. Pouillet met hors de doute. Ce physicien fait tomber goutte à goutte de l'eau dans un creuset de platine ou d'argent porté au rouge ; il remarque alors que l'eau peut rougir sans se vaporiser. Mais s'il retire le creuset du feu et le laisse refroidir, il arrive une époque où l'eau se réduit subitement en vapeur.

Cette expérience nous fait voir que les chaudières à vapeur courent de très-grands dangers lorsque l'eau, par des circonstances particulières, se trouve subitement portée à une haute température; elle nous montre aussi que les soupapes de sûreté seraient impuissantes pour ramener la chaudière dans son état normal, et qu'il serait même dangereux d'offrir alors un passage à la vapeur. Car son dégagement pourrait occasionner tout à coup la vaporisation de toute la masse d'eau de la chaudière, dont la température est élevée, et par suite occasionner l'explosion. On parvient ainsi à expliquer ces sinistres nombreux, dont les victimes sont ceux qui approchent des chaudières à vapeur, garnies même de soupapes de sûreté. Tout nous indique que le danger serait écarté, et l'explosion prévenue, si l'on introduisait tout à coup dans la chaudière une grande masse d'eau froide.

Nous terminerons l'étude des différentes propriétés de l'eau, en rappelant que c'est un mauvais conducteur de la chaleur et de l'électricité : on parvient à développer sa conductibilité en y ajoutant un peu d'acide ou de sel. Son pouvoir réfringent est considérable et surpasse environ de 7 dixièmes celui de l'air : c'est cette circonstance qui fit soupçonner à Newton la présence dans l'eau d'une substance très-combustible; plus tard, la découverte de la composition de l'eau est venue confirmer l'idée de cet homme célèbre, dont le génie si fécond et si varié savait presque surprendre à la nature ses plus grands secrets.

L'eau, ainsi que nous avons déjà eu l'occasion de le dire, est formée par la combinaison de 2 volumes d'hydrogène et de 1 volume d'oxygène, ou d'un équivalent de chacun de ces deux corps, c'est-à-dire de 100 grammes

Composition de l'eau.

d'oxygène et de 12 grammes d'hydrogène, de telle sorte que HO serait sa formule chimique, si l'on représentait par H l'équivalent de l'hydrogène. Mais l'équivalent de l'hydrogène est représenté par H^2, afin d'indiquer à chaque instant les volumes de gaz qui s'équivalent; de telle sorte que la formule H^2O rappelle à la fois qu'il y a un équivalent de chacun des corps et que 2 volumes du premier gaz équivalent à 1 volume du second.

Cette composition, si remarquable et si simple, a seulement été reconnue par les chimistes modernes; car Aristote, l'oracle scientifique de l'antiquité, le philosophe qui, le premier, avait cherché à expliquer le monde physique, considérait l'eau comme un élément. Ce ne fut qu'en 1781 que Cavendish, après avoir remarqué, comme plusieurs chimistes de son temps, un dépôt d'eau sur les parois des vases où il faisait brûler de l'hydrogène, osa le premier tirer de ce fait la conséquence surprenante, même inattendue, que l'eau était formée d'oxygène et d'hydrogène : il confirma ainsi les idées émises par Newton, un siècle auparavant, sur la combustibilité de l'un des principes de l'eau. En 1783, Lavoisier mit ce fait hors de doute, en faisant brûler dans un grand ballon de l'oxygène et de l'hydrogène. Deux années plus tard, ces expériences furent répétées par Monge, devant une Commission de savants, et il parvint à obtenir jusqu'à une livre d'un liquide dont les propriétés étaient absolument identiques à celles de l'eau. L'appareil de Lavoisier, employé pour faire ainsi la synthèse de l'eau, c'est-à-dire pour la produire en mettant ses éléments en présence, se compose, *fig.* 20, d'un grand ballon dont le col est terminé par une garniture en cuivre traversée par deux tubes B et C, munis de robinets, et qui communiquent chacun avec un gazomètre contenant, l'un de l'oxygène, l'autre de l'hydrogène. Le premier tube B n'arrive qu'à la partie supérieure du ballon, tandis que l'autre descend vers le milieu, et se recourbe de manière que sa petite ouverture se trouve tournée vers le haut. Entre ces deux tubes se trouve une tige métallique terminée par deux boules D et E, qui traverse aussi la garniture du ballon. Cette tige est isolée par un tube de verre enduit de résine, et offre une partie recourbée pour permettre à la boule inférieure de venir se placer à une petite distance du conduit de l'hydrogène. On commence l'expérience en faisant le vide dans le ballon; cela fait, on le remplit d'oxygène, puis on met la boule supérieure de la tige en communication avec une machine électrique en activité, et l'on fait arriver tout doucement l'hydrogène, qui s'enflamme à mesure qu'il entre dans le ballon. Une fois que l'expérience est en activité, il suffit de régler convenablement le courant des deux gaz pour le continuer.

Il résulte évidemment des résultats obtenus avec cet appareil que l'eau est formée d'oxygène et d'hydrogène. Ce fait peut être encore constaté, mais avec moins de netteté, en faisant dégager de l'hydrogène d'un flacon muni à la partie supérieure d'un tube effilé, enflammant ce gaz à l'extrémité du tube, et recouvrant la flamme d'une cloche en verre. Il se forme bientôt de l'eau en vapeur qui rencontre les parois froides de la cloche, et s'y condense sous forme de gouttelettes, de la même manière que la vapeur pulmonaire se condense sur les vitres froides.

Cette expérience, qui conduisit à la découverte des éléments de l'eau, ne put faire connaître les proportions de ces éléments; celle faite avec l'appareil de Lavoisier mit sur la voie de cette composition. Mais ce ne fut que plusieurs années après que MM. Gay-Lussac et de Humboldt parvinrent à démontrer que l'eau était le résultat de la composition de 1 volume d'oxygène et de 2 volumes d'hydrogène. Ces chimistes furent conduits à cette composition par le moyen de l'eudiomètre, dans lequel ils firent passer 100 volumes d'hydrogène et 50 volumes d'oxygène; après avoir enflammé le mélange, ils reconnurent que la combinaison s'était effectuée sans résidu. Ils ne se contentèrent pas d'une seule expérience, car ils varièrent les proportions d'oxygène et d'hydrogène. Toujours ils reconnurent que 1 volume d'oxygène exigeait 2 d'hydrogène pour former de l'eau. Les expériences avec l'eudiomètre, pour être exactes, doivent être faites sur le mercure, afin d'éviter les erreurs provenant du dégagement d'air de l'eau au moment du vide ou de la diminution de pression produite dans l'appareil. L'instrument a été simplifié, dans ces derniers temps, par M. Gay-Lussac. L'eudiomètre à mercure, employé par ce savant, se compose, *fig.* 21, d'un fort tube AB en verre, fermé par une garniture CD en fer à travers laquelle passe une tige *mn*, enveloppée dans un tube de verre. Cette tige est terminée par deux petites boules dont l'une *m* est mise en communication avec le plateau supérieur d'un électrophore, tandis que l'autre *n* se rapproche d'une autre boule P située à l'extrémité d'un fil de fer contourné en spirale sur les bords intérieurs du tube. L'appareil étant rempli de mercure, sur la cuve à mercure, on y fait passer, bien mesurés, les volumes sur lesquels l'expérience doit se faire, et, quand on a enflammé le mélange, on mesure le résidu en le faisant passer dans un tube gradué.

Il y a encore un dernier moyen synthétique pour recon- Analyse de
l'eau par le
procédé de
Dulong.
naître la composition de l'eau ; c'est celui qui fut mis en
pratique à Paris par MM. Dulong et Berzelius. C'est le
procédé le plus convenable quand on veut arriver d'une
manière exacte à la connaissance du poids des éléments de ce
liquide. Ce procédé repose sur la propriété que possède
l'hydrogène de désoxyder le bioxyde de cuivre à la température rouge. L'appareil employé par ces deux chimistes est
représenté *fig.* 22 : il se compose d'un flacon d'où l'on fait
dégager de l'hydrogène qui se rend dans un premier tube B,
où se trouvent des fragments de chlorure de calcium destinés
à le dessécher ; ce premier tube communique ensuite avec
un second C, légèrement recourbé en arc et renflé à son
milieu ; celui-ci est ajusté à un autre tube D, lequel possède
plusieurs ampoules plongées dans de la glace pilée : enfin,
l'appareil est terminé par un tube E contenant, comme le
premier, des fragments de chlorure de calcium. Avant de
commencer l'opération, on met une quantité bien pesée
de bioxyde de cuivre dans la boule du tube recourbé,
et on le chauffe au rouge obscur avec la lampe à esprit-de-
vin ; puis on fait dégager le gaz hydrogène qui, après avoir
passé sur le chlorure du tube B, arrive sec sur le bioxyde
de cuivre porté au rouge. Ce gaz s'empare alors de l'oxygène du bioxyde, forme de l'eau qui vient se condenser
dans les ampoules et sur le chlorure de calcium du dernier tube, tandis que l'excès se dégage dans l'air à l'extrémité de l'appareil. En pesant, avant et après l'opération,
les ampoules de verre et le dernier tube, l'augmentation
de poids indique la quantité d'eau qui s'est formée, tandis
que la diminution de poids du bioxyde de cuivre donne
la quantité d'oxygène qu'il a abandonnée : celle-ci retran-

chée du poids de l'eau formée , fait connaître le poids de l'hydrogène.

La composition de l'eau peut être déterminée analytiquement par deux procédés : le premier de ces procédés consiste dans l'emploi de la pile de Volta. L'appareil nécessaire pour faire l'expérience est représenté à la *fig.* 23 ; il se compose d'un entonnoir en verre dont le fond est bouché avec du liége ; ce bouchon est traversé par deux petits tubes de verre creux, qui livrent passage à deux fils de platine bien mastiqués : chacun de ces petits fils de platine est surmonté d'une cloche renversée et pleine d'eau ; par leur extrémité inférieure, ces fils communiquent avec les deux extrémités d'une pile en activité. A peine l'expérience est-elle commencée, que l'eau se décompose, et que les fils de platine se recouvrent de petites bulles qui ne tardent pas à se rassembler à la partie supérieure des petites cloches. On remarque alors que ces deux vases ne se remplissent pas de volumes égaux de gaz, et que celui qui recouvre le fil négatif contient un volume double de celui que contient l'autre. Le premier gaz brûle à l'approche des corps enflammés, et jouit de toutes les propriétés de l'hydrogène, tandis que l'autre active la combustion ; c'est donc de l'oxygène. La composition de l'eau , telle que nous l'avons annoncée, est donc prouvée analytiquement. Dans cette expérience, l'eau est non-seulement décomposée, mais encore il y a transport des éléments à chacun des pôles, et cela à travers le liquide. Cependant le mécanisme de ce phénomène échappe à nos sens, et a été le sujet de bien des hypothèses plus ou moins ingénieuses des physiciens. Celle de M. Grothus est à la fois la plus simple et la plus satisfaisante ; ce chimiste admet une suite de décompositions et de recompositions successives des molécules d'eau placées entre les deux pôles.

Le deuxième procédé pour faire l'analyse de l'eau, qui s'exécute avec le fer, est dû à Lavoisier. Ce chimiste mit à profit la forte affinité du fer pour l'oxygène, à une haute température. L'appareil qu'il employa est représenté par la *fig.* 24. Il se compose d'une cornue A communiquant avec un tube en porcelaine BC, verni intérieurement et traversant, sous une légère inclinaison, un fourneau à réverbère; puis d'un tube recourbé qui va se rendre dans un flacon entouré de glace D, et qui communique lui-même, par un second tube recourbé, avec une cloche E propre à recueillir les gaz. On met dans la cornue un poids déterminé d'eau, et dans le tube en porcelaine de la tournure ou des fils de fer bien décapés et pesés avec soin. Tout étant bien disposé, on élève peu à peu la température du tube de porcelaine jusqu'au rouge-cerise, puis on fait bouillir l'eau de la petite cornue. La vapeur de celle-ci est obligée de passer à travers le tube de porcelaine, où elle se trouve en contact avec le fer, qui la décompose, s'empare de son oxygène de manière à passer à l'état de sesquioxyde, et met l'hydrogène en liberté. Ce dernier gaz arrive dans le flacon avec la portion de vapeur d'eau qui n'a pas été décomposée; celle-ci se condense sous l'influence de la glace ou de l'eau froide, tandis que l'hydrogène traverse librement ce flacon, et vient se rendre sous la cloche disposée à cet effet. Après une heure ou deux, on arrête l'opération, on pèse la cornue, afin de connaître la quantité d'eau qui a été vaporisée; on soustrait de celle-ci le poids de l'eau qui s'est condensée dans le flacon, et l'on obtient de cette manière la quantité exacte de l'eau qui a été décom-

Analyse de l'eau par le fer.

posée par le fer. L'oxygène de celle-ci s'est combiné au fer; sa quantité peut être constatée par l'augmentation de poids du métal. En retranchant le poids de l'oxygène de celui de l'eau décomposée, on a le poids de l'hydrogène de l'eau.

Analyse des
eaux. Ainsi que nous l'avons déjà dit, les eaux de rivières, de sources et de puits sont rarement pures : elles contiennent toujours des principes salins qui nuisent à leurs qualités dans l'économie domestique, surtout quand ils sont en trop grande quantité. Pour reconnaître immédiatement si une eau contient un sel de chaux (carbonate ou sulfate), il faut la traiter par l'acide oxalique ou par un oxalate soluble; à l'instant il y a un précipité blanchâtre d'oxalate de chaux, si l'eau contient un sel de chaux. Pour reconnaître si l'eau contient un sulfate (sulfate de chaux), il faut la traiter par le nitrate de baryte acidulé par de l'acide nitrique; s'il se forme un précipité, c'est que l'eau contient un sulfate. Enfin le nitrate d'argent fait naître un précipité blanc cailleboté de chlorure d'argent, si elle contient un chlorure (chlorure de sodium, de calcium et de potassium). C'est ainsi que plusieurs chimistes ont fait l'analyse comparative des eaux de la Seine, du canal de l'Ourcq et des puits de Paris.

CHAPITRE IV.

DES MÉTAUX.

Histoire générale de ces corps.

Les corps simples que la nature offre, soit libres, soit combinés, peuvent, ainsi que nous l'avons observé, se partager en deux classes : en métaux dont les propriétés physiques et chimiques sont tranchées et bien déterminées, et en corps non métalliques, ou métalloïdes, dont quelques-uns ont l'apparence et l'éclat des métaux. Nous allons donc, pour ne laisser aucun doute dans l'esprit des lecteurs, rappeler les propriétés principales des métaux, qui pourront servir à leur définition.

Les chimistes sont convenus d'appeler *métal* tout corps simple, presque complétement opaque, généralement plus pesant que l'eau, brillant en masse et en poussière, à moins que celle-ci ne soit trop ténue, jouissant, par conséquent, de ce que l'on appelle l'*éclat métallique,* susceptible de recevoir un beau poli, bon conducteur de la chaleur et de l'électricité; de plus, les métaux peuvent se combiner en une ou plusieurs proportions avec l'oxygène, et donner naissance, tantôt à des composés qui possèdent les propriétés des acides métalloïdiques; tantôt, et beaucoup plus souvent, à des oxydes qui, pour la plupart, peuvent s'unir aux acides et former des sels.

Tous les métaux sont solides à la température ordinaire, à l'exception du mercure, qui ne peut se solidifier qu'à 40° Propriétés physiques des métaux.

au-dessous de zéro. Ils sont différemment colorés : le cuivre et le titane sont rouges, l'or est jaune, les autres sont d'un blanc plus ou moins grisâtre. La densité des métaux est très-variable. On croyait autrefois que tous les métaux étaient plus denses que l'eau ; mais la découverte du potassium et du sodium a prouvé le contraire. De tous les métaux, le plus lourd c'est le platine, dont la densité est de 21,53, c'est-à-dire qu'il est environ 21 fois plus pesant que l'eau ; le plus léger, c'est le potassium, dont la densité est de 0,86. Les autres métaux ont une pesanteur spécifique comprise entre celles des deux métaux que nous venons de citer : on pourra s'en faire une idée en consultant le tableau de la page 122.

Ductilité et malléabilité.   Plusieurs métaux jouissent de la propriété de se réduire en fils plus ou moins fins en passant à la filière ; c'est cette propriété que l'on nomme *ductilité;* elle est jusqu'à un certain point indépendante de la *malléabilité,* ou de la possibilité de se réduire en lames sous le choc du marteau ou la pression du laminoir. Les métaux les plus ductiles ne sont pas toujours les plus malléables : le fer, par exemple, dont on fait des fils très-fins, est difficilement réduit en lames minces. Parmi les métaux les plus ductiles, il faut citer en première ligne l'or ; viennent ensuite, dans l'ordre de leur ductilité, l'argent, le platine, le fer, le cuivre, le zinc, l'étain, le plomb, le nickel, etc. L'or et l'argent sont aussi les métaux les plus malléables ; mais l'ordre n'est plus le même que pour la ductilité. Après l'or et l'argent viennent le cuivre, l'étain, le platine, le plomb, le zinc, le fer, le nickel, etc.

Métaux cassants.   Il y a des métaux qui ne sont ni ductiles ni malléables, et qui se brisent facilement sous le choc du marteau.

Parmi ces derniers, nous citerons l'antimoine, le bismuth, le manganèse, etc. En résumé, il y a 17 métaux ductiles et malléables et 15 métaux cassants. Les propriétés des autres ne sont pas bien connues.

Les métaux ductiles réduits en fils de même diamètre, ne jouissent pas tous de la propriété de supporter un même poids sans se rompre; on donne le nom de *ténacité* à cette propriété, que l'on a cherché à évaluer par des nombres à l'égard de quelques métaux usuels. Le fer est le métal le plus tenace; des fils de 2 millimètres de diamètre ont supporté 289 kil. sans se rompre. Pour des fils de même grosseur, les autres métaux ont supporté : le cuivre, 137 kil.; le platine, 124 kil.; l'argent, 85 kil.; l'or, 68$^{kil.}$,216. Ténacité.

La dureté des métaux est variable; le potassium et le sodium sont assez mous pour pouvoir être pétris avec les doigts et coupés avec un couteau; le plomb et l'étain se laissent rayer par l'ongle, tandis que beaucoup de métaux sont très-durs. La *sonorité* est nulle dans les métaux mous; elle est variable chez les autres, et se trouve généralement en rapport avec le degré de dureté et d'élasticité. Quelques métaux ont une odeur et une saveur manifestes, que l'on développe surtout par le frottement : tels sont le fer, le plomb, le cuivre et l'étain. Il est à remarquer que les métaux qui ne s'oxydent pas à l'air n'ont ni odeur ni saveur. Dureté.

Lorsqu'on expose les métaux à l'action de la chaleur, il se produit des effets qui varient avec la nature du métal et le degré de température. Quelques-uns d'entre eux peuvent être fondus au-dessous du rouge, d'autres exigent une température plus élevée; il en est quelques-uns qui ne peuvent entrer en fusion qu'à la température des feux Action de la chaleur sur les métaux.

de forge ; enfin plusieurs ne cèdent qu'à la température qui est produite par l'oxygène pur et le charbon, ou par l'oxygène et l'hydrogène. Enfin il en est qui, jusqu'à présent, ont toujours résisté aux plus hautes températures que l'on puisse produire, et qui, pour cette raison, portent le nom de métaux *infusibles*. Nous avons, dans le tableau suivant, réuni les propriétés physiques principales des métaux, telles que la densité, la couleur et le degré de fusibilité.

NOMS DES MÉTAUX.	COULEUR.	Densité.	Fusibilité en degrés du thermomètre centigrade et du pyromètre de Wedgwood.
Magnésium.	Gris de fer.		
Calcium ...	Blanc.		
Strontium..	*Id.*		
Barium	*Id.*		
Potassium..	Blanc grisâtre.	0,865	58° centigrades.
Sodium	*Id.*	0,972	90° *Id.*
Manganèse..	*Id.*	8,013	160° du pyromètre.
Zinc.......	Blanc bleuâtre.	6,681	374° centigrades.
Fer.	Gris bleuâtre.	7,788	130° du pyromètre et 1500 centigrades, d'après M. Pouillet.
Etain	Blanc argentin.	7,291	230° centigrades.
Cadmium...	*Id.*	8,604	Plus fusible que le zinc.
Aluminium.	*Id.*		Infusible à la température qui fond la fonte.
Chrome....	Blanc grisâtre	5,900	Presque infusible.
Antimoine..	Blanc bleuâtre.	6,702	432° cent. Pouillet.
Bismuth....	Blanc jaunâtre.	9,822	256° cent. Pouillet.
Cobalt.	Blanc argentin.	8,538	125° du pyromètre.
Plomb.....	Blanc gris-bleu.	11,345	334° cent. Pouillet.
Cuivre	Jaune rougeâtre.	8,878	27° du pyromètre et près de 1150° cent.
Nickel	Blanc argentin.	8,279	160° du pyromètre.
Mercure....	*Id.*	13,568	39° au-dessous de zéro.
Argent.....	Blanc éclatant.	10,477	20° du pyromètre et 1000° cent. Pouillet.
Or.........	Jaune.	19,257	32° du pyromètre et 1250° cent. Pouillet.
Platine.....	Blanc argentin.	21,53	Presque infusible
Palladium..	*Id.*	11,3	*Id.*
Rhodium...	Blanc grisâtre.	11	Infusible.
Iridium....	Blanc argentin.	18,64	Presque infusible.

Plusieurs métaux peuvent, lorsqu'ils ont été fondus, être réduits en vapeurs par une nouvelle augmentation de température : le mercure, le potassium, le sodium, le tellure et le cadmium sont dans ce cas. Lorsque les métaux sont fondus, ils peuvent, par le refroidissement, cristalliser et prendre des formes régulières. Pour obtenir des cristaux, il faut, aussitôt que le métal commence à se solidifier, percer la croûte qui se forme à sa surface, et décanter rapidement les parties intérieures qui sont encore liquides. Les métaux les plus fusibles, tels que le plomb, l'étain, et surtout le bismuth, sont ceux qui se prêtent le mieux à cette opération, et qui donnent les plus beaux cristaux.

Volatilisation et cristallisation de certains métaux.

Les métaux sont tous bons conducteurs de l'électricité ; ce fluide ne leur fait éprouver aucune altération, tant que leur surface suffit à son écoulement ; mais, quand le contraire arrive, l'électricité les pénètre, les échauffe, les fait rougir, et peut enfin en opérer la fusion et même la volatilisation.

Action de l'électricité.

Le fer, le cobalt et le nickel sont les seuls métaux attirables à l'aimant ; le fer possède cette propriété à un plus haut degré que le nickel, qui lui-même est plus magnétique que le cobalt. Cette propriété se retrouve dans quelques-unes des combinaisons de ces corps, mais à un degré généralement plus faible.

Action du magnétisme.

L'air sec et l'oxygène desséché n'ont d'action, à la température ordinaire, que sur les métaux qui ont beaucoup d'affinité pour ce dernier gaz : le potassium est dans ce cas ; il en est de même du sodium, du barium, du strontium, du lithium et du calcium. Les autres métaux ne s'oxydent pas dans cette circonstance ; mais si l'on vient à les chauf-

Propriétés chimiques des métaux. Action de l'oxygène sec et humide.

fer à une température convenable, ils s'oxyderont tous, à l'exception cependant de l'or, du platine et du palladium. Plusieurs peuvent absorber l'oxygène avec un grand dégagement de chaleur et de lumière; on peut citer, comme se trouvant dans ce cas, les métaux alcalins et terreux, le fer, le zinc, l'étain, etc. Si l'oxygène et l'air sont, au contraire, humides, le calorique n'est plus aussi nécessaire à la production du phénomène de l'oxydation; car un grand nombre de métaux peuvent alors s'oxyder, non-seulement par l'absorption directe de l'oxygène, mais encore par la décomposition de la couche d'eau qui est en contact avec le métal. Cette couche humide, au dire de certains chimistes, favorise l'oxydation en dissolvant une petite quantité d'oxygène, et mettant ce gaz dans un contact plus direct avec le métal. Les métaux peuvent s'unir à l'oxygène en plusieurs proportions, et former un ou plusieurs oxydes à proportions définies. Ceux qui, d'après la théorie de M. Berzelius, sont électro-négatifs, tels que le tungstène, l'antimoine, le molybdène, peuvent en outre donner naissance à de véritables composés acides.

Si nous considérons maintenant les métalloïdes, nous *Action des métalloïdes.* verrons que le phosphore, le soufre, le chlore, le brome, sont ceux qui se combinent le plus facilement avec les métaux après l'oxygène. L'hydrogène n'a été combiné qu'avec le potassium (des chimistes contestent ce fait); le bore n'a été uni qu'au fer et au platine; le silicium ne forme, jusqu'à présent, de combinaisons qu'avec le fer, le potassium, le platine et l'argent; le carbone ne s'unit qu'avec le fer et quelques autres métaux, tels que le potassium, le sodium, le manganèse, etc. Enfin l'azote n'exerce aucune action sur les métaux, et ne peut se combiner avec quelques-uns d'entre eux, comme le potassium, le sodium, le fer et le cuivre, que par des moyens indirects. En général, les hydrures, les borures, les siliciures, les carbures et les azotures métalliques offrent peu d'intérêt ; aussi ne ferons-nous souvent, dans cet ouvrage, que les citer.

Les métaux, considérés les uns par rapport aux autres, peuvent se combiner entre eux dans des proportions très-nombreuses, qui peuvent varier avec la volonté de l'opérateur. C'est à ces combinaisons, faites en vertu d'affinités très-faibles, qu'on donne le nom d'alliages. Plusieurs chimistes pensent que ces alliages sont des mélanges, et non des combinaisons : nous examinerons plus tard cette opinion. Quand l'alliage contient du mercure, il porte plus particulièrement le nom d'*amalgame*. Alliages.

Les *oxacides* ne peuvent se combiner avec les métaux, qu'autant que ceux-ci se trouvent à certains degrés d'oxydation. C'est ce que l'étude des oxydes en particulier nous démontrera clairement. L'acide azotique peut être décomposé par un grand nombre de métaux, soit à chaud, soit à froid ; le résultat de cette décomposition est la formation d'un oxyde qui reste isolé ou qui se combine avec une portion d'acide non décomposée pour former un azotate ; la réaction est toujours accompagnée d'un dégagement de bioxyde d'azote, qui absorbe l'oxygène de l'air et donne lieu à des vapeurs rutilantes d'acide hypoazotique. Les *hydracides* ne peuvent oxyder les métaux, puisqu'ils ne contiennent pas d'oxygène ; mais lorsqu'on les chauffe avec certains corps métalliques, ils se décomposent, perdent leur hydrogène, et donnent lieu à la formation d'un composé binaire, par suite de la combinaison de leur radical avec le métal. Le même effet peut se produire en présence de Action des
acides.

l'eau : le métal s'unit au radical de l'hydracide et fait dégager l'hydrogène.

Les métaux sont insolubles dans l'eau ; mais il en est plusieurs qui peuvent la décomposer, soit à la température ordinaire (potassium, sodium, barium, strontium, calcium, etc.), soit à une température élevée (fer, zinc, manganèse, etc.). Dans tous les cas il y a oxydation du métal et dégagement d'hydrogène. Les métaux qui ne peuvent décomposer l'eau qu'à une température rouge, deviennent capables de le faire à une température ordinaire, en présence d'un puissant oxacide comme l'acide sulfurique. On a vu que cette propriété avait été mise à profit dans la préparation du gaz hydrogène : c'est qu'alors il y a une double influence qui tend à déterminer la réaction ; d'abord la tendance du métal à décomposer l'eau, puis celle très-puissante de l'acide sur l'oxyde métallique qui tend à se former. Plus nous avancerons dans l'étude de la Chimie, plus nous verrons des phénomènes analogues se produire et être utilisés par le chimiste pour donner naissance à des corps qu'il lui aurait été impossible de produire, s'il s'était contenté de faire naître une simple réaction.

La classification des métaux est une chose très-importante, capable de simplifier l'étude de la Chimie. Nous allons donner celle de M. Thenard, qui est généralement adoptée par les savants. Ce célèbre chimiste a classé les métaux d'après leur affinité pour l'oxygène et l'action qu'ils exercent sur l'eau, soit à froid, soit à chaud. Voici le tableau de cette classification, un peu modifiée d'après des expériences entreprises, dans ces dernières années, par un jeune et habile chimiste, dont nous citerons plusieurs fois le nom.

1re SECTION.	2e SECTION.	3e SECTION.	4e SECTION.	5e SECTION.	6e SECTION.
Potassium.	Magnésium.	Manganèse.	Glucinium.	Mercure.	Or.
Sodium.	Ytrium.	Fer.	Molybdène.	Rhodium.	Platine.
Lithium.	Aluminium.	Zinc.	Chrome	Iridium.	Palladium.
Barium.		Étain.	Vanadium.	Argent.	
Strontium.		Cadmium.	Tungstène.		
Calcium.		Cobalt.	Colombium.		
		Nickel .	Antimoine.		
			Titane.		
			Urane.		
			Cérium.		
			Bismuth.		
			Cuivre.		
			Plomb.		
			Osmium.		

La première section comprend les métaux qui absorbent l'oxygène à toutes les températures, et décomposent l'eau subitement à la température ordinaire en s'emparant de l'oxygène et dégageant l'hydrogène avec effervescence. On leur donne généralement le nom de *métaux alcalins,* parce que leurs oxydes sont appelés *alcalis :* ces oxydes sont irréductibles par le charbon.

La deuxième section renferme les métaux qui absorbent l'oxygène à la température la plus élevée, mais qui ne décomposent l'eau qu'à la température de 100°. On les appelle *métaux terreux,* parce que leurs oxydes, qui sont difficiles à réduire, sont connus sous le nom de *terres.*

Dans la troisième section, on place les métaux qui peuvent absorber l'oxygène à une température élevée, mais qui ne décomposent l'eau qu'au degré de la chaleur rouge. Leurs oxydes sont irréductibles par la chaleur seule, et réductibles par le charbon.

La quatrième section est formée des métaux qui peuvent absorber l'oxygène à la température la plus élevée, mais qui ne décomposent l'eau ni à chaud ni à froid. Les sept premiers corps, après le glucinium, peuvent former des acides en se combinant à l'oxygène.

Dans la cinquième section, on range les métaux qui ne peuvent décomposer l'eau à aucune température, et qui ne peuvent absorber l'oxygène qu'à un certain degré de chaleur, au-dessus duquel leurs oxydes se réduisent.

Enfin, la sixième et dernière section comprend les métaux qui ne peuvent absorber le gaz oxygène et décomposer l'eau à aucune température, et dont les oxydes, que l'on ne peut former qu'indirectement, se décomposent au-dessous de la chaleur rouge.

ÉTUDE PARTICULIÈRE DES MÉTAUX PRINCIPAUX.

MÉTAUX DE LA PREMIÈRE SECTION, OU MÉTAUX ALCALINS.

Ces métaux, au nombre de six, forment, unis à l'oxygène, des oxydes connus sous le nom d'*alcalis*.

Péndant longtemps la nature des alcalis était restée inconnue aux chimistes les plus distingués. En examinant avec attention le rôle qu'ils jouaient par rapport aux acides, absolument le même que celui du protoxyde de plomb, de l'oxyde d'argent, etc., Davy, célèbre chimiste anglais, soupçonna la véritable composition des alcalis; mais ce ne fut qu'en 1807 que cet homme de génie put parvenir à décomposer ces alcalis et en retirer des métaux.

Potassium.

Le potassium se rencontre dans la nature, uni au chlore, au brome, à l'iode, et surtout à l'état d'oxyde, combiné aux acides sulfurique, azotique, carbonique, etc. Davy, le premier, parvint à extraire le potassium de l'alcali connu sous le nom de *potasse*, en le soumettant à l'action de la pile de Volta, avec laquelle on commençait alors à faire un grand nombre d'expériences. Pour que l'opération réussisse, il faut prendre un morceau de potasse dans lequel on creuse une cavité que l'on remplit de mercure ; on place ce fragment sur un disque métallique attaché au pôle positif d'une pile galvanique de 200 paires, puis on fait communiquer le pôle négatif avec le mercure. Lorsque l'expérience est en activité, l'eau et la potasse (protoxyde de potassium) sont décomposés ; l'oxygène de ces deux corps se porte au pôle positif, tandis que l'hydrogène de l'eau et le potassium de l'alcali sont attirés au pôle négatif. L'hydrogène se dégage ; mais le potassium, à mesure qu'il se produit, se combine avec le mercure qui en contient bientôt assez pour se solidifier. Alors on le verse dans de l'huile de pétrole rectifiée, on remplit la cavité d'une nouvelle quantité de mercure, et l'on recommence ainsi plusieurs fois de suite. On sépare le potassium du mercure, en distillant cet amalgame à une chaleur modérée, dans une cornue remplie d'huile de naphte. On se sert de cette huile, afin d'empêcher l'oxydation du potassium. Celui-ci reste dans la cornue, tandis que le mercure et l'huile se volatilisent.

Ce procédé ne fournit que de très-petites quantités de potassium ; aussi est-il complétement abandonné, depuis que MM. Gay-Lussac et Thenard ont découvert que l'on pouvait décomposer la potasse par le fer à une haute température. Sa décomposition s'exécute dans un canon de fer, décapé intérieurement avec du sable, et recourbé

Procédé de MM. Gay-Lussac et Thenard.

I.　　　　　　　　　　　　9

comme l'indique la *fig.* 25, qui représente l'appareil. Ce tube, dans sa partie courbe, traverse le laboratoire d'un fourneau à réverbère, dont le feu peut être activé par le moyen d'un soufflet ; il communique avec une allonge en cuivre A où le potassium va se condenser, et, de l'autre côté, avec un tube recourbé B plongeant dans une éprouvette remplie d'eau. Le tube, après avoir été décapé, est rempli de tournure de fer de M jusqu'à N, et de fragments de potasse depuis N jusqu'à P. Tout étant disposé, on fait rougir la portion recourbée du canon, en ayant soin d'entourer de linges mouillés la partie de ce tube qui contient la potasse, pour empêcher celle-ci d'entrer en fusion. Lorsque le canon est incandescent, on enlève les linges mouillés qui entourent la partie extérieure de ce tube, et l'on fait fondre une partie de la potasse au moyen de charbons rouges que l'on place au-dessous de NP par le moyen d'une grille ; mais il faut avoir soin, pour ne pas obstruer le tube, de commencer par les portions les plus rapprochées du fourneau. Lorsque la potasse est en contact avec le fer, elle se décompose : le fer s'empare de l'oxygène pour former de l'oxyde de fer, et le potassium, mis en liberté, se volatilise et vient se rendre dans l'allonge en cuivre où il se condense. Mais comme la potasse contient de l'eau, celle-ci se décompose également en oxygène qui se fixe sur le fer, et en hydrogène qui se dégage du côté de l'allonge. Le dégagement rapide de ce gaz est un signe certain que l'opération marche bien : s'il venait à sortir par l'extrémité supérieure du canon, cela préviendrait l'opérateur de l'engorgement du tube et lui indiquerait la nécessité d'élever la température. Quand l'opération est terminée, le potassium se trouve condensé dans l'allonge ; il faut alors le retirer et le conserver dans un flacon rempli d'huile de pétrole rectifiée.

M. Brunner, professeur de chimie à Berne, a fait connaître, il y a seulement quelques années, un autre procédé plus avantageux encore, en ce qu'il est moins long et moins dispendieux. Il traite à une haute température, dans une cornue en terre bien lutée, le carbonate de potasse par le charbon. Le potassium se volatilise et vient se condenser dans un flacon contenant de l'huile de pétrole rectifiée.

Il semblerait résulter du procédé de MM. Gay-Lussac et Thenard, et de celui de M. Brunner, que le fer et le charbon ont une affinité plus grande pour l'oxygène que le potassium ; ce fait semble assez contradictoire, puisque le potassium décompose à son tour l'oxyde de fer et l'acide carbonique. Mais remarquons que, dans les deux procédés, on opère à des températures très-élevées, auxquelles le charbon et le fer sont fixes, tandis que le potassium est gazeux, et que les affinités des corps sont, comme nous l'avons dit dans les préliminaires et comme d'ailleurs nous le reconnaîtrons dans une foule de circonstances, modifiées par la température et par l'état des corps.

Le potassium est solide à la température ordinaire, d'un éclat argentin, très-brillant lorsqu'il vient d'être coupé, mais perdant avec facilité cet éclat par l'absorption rapide de l'oxygène de l'air ; il est ductile, plus mou que la cire, d'une densité de 0,865. Quand on le chauffe dans de l'huile de naphte ou de pétrole, il fond à 58° : exposé à l'action de la chaleur rouge obscure, dans une cloche pleine de gaz azote, il se volatilise en formant des vapeurs vertes.

L'air, à la température ordinaire, l'oxyde promptement ;

mais, comme il n'y a que les couches extérieures du métal
en présence de l'air, elles seules sont oxydées. L'absorption de l'oxygène est bien plus grande à chaud qu'à froid:
à peine le métal est-il fondu à l'air libre, qu'il s'enflamme
et se transforme en peroxyde de potassium. Ce métal se
comporte de la même manière avec l'oxygène, mais l'action est plus vive. C'est cette grande affinité du potassium
pour l'oxygène qui force les chimistes de le conserver dans
de l'huile de pétrole ou de naphte rectifiée, composés qui
ne contiennent pas d'oxygène.

L'action la plus remarquable de ce métal, c'est celle
qu'il exerce sur l'eau à la température ordinaire : il la décompose, s'approprie son oxygène, et met l'hydrogène en
liberté. Mais comme la réaction est prompte, énergique, la
chaleur dégagée est très-grande et assez forte pour faire rougir
le métal et enflammer l'hydrogène à mesure qu'il se dégage.
Afin d'éviter les dangers, il faut faire l'expérience dans un
vase ou dans un flacon à large goulot ; on voit alors le glo-
bule de potassium en feu parcourir la surface du liquide
en touchant la surface du vase ; mais bientôt il éclate, et
il brûlerait inévitablement l'opérateur, si l'expérience n'é-
tait pas disposée comme il a été dit. La potasse, à mesure
qu'elle se forme, se dissout dans l'eau ; elle peut être rendue manifeste, en versant dans le flacon quelques gouttes
de teinture de tournesol rougie par un acide ; à l'instant
elle redevient bleue.

Sodium.

Ce métal a beaucoup d'analogie avec le précédent, tant
par ses propriétés physiques que par ses propriétés chimiques. Davy l'a découvert, à la même époque que le po-

tassium, dans l'alcali que l'on désignait sous le nom de *soude*, et dont actuellement la dénomination scientifique est *protoxyde de sodium*. On peut obtenir ce métal par des procédés analogues à ceux que l'on met en usage dans la préparation du potassium; mais la décomposition de l'hydrate de soude est plus difficile et exige une tension électrique plus grande, ou une température plus élevée.

Le sodium ressemble beaucoup au potassium; il est presque aussi mou et aussi ductile que la cire, d'une couleur blanc bleuâtre avec un grand éclat métallique; sa densité est de 0,972; il fond à 90°, et ne se volatilise qu'au-dessus du rouge. Ce métal agit sur l'air et sur l'eau avec presque autant de force que le potassium; cependant quand il est en contact avec l'eau, la réaction n'est pas alors assez vive et assez énergique pour faire naître une température capable d'enflammer l'hydrogène qui se dégage.

Lithium, barium, strontium, calcium.

Ces quatre métaux peuvent s'obtenir, comme les précédents, en soumettant à la pile les alcalis qui les contiennent. Le lithium est le radical de la lithine qui se trouve dans quelques pierres, comme la pétalite et la tourmaline verte. C'est un métal qui offre peu d'intérêt.

La baryte se trouve abondamment dans la nature, unie aux acides carbonique et sulfurique. Le métal qu'on retire de cet alcali par la pile est d'un blanc argentin, très-ductile, légèrement malléable, absorbant l'oxygène avec rapidité à la température ordinaire, et s'oxydant vivement dans l'eau. Ce métal est le barium, dont l'histoire comme radical est peu connue. Mais les combinaisons qu'il forme ont été mieux étudiées et offrent une propriété générale: c'est de jouer presque toujours le même rôle que les combinaisons analogues du strontium. Aussi les chimistes ont-ils fait un groupe du barium et du strontium, comme ils en avaient fait un du potassium et du sodium.

Strontium. Le strontium est le radical de la strontiane; c'est un métal blanc, plus pesant que l'acide sulfurique, absorbant rapidement l'oxygène de l'air et capable de décomposer l'eau à la température ordinaire.

Calcium. Le calcium, radical de la chaux, est un métal qui par lui-même offre peu d'intérêt; il a été obtenu en si petite quantité par Davy, qu'on ne le connaît que fort peu : tout ce qu'on sait sur lui, c'est sa ressemblance avec le barium et le strontium.

MÉTAUX DE LA DEUXIÈME SECTION.

Les métaux de la deuxième section sont les radicaux des oxydes connus sous le nom de *terres*, et desquels il est difficile de les retirer.

Ces métaux, au nombre de trois, peuvent s'obtenir en quantité sensible, en traitant les chlorures de ces métaux par le potassium. L'expérience peut se faire dans un tube de verre fermé; on met le potassium en globules et le chlorure au-dessus, puis on chauffe le tube au rouge : le potassium se volatilise, se substitue au métal radical du chlorure, et donne lieu à la formation de chlorure de potassium; tandis que le métal terreux, mis en liberté, peut être obtenu en lavant la masse avec de l'eau froide. Cette eau dissout le chlorure de potassium, et laisse le métal en globules brillants ou en poudre luisante.

Magnésium. Le magnésium obtenu par ce procédé est solide, blanc argentin, plus pesant que l'eau, dur, cependant attaquable à la lime et assez malléable pour être forgé. Rappelons qu'il est sans action sur l'air et sur l'eau à la température ordinaire. Ce métal peut, comme ceux de la première section, s'obtenir par la pile.

L'yttrium est un métal en poussière luisante, parsemée *Yttrium.* d'écailles d'un gris-noir, douées d'éclat métallique, et dont la densité est plus grande que celle de l'eau.

C'est le premier des métaux terreux qui a été isolé par *Aluminium.* le procédé indiqué plus haut, et qui est dû à un chimiste allemand, M. Wöhler. Ce métal se présente sous forme d'une poudre grise, qui se transforme, par la trituration, en paillettes métalliques ayant la couleur et l'éclat de l'étain. Chauffé au rouge dans l'air ou l'oxygène, il prend feu et brille avec beaucoup d'éclat en se transformant en alumine; il est sans action sur l'eau à la température ordinaire et décompose lentement ce liquide à 100°.

MÉTAUX DE LA TROISIÈME SECTION.

Les métaux de cette section ont pour caractère principal d'absorber l'oxygène aux plus hautes températures, et de décomposer l'eau à la température rouge.

Manganèse et fer.

Ces deux métaux, sous un point de vue chimique, doivent former un groupe, car leurs combinaisons ont à peu près des propriétés identiques.

Le manganèse offre par lui-même peu d'intérêt; car il *Manganèse.* ne s'obtient que difficilement, et n'a d'ailleurs aucun usage dans les arts. Pour extraire ce métal, on traite par le charbon le bioxyde de manganèse. On fait une pâte avec cet oxyde, de l'huile et du noir de fumée; on place cette pâte dans un creuset brasqué, puis on lute ce creuset avec son couvercle, et on l'expose pendant une heure à la plus haute température que l'on puisse produire dans un fourneau de forge, à l'aide d'un soufflet. A cette température, le bioxyde est décomposé par le charbon, voyez *fig.* 26, qui s'empare de son oxygène pour passer à l'état d'oxyde de carbone : le métal entre en fusion, et forme un culot brillant que l'on trouve au fond du creuset.

Le manganèse est d'un gris blanc, d'une texture grenue, très-cassant, très-dur, mais cependant attaquable à la lime. L'air et l'oxygène secs sont sans action sur lui à la température ordinaire; lorsqu'ils sont humides, ils le ternissent et le transforment en oxyde. A une température élevée, son oxydation est prompte. Il décompose l'eau peu à peu à la température ordinaire, surtout lorsqu'il est pulvérisé; mais cette décomposition est rapide à la température rouge.

Fer.

Le fer est, sans aucun doute, le plus commun et en même temps le plus utile des métaux; aussi ne faut-il pas s'étonner s'il a été connu dès la plus haute antiquité; mais les peuples civilisés et industrieux surent seuls l'exploiter et s'en servir. La nature nous le présente sous quatre états : 1° à l'état natif dans des filons enveloppés d'oxyde, ou bien en masses plus ou moins considérables; 2° à l'état d'oxyde; 3° sous celui de sulfure; 4° enfin à l'état de sel.

Extraction. Les procédés de fabrication du fer varient selon la nature du minerai. Ceux que l'on emploie sont : l'oxyde, que l'on rencontre dans presque tous les pays, le carbonate et le silicate, que l'on calcine avec le charbon à une haute

température. Les minerais, considérés sous le rapport mé-
tallurgique, peuvent être divisés en deux classes : les minerais terreux et les minerais en roches. Les minerais terreux, avant d'être traités dans les fourneaux, sont bocar-
dés et lavés sous un courant d'eau ; les minerais en roches
n'exigent ni bocardage ni lavage ; mais il est nécessaire
de les griller, opération qui s'exécute, soit à l'air libre en
les mettant en tas avec du bois et de la houille, soit dans
des fours carrés en cônes renversés.

Les minerais ayant été préparés comme il vient d'être
indiqué, sont traités à une haute température par le charbon, dans de grands fourneaux appelés technologique-
ment, *hauts-fourneaux*. Les *fig.* 27 et 28 représentent
deux coupes verticales de ceux qui généralement sont employés aujourd'hui en France, où l'industrie du fer a pris
de grands développements depuis quelques années. Les
fig. 29 et 30 en sont deux coupes horizontales. Ces appareils ont une hauteur qui varie depuis 7 mètres jusqu'à 20,
et sont formés de deux cônes tronqués réunis base à base.
L'extrémité rétrécie A du cône inférieur communique avec
une cavité B qui forme creuset, et où la matière fondue
se réunit. Au-dessus de ce creuset, trois ouvertures sont
pratiquées : deux sur les parois latérales du fourneau, et
qui sont destinées à recevoir les tuyaux de deux machines soufflantes, mues par un courant d'eau ou une machine à vapeur ; l'une de ces ouvertures est représentée en C
dans les *fig.* 27 et 30. La troisième ouverture D se trouve
pratiquée à la naissance du creuset, sur la paroi antérieure du
fourneau, et sert d'écoulement aux matières fusibles qui surnagent la fonte, et qui sont connues sous le nom de *laitier*
dans les usines. Les hauts-fourneaux se chargent par la

Réduction
de la mine
par le
charbon.

partie supérieure E, désignée sous le nom de *gueulard*. On
commence d'abord par les remplir de charbon de bois ou
de houille ; puis, lorsque leur température est très-élevée,
on les entretient constamment pleins , en jetant alternativement de la mine, du charbon , et ordinairement d'une
certaine quantité de *fondant* destiné à faciliter la fusion
des matières étrangères qui font partie des minerais. Ce
fondant est composé de carbonate de chaux ou *castine*
lorsque la mine est très-siliceuse ou alumineuse ; il est, au
contraire, formé d'argile , ou *erbue*, en terme de métier,
lorsque la terre calcaire domine dans le minerai. Par l'action de la chaleur, activée fortement par les deux soufflets ou machines soufflantes, la mine éprouve une profonde altération. D'abord l'alumine, la silice, la chaux,
et les silicates de fer, de manganèse et de magnésie qui entrent dans la mine, s'unissent ensemble et au fondant,
pour former le laitier, qui apparaît à la surface du bain
liquide sous forme d'une masse vitreuse, et dont l'écoulement est facilité en remuant la masse en fusion avec de
grands ringards en fer. Un ouvrier placé devant l'ouverture
antérieure du fourneau , est chargé de ce soin pénible,
mais très-important pour la qualité des produits. L'oxyde
de fer de la mine se trouve donc isolé des autres corps qui
l'accompagnaient. Voici, d'après M. l'ingénieur Le Play,
comment la réduction de cet oxyde a lieu. D'abord l'air
des soufflets se transforme en oxyde de carbone qui, traversant une couche d'oxyde de fer fortement chauffée, se
transforme en acide carbonique, par la réduction de
l'oxyde. Cet acide carbonique redevient oxyde de carbone
par son contact avec la couche de charbon suivante, etc.
On explique ainsi la nécessité de mettre la mine par cou-

ches. Le fer, dès qu'il est mis en liberté, se combine au charbon, et forme un composé fusible que l'on connaît sous le nom de fonte. Le laitier, dans le cours de l'opération, recouvre la fonte et la préserve de l'oxydation, chose nécessaire pour qu'il ne se régénère pas de l'oxyde de fer. Quand le creuset est plein de fonte, les ouvriers débouchent, avec un ringard, une ouverture qui se trouve à sa partie inférieure, et qui a été tenue bouchée avec de l'argile. La fonte s'écoule aussitôt : elle est reçue dans des poêlons en fer d'une assez grande dimension, que tiennent les ouvriers, et ils la coulent dans les châssis où se trouvent moulées des pièces ; ou bien la fonte va se rendre dans des sillons enduits de sable et creusés dans le sol de la fonderie : là elle se solidifie sous la forme d'un prisme triangulaire que l'on connaît dans les arts sous le nom de *gueuse*.

Cette opération a pour but de brûler la plus grande partie des substances étrangères au fer, et d'obtenir celui-ci à peu près pur. Le procédé par le charbon de bois diffère de celui mis en pratique quand on emploie comme combustible le coke. Dans le premier procédé, le fourneau s'appelle *foyer d'affinerie*, et ressemble, quant à l'apparence, à une forge de serrurier, mais abaissée. Cette forge se compose d'une aire assez large et d'un foyer dont les bords sont à fleur de l'aire, et où le vent est amené par de forts soufflets. Le foyer, qui forme creuset, est brasqué avec un mélange bien battu d'argile et de charbon de bois pulvérisé. On commence d'abord par remplir ce creuset de charbon, puis on place la mine au milieu de ce charbon, qui doit l'entourer de tous côtés. Cela fait, on allume le feu, et on l'active à l'aide des soufflets. Par l'élévation de température, la fonte entre en fusion, et se

Affinage de la fonte.

trouve peu à peu purifiée du carbone, du silicium, du manganèse et du phosphore qu'elle peut contenir. L'oxygène de l'air brûle le premier en se transformant en oxyde de carbone ; quant aux autres substances, elles sont aussi oxydées, et elles se réunissent pour former des scories qui surnagent le bain, et qu'un ouvrier fait écouler avec un ringard de fer : le bain fondu est constamment remué, afin de donner accès à l'air, renouveler les surfaces, et mettre le fer en liberté. A mesure que l'affinage s'opère, la masse devient pâteuse et grumeuse ; alors un ouvrier rassemble ces grumeaux en boules appelées *loupes,* que l'on soumet ensuite sur une enclume à l'action de forts marteaux. Cette opération a pour but d'en expulser les dernières portions de laitier, et de rapprocher les molécules du fer ; c'est ce que l'on appelle *cingler la loupe.* Cela fait, on réchauffe le fer, et on le forge en grosses barres, en le frappant avec un énorme marteau appelé *martinet,* et que l'on met en mouvement par l'eau ou par une machine à vapeur.

Le fourneau n'a plus la même forme, quand le combustible est du coke. Il présente une voûte au-dessous de laquelle se trouve un foyer, qui est séparé, par un petit mur en brique, d'une cavité recouverte d'une plaque de fonte et de sable infusible. A l'extrémité opposée au foyer, se trouve une longue cheminée pyramidale. Quand le four est porté au rouge, on y introduit la gueuse ; et, dès que celle-ci commence à fondre, un ouvrier la brasse pour en renouveler les surfaces. La cheminée détermine un tirage, et donne lieu à un courant d'air qui, en passant sur la fonte en fusion, ne tarde pas à en brûler le carbone et les autres matières étrangères au fer, et à la rendre propre à être loupée, cinglée et travaillée au martinet. Dans quelques usines, au lieu de marteler la loupe pour en faire sortir le laitier encore restant, on la fait passer au laminoir afin de la dégrossir, puis entre des cylindres cannelés qui font prendre au métal la forme de cylindres de toutes dimensions.

Dans les Pyrénées, le pays de Foix, la Catalogne, on réduit le carbonate de fer et l'oxyde de fer sans faire passer ces minerais à l'état de fonte. Le fourneau, qu'on appelle renardière, est peu profond; il est d'abord rempli de charbon sur lequel on met la mine; l'air des soufflets arrive sur le charbon, s'y transforme en oxyde de carbone, qui lui-même passe à l'état d'acide carbonique en présence de l'oxyde de fer : celui-ci étant réduit, donne une matière qui, après avoir été chauffée, travaillée et dépouillée du laitier, peut former des loupes que l'on forge comme celles que l'on obtient de l'affinage de la fonte. Ce procédé, connu sous le nom de *méthode catalane,* est prompt, économique, et a été grandement prôné depuis quelques années. Il se pratique aussi dans les environs de Grenoble; mais il ne peut être avantageusement employé que lorsque la nature du minerai le permet. *Méthode catalane.*

Le fer est dur, d'une couleur gris bleuâtre, d'une texture fibreuse ou lamelleuse, d'une densité de 7,788. Il est ductile, malléable surtout à chaud, et d'une grande ténacité. C'est le métal usuel le plus difficile à fondre, car il n'entre en fusion qu'à 130° du pyromètre de Wedgwood. On voit que l'aimant l'attire, et qu'il peut acquérir des propriétés magnétiques peu durables quand on le frictionne avec un aimant, ou quand, sous un angle de 70°, on le met dans le méridien magnétique. L'oxygène sec est sans action sur lui; mais en présence de l'humidité, il *Propriétés du fer.*

peut s'y combiner et donner naissance à un oxyde. A chaud,
la combinaison (*voy*. Oxygène) est des plus vives, et se
fait avec dégagement de calorique et formation d'étincelles brillantes. Il suffit même, pour s'en convaincre,
d'observer ce qui se passe quand le fer chauffé est porté
sur l'enclume par les forgerons ; il s'en détache alors des
parcelles qui traversent l'air sous forme d'aigrettes lumi-
neuses très-vives et très-brillantes, et qui, après leur refroidissement, donnent un oxyde noir de fer.

L'eau pure, privée d'air par l'ébullition, est tout à fait
sans action sur le fer ; mais si elle contient de l'air, le
métal s'y oxyde lentement, soit par l'absorption directe
de l'oxygène en solution, soit par la décomposition lente
de l'eau. A une température rouge, la décomposition de
l'eau est facile, et donne pour résultat un dégagement d'hydrogène et la formation d'un oxyde de fer noir.

Les qualités du fer sont variables : tantôt le métal est
ductile ; d'autres fois le métal est cassant. Il est toujours
ductile lorsque le minerai est de bonne qualité, tandis qu'il
est souvent cassant lorsque la mine contient des sulfures,
des arséniures et des phosphates. Il y a du fer qui casse à
froid ; c'est celui qui contient un peu de phosphore. Il y
en a qui casse à chaud, ce qui paraît dépendre de ce qu'il
contient un peu de soufre, d'arsenic, de cuivre. Cependant ces derniers ne se cassent qu'au rouge-brun, et peuvent être forgés au rouge-blanc. Outre ces différentes substances, les fers du commerce contiennent toujours un peu de
carbone que l'affinage ne peut leur enlever, et qui peut avoir
de l'influence sur leurs propriétés physiques ; car un chimiste, M. Lassaigne, a constaté que le fer obtenu en ré-
duisant l'oxyde par l'hydrogène ne peut être forgé ni

soudé. Nous croyons, pour compléter l'étude d'un métal si important, qu'il n'est pas inutile de faire connaître, dans un tableau, les résultats d'analyses entreprises par M. Gay-Lussac dans le but de constater la composition des fers que l'on rencontre dans le commerce.

ORIGINE DU FER.	CARBONE sur 1,000.	SILICIUM sur 1,000.	PHOSPHORE sur 1,000.	MANGANÈSE sur 1,000.
Fer de Suède 1re qualité.	0,00293	des traces.	0,00077	des traces.
Id. 2e qualité.	0,00240	0,00025	des traces.	Id.
Fer du Creusot.........	0,00159	des traces.	0,00412	Id.
Fer de Champagne.....	0,00193	0,00015	0,00210	Id.
Fer obtenu avec la vieille ferraille de Paris......	0,00245	0,00020	0,00160	Id.
Fer cassant de la Moselle	0,00144	0,00070	0,00510	Id.

Zinc.

Ce métal est l'un de ceux dont l'origine se cache dans la nuit des temps : cependant il est loin de rendre à l'homme les mêmes services que le fer, dont nous venons de parler avec détail. La nature nous l'offre : 1° à l'état de sulfure, connu sous le nom de *blende* ; 2° à l'état de carbonate, mêlé à du silicate, et formant une mine abondante que l'on désigne sous le nom de *calamine* ; 3° à l'état d'oxyde, combiné à l'oxyde de manganèse, à l'oxyde de fer ou à l'alumine ; 4° enfin à l'état de sel.

Le zinc qu'on emploie dans les arts se retire de la calamine ou carbonate de zinc. Cette mine est calcinée pour en dégager l'acide carbonique ; il ne reste plus alors que l'oxyde de zinc. Cet oxyde est ensuite traité, par le tiers de son poids de charbon, dans des tuyaux placés dans un four sous une légère inclinaison : l'extrémité la plus basse de ces tuyaux est bouchée, tandis que l'extrémité supérieure communique par des tuyaux en fonte avec un bassin contenant de l'eau. A l'aide de la chaleur, l'oxyde est réduit par le charbon, et le zinc mis en liberté se vaporise et vient se rendre dans les tuyaux de fonte où il se condense : de là il s'écoule dans les bassins où il se solidifie sous forme de morceaux irréguliers. On le fond ensuite pour le couler en plaques de 5 à 6 kilogrammes. Ainsi préparé et laminé, le zinc coûte 70 fr. les 100 kilogrammes. Ce métal est employé à la construction des conduits, des baignoires, sert à couvrir les toits, à fabriquer les piles électriques, le cuivre jaune, à préparer le gaz hydrogène, etc. Dans les arts, on s'en sert encore quelquefois pour faire des ustensiles de cuisine ; mais la facilité avec laquelle il est attaqué par les acides, les dissolutions de sel commun, etc., et la propriété vénéneuse des composés qu'il forme, devraient empêcher de préparer des aliments dans ces sortes de vases.

Le zinc est un métal blanc bleuâtre, d'une structure lamelleuse; il est très-ductile, très-malléable, peu dur, facile à réduire en poudre lorsqu'on le fait fondre et qu'on le triture au moment où il se fige. Il entre en fusion au-dessous de la température rouge, et se volatilise au-dessus de cette température. On profite de cette propriété pour purifier le zinc en le distillant dans une cornue de grès lutée, au col de laquelle on adapte un tuyau en terre cuite qui plonge dans une terrine d'eau. La place de ce métal, dans la classification que nous avons adoptée, indique quelle doit être l'action de l'eau et de l'air sur lui. Ce qu'il y a de particulier dans l'action de l'air, c'est que, se

la température est élevée, il brûle avec une fumée blanche
qui se condense peu à peu sous forme de flocons légers.

Étain.

Comme le cadmium a une très-grande ressemblance
avec l'étain, et comme d'ailleurs il n'a pas d'application
dans les arts, son histoire offre peu d'intérêt. Il n'en est pas
de même de l'étain, métal connu des anciens et désigné par
eux sous le nom de *Jupiter*. Il n'existe dans la nature qu'à
l'état d'oxyde et sous celui de sulfure. L'oxyde d'étain naturel fournit presque tout l'étain du commerce. Il y en a
des mines en Angleterre, en Saxe, en Bohême, à Malaga
et à Banca, aux Indes orientales, dans quelques points de
l'Amérique méridionale ; enfin, ce qui n'est pas sans une
grande importance pour la France, on vient d'en découvrir une mine dans le département de la Haute-Vienne,
assez riche pour être exploitée avec profit.

Les minerais de bioxyde d'étain doivent d'abord être
purifiés. S'ils sont enveloppés d'une gangue quartzeuse ou
argileuse, on les bocarde et on les lave ensuite sur des
tables inclinées afin d'en séparer la gangue qui, étant plus
légère que le minerai, est entraînée par l'eau. Quand, au
contraire, la mine contient des sulfures de fer, de cuivre,
on la grille avec soin afin de transformer ces sulfures en
sulfates et en oxydes : les sulfates sont dissous en jetant la
masse dans l'eau ; quant aux oxydes de fer et de cuivre, on
les sépare en lavant de nouveau la mine sur des tables inclinées. Une fois que toutes ces opérations ont été faites,
on traite par le charbon l'oxyde d'étain purifié, dans un
fourneau appelé *fourneau à manche*, et qui a quelque
ressemblance avec celui dont on se sert dans l'affinage

Extraction
de l'étain.

du fer. L'oxyde ne tarde pas à se réduire ; l'étain se rend
alors dans un bassin placé à la partie inférieure et antérieure du fourneau. On enlève les scories, et l'on fait rendre
le métal dans un second bassin maintenu à une température
fixe : là il s'épure, par le repos, des métaux étrangers qu'il
contient, et qui, moins fusibles que lui, tendent à se solidifier et à s'en séparer. C'est alors qu'on le coule en lingots
pour être livré au commerce.

Propriétés physiques et chimiques de l'étain. L'étain est d'un blanc argentin très-brillant, d'une densité à peu près la même que celle du zinc, et qui est 7,291 ;
quand on le plie, il fait entendre un petit bruit que l'on désigne sous le nom de *cri d'étain*, et qui est le même que
celui produit par le cadmium dans les mêmes circonstances.
L'étain se réduit facilement en lames minces, quoique sa
ductilité soit très-imparfaite ; il entre en fusion à 228°, n'est
pas volatil et peut cristalliser par le refroidissement en
prismes rhomboïdaux. L'air et l'oxygène, secs ou humides,
ont peu d'action sur lui à la température ordinaire ; mais
lorsqu'il est fondu, il absorbe l'oxygène et se recouvre d'une
pellicule grisâtre que l'on appelle vulgairement la *crasse*
de l'étain, et qui n'est autre chose que du bioxyde mêlé
à un peu de métal ; en détournant de temps en temps avec
une spatule la couche d'oxyde qui s'est formée, tout l'é-
tain se transforme en oxyde. A une haute température, l'é-
tain prend feu au contact de l'air et de l'oxygène, absorbe
rapidement ce dernier gaz et se transforme en bioxyde.

Le métal dont nous venons de nous occuper a de nombreux usages dans les arts : il sert particulièrement à façonner des vases et ustensiles de cuisine, qui n'offrent pas les
mêmes dangers que ceux fabriqués avec le zinc. L'eau, à
froid et même à 100°, est sans action sur lui ; ce n'est qu'au

rouge que l'étain parvient à décomposer ce liquide, en s'emparant de son oxygène et mettant l'hydrogène en liberté.

Cobalt, nickel.

Le cobalt et le nickel sont deux métaux qui sont plus rares que les précédents et moins souvent employés dans les arts ; ils seraient complétement inutiles, si le premier ne servait pas à fabriquer une belle couleur bleue qui remplace l'outremer, et si le second, depuis quelques années, n'entrait pas dans la composition de plusieurs alliages en leur donnant des qualités recherchées par les amateurs des pièces fabriquées avec ces alliages.

Le cobalt est solide, dur, cassant, d'une couleur grise avec une nuance un peu rosée, d'une texture granuleuse et serrée. Ce métal est très-difficile à fondre, est magnétique, mais moins cependant que le fer.

Le nickel est aussi un métal magnétique placé, sous ce rapport, entre le fer et le cobalt, et qui a été trouvé dans un minerai considéré longtemps comme une mine cuivreuse. Ce fut Bergman qui parvint, en 1775, à faire distinguer ce métal des autres et à l'extraire. Le nickel est blanc argentin, très-ductile et très-difficile à fondre.

MÉTAUX DE LA QUATRIÈME SECTION.

Le premier et les sept derniers métaux de cette section jouent le rôle d'acides, ou possèdent, d'après la théorie de M. Berzelius, les propriétés électro-négatives ; mais les combinaisons solides formées par ces acides métalliques avec des bases puissantes n'offrent que fort peu d'intérêt : les autres métaux de cette section ne peuvent que former des bases comme ceux des sections précédentes.

La glucine a été longtemps considérée comme une terre
analogue à la magnésie, à l'alumine : aussi avait-on rangé
le glucinium dans la deuxième section ; cette manière de
voir semblait appuyée sur le moyen dont on préparait ce
métal. Ce procédé est absolument semblable à celui employé par M. Völher pour extraire les métaux de la
deuxième section de leurs terres, et qui consiste à traiter
le chlorure du métal par le potassium. Nous ne nous arrê-
terons pas sur les propriétés d'un métal sans importance
dans les arts ; nous passerons de même sous silence l'histoire du molybdène, du vanadium, du tungstène, du colombium, du titane, de l'urane, du cérium et de l'osmium,
afin de pouvoir nous occuper particulièrement des autres
métaux de cette section dont les usages dans les arts sont
très-grands, quoiqu'à des titres divers.

Chrome.

Ce fut Vauquelin qui, en 1797, découvrit le chrome
dans un minerai de plomb connu sous le nom de *plomb
rouge de Sibérie* : il rendit un grand service aux arts, car
ce métal jouit de la propriété remarquable de former, avec
un grand nombre de corps, des composés colorés qui sont
fréquemment employés en peinture avec un grand succès. Le nom qu'il porte (de χρωμα, couleur) rappelle cette
propriété.

Préparation. Pour se procurer du chrome, on calcine à une haute température, et dans un creuset brasqué, un mélange de
protoxyde de chrome et de noir de fumée. Le métal, ainsi
obtenu est d'un blanc grisâtre, dur, cassant, en masse poreuse, moins pesant que l'étain et le zinc, puisque sa densité
est seulement de 5,90.

Antimoine.

L'antimoine est un métal célèbre par ses propriétés médicales, ou du moins par celles qu'il communique à quelques-uns de ses composés. Il est connu depuis longtemps; mais il paraît bien certain aujourd'hui que ce fut Basile Valentin qui, le premier, en fit connaître les propriétés et la préparation. La nature nous l'offre à l'état natif, à l'état d'oxyde mélangé avec de la silice et de l'oxyde de fer, à l'état de sulfure, enfin à l'état d'oxyde mélangé avec le sulfure.

Le sulfure est le minerai dont on retire tout l'antimoine nécessaire aux besoins de la médecine et des arts; on le trouve abondamment en France, dans la Hongrie, la Saxe et plusieurs autres pays. On commence d'abord, pour en extraire l'antimoine, par séparer ce minerai de sa gangue en le plaçant dans des pots de terre percés d'un trou à leur partie inférieure, et que l'on place sur d'autres pots enfoncés en partie dans le sol. En chauffant ces appareils avec du bois, le sulfure entre en fusion, abandonne sa gangue dans les pots supérieurs, et vient se rendre dans ceux qui sont en dessous et qui servent de récipients. Ainsi purifié, on lui donne le nom d'*antimoine cru*.

Quand le sulfure a subi cette première opération, on le réduit en poudre et on le chauffe très-doucement dans un fourneau à réverbère en l'agitant souvent avec un ringard afin de renouveler les surfaces, mais sans que le feu soit assez intense pour faire entrer la masse en fusion. Dans ce grillage, le soufre est en partie brûlé par l'oxygène de l'air qui forme avec lui de l'acide sulfureux, tandis que l'antimoine est transformé en oxyde par de l'oxygène, fourni aussi par l'air. On traite le résidu de l'opération par son poids d'un mélange de tartre (tartrate de potasse) et de nitre (azotate de potasse) dans des creusets de terre. La réaction s'opère, et il en résulte de l'antimoine qui se prend en culot après le refroidissement, et un mélange liquide qui surnage le métal et qui est formé de carbonate et de sulfate de potasse, de sulfures de potassium et d'antimoine; il se forme aussi plusieurs composés volatils, tels que de l'azote, de l'eau, de l'oxyde de carbone, et des oxydes d'azote. La formation des produits solides et gazeux peut facilement s'expliquer en se rappelant que le sulfure, après le grillage, n'est pas complétement transformé en oxyde, et qu'il renferme toujours une certaine quantité de soufre, et en remarquant que les azotate et tartrate de potasse sont représentés dans leur composition par les formules KO,Az^2O^5, $KO,H^4C^8O^5$. L'antimoine obtenu provient tout à la fois de l'oxyde d'antimoine réduit par le carbone de l'acide tartrique, et du sulfure d'antimoine non grillé, dont le soufre est enlevé par une certaine quantité de potassium qui se forme dans l'action du charbon et de l'oxyde de carbone sur la potasse.

L'antimoine obtenu par ce procédé n'est jamais pur et contient presque toujours du plomb, du fer, du soufre et de l'arsenic : pour le purifier de ces métaux, il faut le brûler avec du nitre, en projetant par petites portions le mélange pulvérisé dans un creuset rougi au feu, chauffé même jusqu'au blanc. Le métal ainsi obtenu est à peu près pur.

L'antimoine est un métal blanc bleuâtre, très-cassant, d'une structure lamelleuse, d'une densité spécifique de 7,702. Frotté entre les mains, il leur communique une odeur sensible; chauffé, il fond vers 420°; ne se volatilise pas, et peut cristalliser en octaèdres. Si le refroidissement se fait peu à peu, on voit, phénomène singulier, une cristallisation qui ressemble aux feuilles de fougère à la surface du métal solidifié.

Il est facile de prévoir l'action de l'air et de l'oxygène sur l'antimoine ; ces deux gaz ont peu d'action sur lui, lors même qu'ils sont humides. Cependant à la longue le métal se ternit à leur contact. A une température rouge, l'oxygène est absorbé par l'antimoine, qui se transforme en un oxyde très-blanc ; cette oxydation a toujours lieu avec un grand dégagement de chaleur et de lumière. On peut mettre ce fait hors de doute par une expérience assez curieuse, qui consiste à faire fondre de l'antimoine et à le verser de $1^{m},50$ à 2^{m} de hauteur sur le carreau. L'antimoine se divise en une foule de petits globules qui traversent l'air comme une pluie de feu, divergent de tous côtés et absorbent l'oxygène en se transformant en protoxyde, qui se répand dans l'air sous forme d'une épaisse fumée blanche. L'antimoine ne décompose l'eau ni à chaud ni à froid.

Bismuth.

Le bismuth est un métal blanc jaunâtre, connu depuis longtemps sous le nom d'étain de glace. Il a une structure lamellaire, et jouit, par un refroidissement peu rapide, de la propriété de cristalliser en cubes qui se disposent les uns par rapport aux autres de manière à former une pyramide quadrangulaire renversée. C'est de tous les métaux le plus facile à obtenir cristallisé ; mais pour que cette cristallisation soit bien régulière, il faut que le métal soit pur et surtout qu'il ne contienne pas d'arsenic.

Le bismuth se rencontre dans la nature, 1° à l'état natif ; 2° à l'état d'oxyde ; 3° à l'état de sulfure, d'arséniure ou

Extraction du bismuth.

de tellure. Quand le minerai contient le métal à l'état na
tif, il suffit, pour obtenir le bismuth, de le séparer de sa
gangue, opération qui s'opère facilement en profitant de
la fusibilité du métal et du peu de fusibilité de la matière
qui constitue la gangue. Quand le minerai est un arséniure
mélangé à un sulfure, alors on le concasse et on le chauffe
dans des tuyaux de fonte placés dans un fourneau sous une
légère inclinaison. L'extrémité supérieure de ces tuyaux est
bouchée par un couvercle en fer ; l'inférieure est fermée par
un bouchon de terre percé d'une petite ouverture. En chauffant, l'arsenic va se condenser à la partie supérieure, tandis
que le bismuth se fond et s'écoule dans un bassin de fonte
par l'ouverture laissée à la partie inférieure. Comme le métal
obtenu au moyen de ce procédé contient toujours de l'arsenic
et du soufre, il faut le purifier de ces corps, ce qui s'opère facilement en les brûlant avec du nitre ou azotate de potasse.
On fait fondre le mélange dans un creuset, et on le brasse
avec une forte tige de fer. Il se forme de l'arséniate et du
sulfate de potasse, tous deux solubles ; si l'on traite alors la
masse par l'eau, le bismuth pourra être isolé et fondu en
lingots, puisqu'il n'est pas soluble dans l'eau.

L'air et l'oxygène secs n'ont point d'action sur ce métal ;
mais, lorsqu'ils sont humides, ils le ternissent un peu. A
l'aide de la chaleur, la combinaison de l'oxygène et du
bismuth se fait avec rapidité, et avec un dégagement d'une
légère lumière bleuâtre.

Plomb.

Le plomb est un métal qui était connu, comme le cuivre
et le fer, dans la plus haute antiquité, et auquel les anciens
avaient donné le nom de *Saturne.* Il se trouve dans la na-

ture sous plusieurs états ; mais c'est toujours du sulfure qu'on le retire, car ce sulfure est très-abondant et donne facilement le plomb qu'il renferme.

La mine est d'abord bocardée, puis lavée. Quand elle est ainsi purifiée, on la grille dans un four à peu près semblable à ceux des boulangers; mais la sole en est légèrement inclinée vers l'ouverture, pour permettre au métal réduit de s'écouler à l'extérieur. Par l'effet de la chaleur et de l'oxygène de l'air, une partie du sulfure est transformée en sulfate : ce sont seulement les premières couches au contact de l'air qui changent de nature. Quand l'ouvrier juge que le sulfate formé est en quantité suffisante, il brasse promptement la masse en donnant un coup de feu, et bientôt elle se trouve transformée en plomb qui s'écoule, et en acide sulfureux qui se dégage. Pour que ce procédé puisse réussir, il faut que l'ouvrier saisisse le moment où le sulfate et le sulfure sont dans les proportions de 1 équivalent du premier pour 1 équivalent du second. Si cela a lieu, on voit, par l'équation suivante ,

$$PbO, SO^3 + Pb\,S = 2\,SO^2 + 2\,Pb,$$

que l'équivalent de soufre du sulfure s'approprie deux équivalents d'oxygène, dont l'un provient de l'oxyde de plomb, et l'autre de l'acide sulfurique, de manière à former un équivalent d'acide sulfureux qui, joint à celui provenant de l'acide sulfurique, en donne deux : de même il se forme deux équivalents de plomb. Dans les usines où ce procédé n'est pas encore en usage, on fait griller le minerai, ce qui le transforme en oxyde et en sulfate de plomb, qui restent mêlés à la portion de sulfure qui n'a pas été attaquée par l'oxygène de l'air. La masse obtenue, est traitée alors par le charbon et la ferraille de fer, les scories des forges ou la grenaille de fonte, dans un fourneau à une température élevée. Le charbon et le fer s'emparent, le premier de l'oxygène et le second du soufre de la matière grillée, de manière à former de l'acide carbonique qui se dégage et un sulfure qui surnage le bain et qui peut être isolé du métal en faisant passer celui-ci du premier bassin de réception dans le second.

Purification du plomb.
Le plomb obtenu à l'aide de ces procédés est désigné dans les arts sous le nom de *plomb d'œuvre;* il est loin d'être pur, car il contient du soufre, et souvent du cuivre, du zinc, de l'antimoine, de l'arsenic et de l'argent, qui quelquefois existent en assez grande quantité pour le rendre dur, cassant, et impropre à ses usages ordinaires: Il faut alors chauffer la masse au contact de l'air, ce qui brûle l'arsenic et l'antimoine, et la rend plus malléable.

Propriétés du plomb.
Le plomb est un métal blanc bleuâtre, brillant, assez mou pour que l'ongle puisse le rayer, très-flexible, tachant les doigts et les corps blancs en gris, acquérant une odeur sensible par le frottement, très-malléable, faiblement ductile, très-peu sonore, et ayant à peine de la ténacité. Il a une densité de 11,445, se fond vers 322°, et peut cristalliser en pyramides quadrangulaires.

L'air et l'oxygène secs sont sans action sur ce métal à la température ordinaire; mais quand ils sont humides, ils ternissent sa surface. Dans l'air, le plomb peut même devenir cassant à cause d'une faible proportion de carbonate dont il se recouvre. A l'aide de la chaleur, la combinaison de l'oxygène et du plomb se fait très-facilement; cette combinaison s'opère à quelques degrés au-dessus de la fusion de ce métal : il se forme alors à la surface du plomb une pellicule grise qui, calcinée convenablement, devient jaune en passant à l'état de protoxyde de plomb. Ce métal ne décompose l'eau ni à chaud ni à froid.

Cuivre.

Le cuivre, désigné par les anciens sous le nom de *Vénus*, est connu de toute antiquité. Après le fer, c'est certainement le métal le plus employé. Allié à l'étain, il forme le bronze, alliage dur, sonore, et que les peuples héroïques de l'antiquité connaissaient, puisque Homère, dans son Iliade, dit positivement que les armes de certains de ses héros étaient en bronze. Le cuivre se rencontre dans la nature, 1° à l'état natif; 2° combiné à l'oxygène; 3° uni au soufre; 4° enfin à l'état de sel (carbonate et sulfate).

A Chessy, dans le département du Rhône, on traite dans un fourneau la mine de cuivre par le charbon, en ajoutant des fondants qui varient selon la nature de la gangue : comme celle-ci est toujours argileuse ou siliceuse, c'est la chaux que l'on emploie alors comme fondant pour saturer l'acide silicique. Ce moyen peut s'employer pour le cuivre natif, l'oxyde et le carbonate. Mais quand la mine est un mélange de sulfure de fer et de sulfure de cuivre, ce qui arrive le plus souvent, alors on la bocarde et on la fait griller en tas afin de transformer les sulfures en oxydes et en acide sulfureux; ce dernier corps se dégage pendant tout le temps de l'opération, qui dure plus d'un mois. Lorsque la mine a été suffisamment grillée, on la traite par le charbon à une haute température. Les oxydes sont réduits : leur oxygène s'unit au charbon pour former de l'oxyde de carbone, tandis que les métaux, mis en liberté, restent unis à la portion de sulfure qui n'a pas été attaquée pendant le grillage.

Le produit de cette opération est une masse brune, fra-

gile, que l'on désigne sous le nom de *malle* ; elle est concassée et soumise pendant longtemps à de nouveaux gril-
lages, puis traitée de nouveau par le charbon avec addition d'un peu de sable siliceux. Ce sable s'unit à l'oxyde de
fer et forme un laitier abondant, que l'on peut enlever.
On obtient ainsi un cuivre noir qui renferme encore $\frac{1}{10}$ de
soufre et de fer, et que l'on peut soumettre de nouveau
aux mêmes opérations.

Mais si l'on purifie ainsi le cuivre de plus en plus, on ne
peut lui enlever complétement les corps étrangers qu'il
renferme ; il faut alors l'affiner dans un fourneau à réverbère dont la sole concave est recouverte d'une brasque
de charbon et d'argile. Quand le métal est en complète fusion, il se forme des scories que l'on retire avec un ringard
en fer ; puis on dirige sur la masse en fusion le vent de deux
forts soufflets, et, deux heures après, le cuivre est affiné. On
fait alors couler le cuivre dans le bassin de réception, et on le
refroidit en rosettes irrégulières que l'on obtient en jetant
un peu d'eau à la surface du bain, qui se fige subitement
dans le point mouillé. Ces rosettes sont enlevées rapidement avec des tenailles et plongées dans l'eau. Pour les
besoins des arts, elles sont coulées en plaques que l'on fait
passer au laminoir, après les avoir chauffées jusqu'au
rouge naissant.

 'Le cuivre est un métal d'une couleur rougeâtre, très-ductile, très-malléable, tenant le second rang parmi les métaux pour la ténacité, peu dur et jouissant d'une grande
sonorité. Sa densité est de 8,878, et il entre en fusion vers
27° du pyromètre de Wedgwood. L'air humide finit par
le ternir. Si cette oxydation lente se fait à l'air libre, à mesure que l'oxyde se forme, il absorbe l'acide carbonique de

l'air, et se transforme en sous-carbonate de bioxyde de cuivre hydraté, que l'on désigne vulgairement sous le nom de *vert-de-gris*. L'oxydation du cuivre est plus prompte à chaud qu'à froid, ce qui est manifeste lorsqu'on forge le cuivre : des parcelles d'oxyde de cuivre s'en détachent. Ce métal ne décompose pas l'eau à froid; lorsque ce liquide contient de l'air, il peut en déterminer lentement l'oxydation.

MÉTAUX DE LA CINQUIÈME SECTION.

Mercure.

Ce métal est connu dès la plus haute antiquité. Les anciens alchimistes, qui se livraient à la recherche de la pierre philosophale, persuadés que ce métal n'était que de l'argent liquide (vif-argent), se sont inutilement évertués pour le solidifier : leurs nombreux efforts n'ont pas été couronnés de succès ; mais ils n'en ont pas moins fait prendre, par leurs expériences bizarres et multipliées, un essor à la science pharmacologique ; car ce sont eux qui ont fait connaître plusieurs composés mercuriaux très-importants : tel est, par exemple, le sublimé corrosif qui, depuis sa découverte, a rendu de nombreux services à la médecine.

Le mercure existe natif et en petits globules dans certains terrains : c'est ainsi qu'on en a trouvé aux environs de Montpellier. Comme plusieurs métallurgistes nient l'existence du mercure à l'état natif, ils admettent que celui trouvé en globules a été répandu à la surface de la terre et s'y est infiltré par des fentes et des crevasses ; ils admettent (explication bizarre) que les grandes quantités de mercure trouvées aux environs de Montpellier proviennent des os des nombreux malades vénériens morts dans cette résidence de la plus célèbre Faculté de Médecine de l'Europe, dans le moyen-âge et jusqu'au dix-neuvième siècle. Le mercure existe aussi combiné à l'argent, au soufre et au chlore.

Extraction
du mercure.

Jusqu'ici le mercure versé dans le commerce provient du sulfure ou cinabre que certains pays jouissent du privilége de posséder; car l'Espagne et le Frioul sont les seules contrées où ce minerai ait été trouvé en assez grande quantité pour rendre possible une exploitation en grand. Un premier procédé, peu employé, consiste à traiter, à l'aide de la chaleur, dans de grandes cornues de fonte, la mine broyée avec de la chaux éteinte. Il y a décomposition du sulfure de mercure et de la chaux, de telle sorte qu'il en résulte du sulfure de calcium, du sulfate de chaux et du mercure qui distille et qui va se rendre dans un récipient adapté à la cornue.

Mais à Almaden, en Espagne, où se trouve la plus forte mine de sulfure connue, on met en pratique un autre procédé dont je vais chercher à rendre compte. On commence par broyer la mine, puis on en fait de petites masses avec de l'argile que l'on place dans un fourneau dont la sole, qui est en briques, est percée de plusieurs trous pour livrer passage à une partie de la flamme du foyer qui est au-dessous; à la partie supérieure du fourneau, disposée en voûte, se trouvent des tuyaux en terre assez longs qui viennent se rendre dans des chambres qui servent de récipient, et dont le directeur de l'établissement possède seul la clef. Le four est ordinairement entrenu avec des fagots ou des broussailles. La flamme, en passant sur le minerai, brûle le soufre par l'air chaud qu'elle entraîne; il se forme ainsi de l'acide sulfureux, et du mercure qui entre en vapeur et qui se rend avec l'acide sulfureux dans la chambre de condensation où le mercure se liquéfie, tandis que l'acide sulfureux s'échappe par une ouverture pratiquée à cet effet dans la partie supérieure. A Idria, dans le Frioul, le minerai, sans mélange d'argile, est placé en grosses masses, sous des voûtes disposées les unes au-dessus des autres, et dans lesquelles on fait pénétrer un mélange de flamme et d'air : la dernière voûte communique par des tuyaux avec des chambres de condensation, comme à Almaden.

Le mercure est le seul métal qui soit liquide à la tempéra-ture ordinaire ; il est d'un blanc légèrement bleuâtre, très-brillant, très-dense, puisque sa pesanteur spécifique est de 13,588. Exposé à un froid de —40°, il se solidifie. Cette basse température peut être produite par la volatilisation de l'acide sulfureux, ou par celle de l'acide carbonique, comme nous aurons l'occasion de le voir à l'histoire de ces deux acides, ou bien encore par un mélange frigorifique d'une partie de neige et de deux parties de sel marin. Le mercure solidifié par le froid s'aplatit sons le marteau, et nous fait éprouver, par son contact avec nos organes, une sensation douloureuse, analogue à la brûlure. Le mercure donne des vapeurs à la température ordinaire et aux températures supérieures ; mais ce n'est qu'à 360° qu'il entre en ébullition. Puisque le mercure peut ainsi se volatiliser, on conçoit tout de suite qu'on puisse le distiller et par conséquent le purifier des matières étrangères, qui ne sont pas volatiles. Cette dis-tillation peut s'opérer, dans une cornue de grès, munie d'une allonge qui vient se rendre dans un récipient en-touré d'eau : l'extrémité de cette allonge doit être en-tourée de linges mouillés, afin d'empêcher les vapeurs mer-curielles de se répandre dans le laboratoire.

Comme nous l'avons déjà dit, le mercure fournit des vapeurs, même à la température ordinaire : on peut le prouver facilement en mettant une très-petite couche de mercure dans un flacon, et en collant une feuille d'or à la partie inférieure du bouchon qui doit servir à le fermer : bien que cette feuille d'or ne soit en contact avec le métal liquide que par l'intermédiaire des couches d'air qui l'en séparent, cependant au bout de quelque temps, elle se trouve blanchie et amalgamée avec du mercure.

Propriétés chimiques. L'air et l'oxygène, secs ou humides, sont sans action sur ce métal à la température ordinaire ; mais à une température un peu inférieure à son point d'ébullition, l'oxygène est absorbé et le mercure transformé en oxyde rouge. L'eau ne lui fait éprouver aucune altération.

Argent.

Ce précieux métal, dont la connaissance remonte aux siècles les plus reculés, était encore désigné chez les anciens, par le nom d'une divinité ; ils l'appelaient *Diane* ou *Lune.* La nature nous l'offre à l'état natif ; mais alors il est rarement pur et contient presque toujours du fer ou du cuivre en petite quantité, de l'arsenic ou de l'or. On le trouve tantôt cristallisé régulièrement, tantôt sous forme de lames ou de fils réunis comme des branchages. Quelquefois il existe à l'état de sulfure, mais souvent uni à d'autres sulfures ; enfin on peut le trouver uni au chlore, à l'iode, ou bien à l'état d'alliage binaire avec l'antimoine, l'arsenic, le tellure, le mercure, l'or, ou bien encore à l'état de carbonate.

Extraction de l'argent. Les états variés sous lesquels l'argent se rencontre et son prix élevé, font tout de suite concevoir que les procédés d'extraction de ce métal doivent être nombreux, et qu'ils

doivent varier suivant la nature et la richesse de la mine ; de
telle sorte que l'on peut dire, sans crainte de commettre
une erreur, que chaque pays a son mode d'exploitation.
Cependant tous se ressemblent par quelques points.

Dans bien des mines d'argent natif on bocarde et on lave
le minerai, puis on le fait fondre avec son poids de plomb. Il
en résulte ainsi un alliage qui contient de 3o à 35 p. 100 d'argent. La question est ramenée à séparer l'argent du plomb.
Pour cela on place l'alliage dans un creuset d'une forme
particulière, qui porte le nom de *coupelle,* et qui est con-
fectionné en briques recouvertes d'une couche de cendres
lavées et d'os calcinés réduits en poudre et bien battus. Les
bords de cette coupelle sont à fleur de l'aire du fourneau ,
et sont rasés par l'air d'un soufflet qui arrive sous une légère inclinaison ; le bord de la coupelle opposé à celui qui
reçoit le vent du soufflet est percé d'un trou. Par l'effet du
feu, l'alliage entre en fusion et se décompose ; l'oxygène de
l'air oxyde le plomb, le transforme en protoxyde, qui, à
mesure qu'il se forme, est poussé du côté de l'ouverture
par le vent des soufflets, sort de la coupelle, et va se rendre dans un bassin de réception, où il se solidifie sous
forme d'écailles rougeâtres ; tandis que l'argent, encore allié à un peu de plomb, reste au fond. En le soumettant de
nouveau à la même opération dans une coupelle faite entièrement d'os calcinés, on le prive complétement des dernières portions de plomb qu'il renfermait encore. Quelquefois le plomb d'œuvre est assez riche en argent pour qu'il y
ait bénéfice à le traiter à la coupelle, comme il vient d'être
dit ; cette opération porte dans les arts le nom de *coupella-*
tion. Une condition indispensable pour l'économie du
temps et des matériaux, c'est que la coupelle soit constam-

Coupella-
tion.

ment remplie : il faut alors remplacer par une quantité égale de plomb argentifère le plomb qui s'oxyde et s'écoule lentement. Ce qui rend praticable ce procédé sous le rapport économique, lors même que le plomb ne renferme qu'une très-petite portion d'argent, c'est que l'oxyde de plomb, que l'on fabrique ainsi, a un emploi immédiat dans les arts, et sert particulièrement au vernissage des poteries.

Amalgamation.

Quand il s'agit de retirer l'argent des mines de sulfure, si abondantes dans le nouveau monde et dans plusieurs parties de l'ancien, on suit des procédés tout à fait différents. Voici sommairement l'explication du procédé qui porte le nom d'*amalgamation* et que l'on pratique dans l'Amérique, particulièrement au Mexique et au Pérou. On met dans une cour la mine arrosée avec une dissolution de sel marin, et l'on fait piétiner sur le mélange, pendant plusieurs heures, des chevaux ou des mulets, que l'on excite par le fouet. Le sulfure, en présence de l'air humide, se transforme peu à peu en sulfate d'argent, qui, par la présence du sel marin (chlorure de sodium), donne du sulfate de soude et du chlorure d'argent. En versant du mercure sur les boues, et en continuant à agiter la masse, le mercure s'empare du chlore du chlorure d'argent, et met l'argent en liberté ; mais aussitôt celui-ci se combine avec une autre portion de mercure pour former un amalgame liquide, que l'on recueille afin d'en extraire l'argent. On place l'amalgame liquide dans un sac de coutil que l'on soumet à la presse pour en faire sortir l'excès du mercure. La portion solide qui reste est ensuite distillée dans des cornues de fonte : le mercure se volatilise et l'argent reste. Le travail des chevaux est rendu moins long, quand on arrose la mine mélangée au sel marin, avec une dissolution de sulfate de bioxyde de cuivre; alors ce sulfate et le sel marin (chlorure de sodium) subissent une double décomposition, de manière qu'il en résulte du sulfate de soude et du bichlorure de cuivre : mais ce chlorure jouissant de la propriété remarquable de chlorurer les métaux avec lesquels il se trouve en présence par un équivalent de chlore qu'il leur cède, chlorurera l'argent d'une portion du sulfure, et par suite activera l'opération.

A Freyberg, où se trouve une mine importante de sulfure, ce procédé est un peu modifié. La mine est encore mélangée avec du sel marin; mais, au lieu de l'exposer à l'air humide pendant longtemps, on la fait griller, ce qui produit le même résultat, c'est-à-dire la formation de chlorure d'argent et de différents sulfates, comme le sulfate de soude, le sulfate de fer, le sulfate de cuivre; car cette mine, outre le sulfure d'argent, renferme encore des sulfures de cuivre et de fer. La masse est délayée dans l'eau, ce qui enlève les sulfates qui sont solubles; puis elle est mise dans des tonneaux tournants sur leurs axes, avec du fer et du mercure : le fer s'empare du chlore du chlorure et le mercure s'allie à l'argent à mesure qu'il est mis en liberté.

Dans ce dernier procédé on voit que tout le mercure employé se retrouve et peut servir de nouveau, tandis que par celui pratiqué dans l'Amérique une partie du mercure reste à l'état de chlorure dans les boues. Ce serait donc une idée heureuse et lucrative que celle qui consisterait à aller exploiter ces boues amassées depuis plusieurs siècles, et qui renferment des masses énormes de mercure. La nécessité forcera peut-être les métallurgistes de mettre cette idée en pratique, puisque depuis quelques années ce métal a augmenté considérablement de prix, soit qu'il devienne plus rare, soit que cette élévation de prix soit la conséquence de la vente de l'exploitation des mines d'Almaden par le gouvernement espagnol à des banquiers fameux, et entre les mains desquels les matières changent de prix par des manœuvres de bourse.

Propriétés physiques et chimiques de l'argent.

L'argent est un métal d'une belle couleur blanche et brillante, très-ductile, très-malléable, d'une ténacité assez grande, d'une densité de 10,47 lorsqu'il est fondu, et de 10,61 lorsqu'il est écroui. Il entre en fusion au-dessus du rouge-cerise, vers 20° du pyromètre de Wedgwood, et peut cristalliser par le refroidissement.

L'air et l'oxygène secs sont sans action sur lui à la température ordinaire. Si on le chauffe dans un creuset, il présente une particularité remarquable dont la découverte est due à M. Gay-Lussac : il absorbe l'oxygène un peu au-dessus de son point de fusion, mais il le laisse dégager aussitôt qu'on le laisse refroidir. On peut faire l'expérience démonstrative de ce fait, en jetant dans l'eau de l'argent qui a été maintenu pendant quelque temps en fusion au contact de l'air. Il y a aussitôt dégagement de gaz oxygène que l'on peut recueillir dans des cloches. Mais la meilleure manière de faire absorber l'oxygène par l'argent consiste à faire passer le gaz dans un tube en porcelaine chauffé et contenant de l'argent en fusion.

MÉTAUX DE LA SIXIÈME SECTION.

Or.

Ce métal se trouvant dans la nature à l'état natif, a dû être connu dès la plus haute antiquité ; aussi les anciens, à cause de sa beauté et de sa rareté, lui donnèrent-ils le nom de *Jupiter*, ou roi des métaux. Natif, il ne forme pas de gîte à lui seul ; mais il se trouve dans des filons ou des amas de différentes matières, dans les sables de certaines rivières, dans les terrains d'alluvion. L'or se rencontre aussi combiné à d'autres métaux, tels que le fer, le cuivre, etc. Les mines les plus riches sont, dans le nouveau monde, celles du Pérou, du Mexique, et du Brésil ; dans l'ancien, l'or se rencontre en Sibérie, en Afrique, dans la Transylvanie, etc.

Quand une rivière charrie des sables aurifères, on les lave dans un canal très-étroit où passe un courant d'eau très-rapide ; les matières terreuses sont entraînées, et l'or, plus pesant, reste. On amalgame ensuite ce métal avec du mercure, afin de le séparer du platine qu'il peut contenir, et cet amalgame est comprimé dans une peau de chamois et distillé comme celui de l'argent.

Mais si l'or natif était disséminé dans une gangue pierreuse, il faudrait d'abord réduire le minerai en poussière très-fine par le pilon, puis par le moulin à blé, et laver ensuite cette poussière par un courant d'eau, afin d'entraîner les matières terreuses et calcaires : l'or étant plus pesant, se trouve séparé et reste à l'état de poudre. On peut encore s'y prendre de cette manière dans l'exploitation des pyrites de fer aurifères ; mais il faut, avant la pulvérisation, qu'elles aient été grillées, afin de transformer le sulfure en oxyde de fer.

On suit un tout autre procédé pour l'extraction de l'or du sulfure de fer aurifère. Dans ce cas, on grille les minerais, et on les fond avec des matières plombifères, de manière à obtenir des mattes que l'on traite ensuite par le plomb, qui s'allie à l'or. On sépare ce dernier métal de l'alliage par la coupellation, comme il a été expliqué à l'extraction de l'argent du plomb d'œuvre.

L'or obtenu à l'aide des procédés dont il vient d'être fait mention n'est jamais pur et contient du cuivre, du fer et de l'argent. On brûle facilement les deux premiers métaux avec le nitre; mais pour le débarrasser de l'argent, il faut le traiter par l'acide sulfurique concentré et bouillant, qui dissout l'argent sans dissoudre l'or. Cependant il est bon de prévenir que l'acide sulfurique ne peut agir qu'autant que l'alliage contient les trois quarts de son poids d'argent : s'il en contient beaucoup moins, l'acide n'a plus aucune action sur ce métal. Or, comme l'alliage naturel ne contient qu'une très-petite quantité d'argent, on est obligé de le faire fondre avec trois parties de ce métal avant de le faire bouillir avec l'acide sulfurique. L'argent peut être précipité du sulfate en plongeant dans la dissolution saline des lames de cuivre.

Propriétés de l'or.

L'or est un métal très-brillant, d'un éclat vif et agréable qui se soutient à l'air, d'une couleur jaune, et d'une densité de 19,257 : c'est donc le plus pesant des métaux que nous ayons étudiés jusqu'ici. Il est très-ductile, très-malléable: c'est le corps qui possède au plus haut degré ces précieuses propriétés. Pour s'en faire une idée, il suffira de rappeler qu'on en peut faire des feuilles si minces qu'elles sont transparentes, et que le calcul démontre qu'avec une once d'or on peut recouvrir un fil d'argent long de plus de 440 lieues. L'or a peu de dureté, et peut se fondre vers 32° du pyromètre de Wedgwood. Il n'est pas volatil au feu de forge; cependant on peut le volatiliser, soit en le chauffant au foyer d'un grand miroir ardent, soit au moyen d'une forte décharge électrique. Comme nous l'avons déjà dit plusieurs fois, le gaz oxygène, l'air et l'eau sont sans action sur lui.

Platine.

Ce métal moderne, 'précieux par ses usages dans les arts, a été connu seulement vers 1748. Il est très-brillant, d'une couleur blanche argentine, très-ductile et très-malléable : Wollaston en a fait des fils cylindriques si minces, qu'ils échappent à la vue. Sa dureté est considérable, et sa ténacité assez grande : mais sa propriété capitale qui domine les autres, consiste dans sa complète infusibilité au feu des meilleures forges. Pour parvenir à le fondre en petite quantité, il faut le présenter, en fils très-fins, au feu d'un chaumeau à gaz oxygène et hydrogène. Enfin ce métal reste tout à fait inaltérable à l'air et dans l'eau. Voilà pourquoi il pourrait être employé avec avantage pour remplacer l'argent dans la confection des vases de luxe; mais son prix élevé et la difficulté de le façonner en lames l'empêcheront de pénétrer dans les usages ordinaires.

Le platine se rencontre dans la nature, sous forme de petits grains brillants et de petites paillettes qui, outre le platine, contiennent beaucoup de fer et de petites quantités de palladium, de rhodium et d'osmium. On le trouve dans plusieurs parties des Indes occidentales et dans les sables aurifères des monts Ourals. La mine de platine est d'abord soumise au barreau aimanté afin d'en extraire la plus grande partie de fer possible, puis on la fait digérer et bouillir dans l'eau régale : le platine, le rhodium, le palladium et une petite quantité d'iridium sont dissous dans l'eau régale et transformés en chlorures. On évapore la dissolution de platine

Extraction du platine.

pour la concentrer et chasser l'excès d'acide, puis elle est étendue d'eau et traitée par une dissolution de chlorhydrate d'ammoniaque. Il se forme aussitôt un précipité jaune-orangé formé de chlorure de platine et de chlorhydrate d'ammoniaque ; ce précipité est lavé avec soin, puis desséché et calciné au rouge afin de chasser le chlorhydrate d'ammoniaque et le chlore ; on obtient alors une masse grise, poreuse, très-pesante, dépourvue d'éclat métallique et désignée sous le nom d'*éponge de platine*. Comme elle pourrait encore contenir de l'iridium, on la soumet de nouveau à l'eau régale et au chlorhydrate d'ammoniaque, comme cela a été expliqué précédemment.

Masses compactes de platine. Pour transformer l'éponge de platine en masses compactes et blanches, on la met dans un cylindre creux en cuivre, et on la comprime avec un piston en bois, en ayant soin de ne frapper d'abord sur le piston que par petits coups : quand la poussière a été ainsi suffisamment tassée, ses particules adhèrent les unes aux autres par un commencement de soudure : on retire la masse, on la chauffe, et on la forge, d'abord modérément, puis avec force ; le platine est alors transformé en masses blanches et compactes. Une particularité remarquable qu'offre le platine, c'est de ne pouvoir se souder qu'autant qu'il est taillé en biseau.

Noir de platine. On peut obtenir le platine dans un plus grand état de division en faisant bouillir la dissolution du chlorure de platine avec du carbonate de soude pur et du sucre candi ; le précipité est tellement divisé, qu'il passe à travers les meilleurs filtres : on le lave par décantation.

CHAPITRE V.

Nous allons d'abord examiner les combinaisons hydrogénées et oxygénées les plus importantes.

Composés hydrogénés.

L'hydrogène, en se combinant avec les corps simples non métalliques, donne lieu à des composés jouant, les uns le rôle d'acide, un seul le rôle des bases métalliques, et les autres ne se comportant ni comme les acides, ni comme les bases, et qui, pour cette raison, sont appelés *corps neutres*.

Composés acides.

Ces corps jouissent des propriétés de l'acide sulfurique, le type des acides; c'est-à-dire qu'ils rougissent la teinture de tournesol, ont une saveur aigre très-prononcée, et sont plus stables que les autres composés de l'hydrogène.

Acide fluorhydrique.

Le fluor, en se combinant avec l'hydrogène, ne forme qu'une seule combinaison, l'acide fluorhydrique, dont la découverte, due à Scheele, remonte à l'année 1771. Pour se la procurer, on suit une voie détournée. On prend du fluorure de calcium (spath-fluor) qui est une combinaison de fluor très-abondante dans la nature; on le pulvérise et on le traite par l'acide sulfurique concentré qui, comme on le sait, contient toujours de l'eau. Cette eau est décomposée en ses éléments; son oxygène s'unit au calcium et forme avec ce métal de la chaux, laquelle s'unit à l'acide sulfurique pour former du sulfate de chaux, tandis que l'hydrogène de l'eau s'unit au fluor pour produire l'acide fluorhydrique. Toutes ces réactions, dont nous verrons des analogues plus tard, sont écrites dans l'équation

$$CaFl^2 + SO^3 H^2O = CaO, SO^3 + H^2Fl^2.$$

L'appareil dont on se sert, *fig.* 31, se compose d'une cornue en plomb, formée de deux pièces A et B qui s'emboîtent l'une sur l'autre; cette cornue communique avec une allonge recourbée CD, aussi en plomb, dont l'extrémité E est percée d'un petit trou que l'on tient fermé avec un bouchon du même métal. Après avoir pulvérisé et tamisé le spath, on l'introduit dans la partie inférieure de la cornue, on verse dessus deux fois son poids d'acide sulfurique concentré, on délaye le tout, puis on dispose convenablement l'appareil, en ayant soin de luter toutes les jointures, et d'entourer l'allonge d'un mélange de glace pilée et de sel marin; enfin on chauffe avec modération pour éviter la fusion de la cornue, et bientôt on entend une ébullition due au dégagement d'acide fluorhydrique qui passe dans l'allonge où il se condense en entier. Ce bruit ne cesse que lorsque l'opération est terminée. On peut alors laisser refroidir l'appareil, le démonter avec précaution et transvaser l'acide dans un flacon de plomb ou d'argent.

Propriétés de l'acide fluorhydrique.

Ce corps est liquide à la température ordinaire, excessivement acide, car il rougit très-fortement la teinture de tournesol. Son odeur est piquante, sa saveur insupportable:

il bout vers 15° et se congèle à —40°. Il jouit de deux propriétés très-remarquables : la première, c'est sa manière d'agir sur l'économie animale. Son action sur la peau est presque instantanée : il produit alors une inflammation qui se continue malgré les cataplasmes et les émollients; puis une pustule paraît, s'agrandit, se gonfle de plus en plus, en donnant lieu à des douleurs de plus en plus vives. C'est, comme on le voit, un des plus violents corrosifs de la Chimie.

L'acide en vapeur produit des effets tout aussi prompts et tout aussi dangereux. Si on le respire longtemps, même en petite quantité, la pulpe des doigts se désagrége, les ongles se racornissent, se retournent, tandis que des ophthalmies, des douleurs de tête pouvant donner lieu à de grands dangers, se manifestent. Avant de passer à la seconde propriété capitale de cet acide, qui est son action sur le verre et les oxydes, nous allons d'abord examiner quelques autres phénomènes qu'il présente. D'abord, l'air sec et l'oxygène sont sans action sur lui; exposé à l'air, il y répand d'abondantes vapeurs blanches par sa combinaison avec l'eau de l'air; car il a une si grande affinité pour l'eau, que si l'on en verse quelques gouttes dans une masse de ce liquide, il fait entendre un bruit analogue à celui d'un fer rouge qu'on y plongerait. Presque tous les métaux, et particulièrement le potassium, sont attaqués par lui : ils s'emparent du fluor et mettent l'hydrogène en liberté. L'analogie du fluor avec le chlore, le brome et l'iode, a porté les chimistes à admettre que l'acide fluorhydrique possède la même composition que les acides chlorhydrique, bromhydrique, iodhydrique; c'est-à-dire que 2 volumes seulement sont composés de 1 volume de fluor et de 1 volume d'hydrogène; de telle sorte que son équivalent est représenté par $Fl^2 H^2$. l'équivalent du fluor étant représenté par Fl^2.

La propriété la plus remarquable et la plus importante de l'acide fluorhydrique consiste dans son action sur les oxydes et les corps siliceux; en général, il attaque les oxydes métalliques, donne de l'eau et un fluorure, comme cela se voit par l'équation suivante, où R représente un métal :

$$RO + H^2 Fl^2 = H^2 O + RFl^2.$$

L'acide fluorhydrique agit de même sur la silice, l'une des bases du verre. On peut constater cette action en mettant dans une fiole en verre du fluorure de calcium, de l'acide sulfurique et du sable siliceux; il en résultera de l'acide fluorhydrique qui, se trouvant en présence de l'acide silicique du verre, le décomposera, donnera de l'eau et un corps nouveau, un fluorure de silicium, qui jouit de propriétés acides et que l'on appelle acide fluosilicique.

Acide fluosilicique. Cet acide est gazeux, incolore, très-soluble dans l'eau, très-acide, et capable d'éteindre les corps en combustion. Comme il a une grande affinité pour l'eau, il répand dans l'air des vapeurs blanches très-épaisses. On serait tenté de penser, par la grande affinité de ce gaz pour l'eau, que ce liquide devrait se précipiter promptement dans une éprouvette remplie d'acide fluosilicique, comme cela a lieu pour l'ammoniaque. Il n'en est cependant rien : c'est qu'alors l'eau est décomposée par les premières couches gazeuses de l'éprouvette, et qu'il se régénère de la silice qui empêche le contact de l'eau avec la masse de gaz. Il suffit de secouer l'éprouvette afin de déterminer promptement l'absorption.

Acide fluoborique. Si l'on met de l'acide borique en présence de l'acide

sulfurique et du fluorure de calcium, on produira un
gaz incolore, fumant, très-acide, éteignant même promp -
tement les corps en combustion : c'est le gaz fluoborique.
L'eau en dissout 600 fois son volume. C'est le plus fumant
des gaz : voilà pourquoi les chimistes l'emploient dans leurs
laboratoires lorsqu'ils veulent reconnaître si un autre gaz
contient de l'humidité. Il agit d'une manière singulière sur
les papiers, les bois et en général sur tous les corps ligneux ;
car si l'on plonge, seulement pendant quelques instants, un
de ces corps dans une éprouvette qui renferme ce gaz, on
le retire charbonné. Ce phénomène s'explique très-bien par
l'avidité de l'acide pour l'eau que pourraient contenir ces
corps ; car le papier, le bois, les ligneux, peuvent être considérés comme formés de charbon et d'eau, ainsi que nous
le verrons quand nous étudierons la chimie organique.

L'acide fluosilicique et l'acide fluoborique pourraient
être produits en faisant réagir l'acide fluorhydrique tout
formé sur les acides silicique et borique : voilà pourquoi
le verre est altéré par l'acide fluorhydrique, et la cause
pour laquelle il ne peut être conservé dans des vases en
verre. Dans les arts, on met cette propriété à profit afin de
graver sur le verre. Pour cela, on recouvre la plaque, sur laquelle on se propose de graver, avec une couche forméepar
un mélange de cire et d'essence de térébenthine ; puis, avec
un burin, on enlève les parties de la cire qui recouvrent
les parties qu'on veut attaquer. Lorsque le dessin est terminé, il faut exposer la face ainsi travaillée à l'action des
vapeurs d'acide fluorhydrique développées dans un vase
rectangulaire en plomb où l'on a mis les matières nécessaires
pour produire l'acide, et dont on élève un peu la température par quelques charbons.

Acide chlorhydrique.

Ce corps, d'abord désigné sous les noms d'*acide marin*, d'*acide muriatique*, n'a été considéré comme un hydracide que depuis les grandes découvertes chimiques de la fin du dernier siècle. La nature, au dire de plusieurs savants, ne renferme jamais cet acide, ni libre, ni combiné.

Propriétés.
L'acide chlorhydrique est gazeux à la température ordinaire, très-acide, très-fumant, et possède la propriété d'éteindre les corps en combustion. L'eau en est très-avide et en dissout 480 fois son volume. C'est ici le lieu de faire observer que les gaz fumants éteignent les corps en combustion, non-seulement parce qu'ils les privent d'oxygène, mais encore en les désorganisant par leur avidité pour l'eau. Le gaz chlorhydrique est incolore, très-piquant par sa saveur et son odeur; il a une densité de 1,247, et peut se liquéfier par une pression et un refroidissement convenables. La chaleur, quelque intense qu'elle soit, ne peut le décomposer. On peut faire l'expérience dans un tube de porcelaine porté au rouge et même au rouge-blanc. Ce fait tout naturel, qu'on aurait pu prévoir par la grande affinité des éléments de ce corps, pourrait porter à penser que l'électricité devrait être sans action sur lui. Il n'en est cependant rien : car si l'on fait passer des étincelles électriques dans ce gaz, il est décomposé en partie et donne lieu à de l'hydrogène et à du chlore, tandis que ces deux gaz mélangés peuvent rapidement se combiner par une seule étincelle électrique.

Ces deux effets inverses, produits par la même cause, ne sont pas rares; la nature nous en offre de nombreux exemples. Ainsi le fer décompose l'eau et produit de l'oxyde de

fer et de l'hydrogène, tandis que l'hydrogène peut opérer
la réduction de l'oxyde de fer. Notons cependant que tout
l'oxyde de fer n'est pas décomposé : il n'y en a que la vingtième partie. De même si l'on mettait en présence de l'hydrogène avec une très-petite quantité de chlore, l'étincelle
ne pourrait enflammer le mélange. La conclusion à tirer
de ces expériences, c'est qu'il y a des mélanges limites
au-delà desquels les effets cités précédemment n'ont plus
lieu.

On peut déterminer la composition du gaz chlorhydri- Composi-
que de deux manières, par la synthèse et par l'analyse. tion.
Pour procéder synthétiquement, comme le firent pour la
première fois MM. Gay-Lussac et Thenard, on prend un
petit ballon et un vase à long col de la même capacité, qui
peut s'ajuster sur le ballon ; on les remplit, l'un d'hydrogène, l'autre de chlore, à la pression extérieure ; puis on les
réunit en lutant les jointures, et l'on expose le mélange à
la lumière diffuse. Quelques heures après, ce mélange est
complétement transformé en un nouveau gaz fumant, qui
possède toutes les propriétés du gaz chlorhydrique, et
dont le volume, à la pression extérieure, est celui des deux
gaz. On est donc en droit de conclure qu'un volume de
gaz acide chlorhydrique est formé de $\frac{1}{2}$ volume de chlore
et de $\frac{1}{2}$ volume d'hydrogène. De cette composition, il résulte un moyen de déterminer par le calcul la densité du
gaz composé, connaissant celle de ses éléments ; car le
poids de 1 volume du premier sera la somme des poids
d'un demi-volume des deux autres. Or le poids d'un volume d'acide chlorhydrique, c'est sa densité ; celui d'un
demi-volume de chlore ou d'un demi-volume d'hydrogène,
c'est la moitié de la densité de chacun de ces gaz : par

conséquent, les densités de l'hydrogène et du chlore étant 0,0688 et 2,4216, celle du gaz chlorhydrique sera

$$\frac{0,0688}{2} + \frac{2,4216}{2} = \frac{0,0688 + 2,4216}{2} = 1,2452,$$

qui est sensiblement le résultat fourni par l'expérience.

La composition du gaz chlorhydrique peut être déterminée analytiquement en faisant passer un peu de métal dans la portion recourbée d'une petite cloche ; l'expérience se fait sur le mercure, et le métal est poussé dans la partie courbe avec une tige de fer. Ce métal décompose l'acide, s'empare du chlore, et met en liberté l'hydrogène, dont le volume est la moitié du gaz introduit dans l'appareil. En retranchant le poids du gaz hydrogène restant de celui du gaz acide, on trouvera pour reste un nombre qui sera le poids du chlore : or ce poids étant précisément celui d'un volume de chlore égal à la moitié du volume du gaz introduit dans la cloche, on peut donc conclure que l'acide chlorhydrique est formé de volumes égaux de chlore et d'hydrogène sans condensation.

Il est facile de déterminer le poids de l'équivalent du chlore, celui du gaz chlorhydrique et leurs formules chimiques, puisque le chlore et l'hydrogène s'équivalent volume à volume. L'équivalent de l'hydrogène étant 12,479, il suffira, pour avoir celui du chlore, de faire la proportion

$$0,0688 : 2,4216 :: 12,479 : x, \text{ d'où } x = 439,23.$$

Or l'équivalent en volume de l'hydrogène étant de 2 volumes H^2, celui du chlore sera aussi de 2 volumes Ch^2, et par suite l'équivalent de l'acide sera représenté par $H^2 Ch^2 = 451,709$.

MM. Thenard et Gay-Lussac, après avoir reconnu l'action de la lumière diffuse sur le mélange à volumes égaux de chlore et d'hydrogène, pensèrent avec raison que la lumière solaire devait agir beaucoup plus énergiquement. L'expérience confirma leurs soupçons : car après avoir rempli un ballon de ces deux gaz, ils l'enveloppèrent d'un linge et le placèrent au milieu d'une cour où dardaient les rayons du soleil ; cela fait, par le moyen d'une ficelle attachée à l'un des coins du linge, ils mettaient à nu l'une des parties du ballon ; aussitôt eut lieu une violente détonation accompagnée d'épaisses vapeurs blanches. Mais si la lumière solaire et la lumière diffuse déterminent la combinaison du chlore et de l'hydrogène, il n'en est pas de même de la lumière obscure ; alors les gaz ne peuvent que se mélanger sans aucune composition.

Le gaz chlorhydrique est décomposé par un assez grand nombre de métaux. L'expérience se fait dans une cloche courbe, et à l'aide de la chaleur. Si l'on opère sur le potassium, l'action est lente et le mercure ne remonte que difficilement. Ce phénomène est dû à un chlorure qui se forme, qui recouvre le potassium, et qui empêche le contact du métal et du gaz. Voilà pourquoi il faut aider l'action par la chaleur : au moment où elle a lieu, il y a production de chaleur et de lumière.

On se procure le gaz chlorhydrique en traitant par l'acide sulfurique le chlorure de sodium (sel marin) ; il s'opère alors une décomposition de l'eau et de l'acide, comme dans la préparation de l'acide fluorhydrique ; cela est d'ailleurs évident par l'équation suivante : Préparation.

$$Na\ Ch^2 + SO^3 + H^2O = NaO\ SO^3 + H^2\ Ch^2.$$

On met le mélange dans un ballon dont on élève un

I. 12

peu la température; on obtient alors des torrents de gaz.
Comme il est très-soluble dans l'eau, on peut en obtenir
des dissolutions en se servant de l'appareil de Wolf. On a
soin de ne faire plonger le tube conducteur du gaz que
très-peu dans l'eau du premier flacon ; le gaz passant à travers une couche très-mince d'eau s'y lave, et va acidifier
l'eau des autres flacons. La dissolution jouit des mêmes
propriétés que l'acide gazeux : elle a même odeur, même
saveur; quand elle est concentrée, elle laisse échapper des
vapeurs épaisses et blanches qui sont de l'acide chlorhydrique gazeux. La chaleur peut aussi faire dégager le gaz ;
cependant il arrive un moment où le liquide se distille.

Acide bromhydrique.

Cet acide est gazeux comme le précédent, incolore, très-
acide, très-fumant, et capable d'éteindre les corps en combustion. Il est très-soluble dans l'eau, et donne lieu à une
liqueur qui dissout des quantités notables de brome et qui
est semblable à l'acide chlorhydrique liquide. Le chlore
peut en opérer la décomposition en s'emparant de l'hydrogène et mettant le brome en liberté : cette réaction est
même employée par les analystes pour distinguer l'acide
bromhydrique de l'acide chlorhydrique. Plusieurs métaux
peuvent décomposer l'acide bromhydrique; ils s'emparent
du brome et mettent l'hydrogène en liberté. Cette action des
métaux permet, en agissant comme pour l'acide chlorhydrique, d'en déterminer la composition. On trouve alors
qu'il est formé de volumes égaux de brome gazeux et
d'hydrogène dans les mêmes circonstances de température
et de pression, ce qui donne 978,306 pour l'équivalent Br^2
du brome et 990,785 pour celui de l'acide bromhydrique.

Cet acide agit sur le phosphure d'hydrogène comme sur l'acide iodhydrique; il s'y unit et forme un produit capable de cristalliser en cubes.

Pour le préparer, on met en présence le brome, le phos-Préparation. phore et l'eau; il en résulte alors de l'acide bromhydrique et de l'acide phosphorique, comme cela est facile à expliquer.

Acide iodhydrique.

Cet acide, comme les précédents, est gazeux, incolore, très-soluble dans l'eau, fumant à l'air, très-acide et très-piquant. Cependant il diffère des acides chlorhydrique et bromhydrique en ce que la chaleur peut le décomposer en partie à la température rouge, et en totalité quand il est mêlé à cette température avec un peu d'oxygène; il est donc moins stable que ces acides. Aussi, lorsqu'on introduit une bougie allumée dans une éprouvette remplie de ce gaz, voit-on des vapeurs violettes d'iode, ce qui prouve qu'il y a décomposition partielle. Le chlore et le brome le décomposent, en mettant en liberté l'iode qui apparaît sous forme de belles vapeurs violettes, tandis qu'un grand nombre de métaux s'emparent de l'iode pour former un iodure et dégagent l'hydrogène. Certains de ceux-ci, qui ne décomposaient pas l'acide chlorhydrique et l'acide bromhydrique, parviennent même à le décomposer : voilà pourquoi l'on ne peut pas le recueillir sur le mercure, avec lequel il forme un iodure de mercure. En comparant les densités 1,2 de l'acide chlorhydrique, 2,7 de l'acide bromhydrique, 4,4 de l'acide iodhydrique, on voit que leur stabilité décroît à mesure que leur densité augmente.

L'acide iodhydrique introduit dans une éprouvette qui contient du phosphure d'hydrogène, produit immédiatement des cristaux blancs qu'on pense être de l'iodhydrate de phosphure, et où le phosphure jouerait le rôle d'une base faible ; car ces cristaux sont immédiatement décomposés par l'eau, l'alcool, les acides qui contiennent de l'eau, et les dissolutions salines. Alors le phosphure se dégage dans l'air avec effervescence et en prenant feu.

Les acides sulfurique et azotique concentrés s'emparent de son hydrogène par une partie de leur oxygène : de là résulte un dépôt d'iode, du gaz sulfureux ou du bioxyde d'azote. Les acides hypochloreux, chlorique, iodique le décomposent aussi ; enfin les dissolutions de fer très-oxydé en précipitent l'iode. Il forme dans l'acétate de plomb un beau précipité jaune, et dans la dissolution de mercure bioxydée un précipité blanc, insoluble dans l'ammoniaque. Ces précipités sont de véritables iodures, et sont des caractères précieux lorsqu'on veut reconnaître l'acide iodhydrique.

Préparation. Pour se procurer cet acide, on commence par préparer un phosphure d'iode formé de 1 partie de phosphore et de 8 d'iode ; après l'avoir légèrement humecté, on l'introduit dans une petite cornue de verre ; on chauffe, et le gaz se dégage bientôt. Ce gaz ne peut être recueilli ni sur l'eau, à cause de sa grande solubilité dans ce liquide, ni sur le mercure, puisqu'il l'attaque. On le fait rendre alors dans une éprouvette remplie d'air et dont l'ouverture est en haut ; le gaz, par sa grande densité, déplace peu à peu l'air et finit par remplir l'éprouvette.

On peut obtenir l'acide iodhydrique en dissolution dans l'eau avec l'appareil de Wolf ; le liquide obtenu est très-acide et très-fumant à l'air. On peut le concentrer par la chaleur, mais il ne distille qu'à 123° ; alors il est coloré et peut dissoudre des quantités notables d'iode. La dissolution d'acide iodhydrique se colore peu à peu par son exposition à l'air, et prend une teinte jaune brunâtre de plus en plus foncée. Cette coloration est due à une décomposition spontanée de l'acide iodhydrique ; l'hydrogène se dégage, et l'iode mis en liberté se combine avec la portion d'acide non décomposée et la transforme en acide iodhydrique ioduré.

L'analyse de ce corps peut se faire par les métaux, et particulièrement par le potassium, en agissant comme pour les acides chlorhydrique et bromhydrique : on lui trouve alors une composition analogue à celle de ces corps. Son équivalent $H^2 I^2 = 1591,979$, puisque l'équivalent de l'iode $= 1579,500$.

Cyanogène.

Si l'on soumet, dans une petite cornue, à l'action de la chaleur, un corps que l'on trouve dans le commerce sous le nom de *cyanure de mercure*, on obtient un nouveau corps gazeux, incolore, et jouant, quoique composé, le rôle de certains corps simples comme le chlore, le brome et l'iode : comme eux, il s'unit à l'hydrogène et donne un composé analogue aux acides précédemment étudiés, et avec les métaux des cyanures. Nous verrons, par la suite, que plusieurs corps composés jouent souvent aussi le rôle de corps simples. L'oxyde de carbone et l'acide sulfureux sont, par exemple, dans ce cas.

Le cyanogène, comme nous l'avons dit, est gazeux à la température et à la pression ordinaires : un abaissement de température et une augmentation de pression parviennent à le liquéfier et même à le solidifier. Sa densité est de 1,8. Il peut brûler facilement avec une flamme violette, qu'on peut toujours reconnaître. L'un de ses éléments s'unit avec l'oxygène de l'air et produit de l'acide carbonique que l'on peut constater par l'eau de chaux, et il reste de l'azote. Il est donc formé d'azote et de carbone.

Composition.

On peut déterminer la composition du cyanogène en le faisant détoner dans l'eudiomètre avec de l'oxygène, et en mesurant les résidus. On fait passer 1 volume de cyanogène et $2\frac{1}{2}$ volumes d'oxygène. Quand on a excité, à travers le mélange, une étincelle électrique, et absorbé l'oxygène en excès par le phosphore, il ne reste plus que 3 volumes gazeux dont 2 sont de l'acide carbonique, puisqu'ils sont absorbables par la chaux, et dont l'autre jouit de tous les caractères négatifs de l'azote. Si l'on admet que 2 volumes d'acide carbonique contiennent 2 volumes de vapeurs de carbone, il s'ensuivra qu'un volume de cyanogène sera formé de 2 volumes de vapeurs de carbone et de 1 volume d'azote; sa formule chimique sera donc AzC^2.

Le cyanogène a une odeur vive, pénétrante, et ne rougit que très-peu le tournesol. Il est très-vénéneux; car si on le respirait, même mélangé à l'air, il pourrait produire de violents maux de tête. L'eau en dissout quatre fois à peu près son volume. La dissolution, abandonnée à elle-même, s'altère peu à peu, et bientôt elle se trouve remplacée par de l'urée, matière de nature animale qui est la base essentielle de l'urine des animaux. Cette réaction est expliquée par la formule :

$$2C^2Az + 2H^2O = C^2OAz^2H^4 + C^2O,$$

où $C^2OAz^2H^4$ représente l'urée. Il se dissout mieux dans l'alcool que dans l'eau, car l'alcool peut en dissoudre jusqu'à vingt fois son volume.

La chaleur, même intense, ne parvient pas à décomposer le cyanogène : pour que cette décomposition ait lieu, il faut que le cyanogène soit naissant et aidé par l'influence de l'oxygène et des alcalis : il en résulte alors un cyanate. Il s'unit aux gaz sulfhydrique et ammoniac, et produit alors des corps solides qui se déposent. Nous terminerons l'histoire de ce corps singulier en rappelant qu'il jouera le rôle d'un corps simple tant qu'il sera dans des conditions qui empêchent son altération.

Acide cyanhydrique.

Pour obtenir l'acide cyanhydrique, il faut prendre un cyanure, lui fournir de l'hydrogène à l'état naissant et lui enlever le métal. On choisit le cyanure de mercure et l'acide chlorhydrique ; il en résulte du chlorure de mercure et de l'acide cyanhydrique, comme cela se voit par la formule

$$Hg\,Cy^2 + H^2\,Ch^2 = Hg\,Ch^2 + H^2\,Cy^2.$$

L'expérience se fait dans l'appareil *fig.* 32, composé d'une cornue A, d'un tube contenant de la craie B, puis d'un tube à chlorure de calcium C, et enfin d'un autre tube D en U qui est entouré d'un mélange réfrigérant et où l'acide vient se condenser. Cet acide n'est pas gazeux ; il est liquide, très-volatil, et se dégage chargé d'acide chlorhydrique dont il faut le dépouiller. Pour y arriver, on met à profit son peu d'action sur les bases ; car c'est un acide très-faible, et, en cela, le cyanogène s'éloigne du chlore, du fluor, du brome et de l'iode, qui, combinés à l'hydrogène, donnent des acides puissants. On fait passer les vapeurs sur de la craie dans un long tube : cette craie, qui n'est autre chose que du carbonate de chaux, est décomposée par l'acide

I.

12*

chlorhydrique, tandis que l'acide chlorhydrique passe sur cette craie sans changer de nature. L'acide carbonique de la craie se dégage donc avec les vapeurs d'eau et d'acide cyanhydrique. On se débarrasse de l'acide carbonique en faisant passer le gaz dans de l'eau de chaux ou de baryte, puis on lui ôte le plus d'eau possible par le chlorure de calcium : les vapeurs sont alors condensées dans un récipient, refroidi et disposé à cet effet.

Propriétés physiques et chimiques de l'acide cyanhydrique. L'acide cyanhydrique est liquide, incolore, très-subtil comme l'alcool rectifié; il est très-volatil, bout à 26° et peut se congeler à — 15°. Quand de petites quantités subissent le phénomène de l'évaporation, les parties évaporées enlèvent assez de chaleur aux portions restantes pour les solidifier. Il a une odeur forte, et qui, lorsqu'il est respiré en petite quantité, ressemble à celle des amandes amères : sa saveur est d'abord fraîche, puis brûlante. Si l'on soumet aux vapeurs de cet acide un animal, il est promptement tué. Cependant on pourrait, dans un cas pareil, employer des contre-poisons; il suffirait d'administrer promptement quelques bulles de chlore à un animal qui en aurait respiré pour le rappeler à la vie.

A l'état liquide, cet acide produit instantanément la mort: une seule goutte injectée dans le système d'un animal le tue aussi promptement que le ferait la foudre ou un coup de pistolet. La mort est soudaine, et le poison des serpents à sonnettes n'est certainement pas aussi redoutable.

Cependant cet acide, quoiqu'il soit renfermé dans un flacon à l'abri du contact de l'air, peut s'altérer, se décomposer et perdre ses caractères vénéneux; ce liquide si mobile et si actif peut, au bout de quelques jours, de quelques heures suivant certains chimistes, se transfor-

mer en une matière solide, noire, formée d'acide azul-
mique et d'ammoniaque. L'acide cyanhydrique possède
encore une autre propriété qui donne la clef de la différence
que les chimistes ont remarquée dans ses effets. Si l'on met
cet acide liquide, très-pur et incolore, en présence de
l'acide chlorhydrique, on voit la matière s'échauffer, se
prendre en masse, et donner naissance à du chlorhydrate
d'ammoniaque qui est solide, qui n'est pas vénéneux : il
se produit encore, dans cette réaction, de l'acide formique
coloré en rouge et que produisent les fourmis. Cette réaction est expliquée par l'équation suivante :

$$C^4 Az^2 H^2 + H^2 Ch^2 + H^6 O^3 = C^4 O^3 H^2 + H^2 Ch^2 Az^2 H^6.$$

D'autres acides et des bases énergiques peuvent produire
les mêmes effets.

L'acide cyanhydrique est très-faible; à peine rougit-il la
teinture de tournesol. La chaleur ne le décompose que
très-difficilement; il faut que la température soit très-élevée
pour que cette décomposition ait lieu. En présence de
l'air, il brûle avec une flamme verte qui rappelle celle du
cyanogène, et peut, avec l'oxygène, donner un mélange
détonant. Il suffit, pour faire l'expérience, de verser quelques gouttes de cet acide dans un flacon rempli d'oxygène,
d'agiter, puis de porter une bougie allumée dans le mélange.

Le potassium donne, avec l'acide cyanhydrique, même
à la température ordinaire, de l'hydrogène et du cyanure
de potassium : on remarque alors que 2 volumes d'acide sont
formés de 1 volume de cyanogène et 1 volume d'hydrogène.
Cette composition est analogue à celle des acides que nous
avons étudiés précédemment, et confirme l'idée que nous
avons émise sur le rôle, comme élément, du cyanogène.

Acide sulfhydrique.

Propriétés.

Cet acide se rapproche beaucoup du précédent par son action sur l'économie animale. Il est gazeux, incolore, d'une odeur très-caractéristique qui a beaucoup d'analogie avec celle des œufs pourris. Sa densité, plus grande que celle de l'air, est de 1,1912. Il brûle avec une flamme bleue pâle, ce qu'on aurait pu prévoir par les éléments dont il est formé et qui eux-mêmes peuvent brûler facilement. Il en résulte de l'eau et du soufre, quelquefois même de l'acide sulfureux.

Action de l'acide sulfhydrique sur l'économie.

Le gaz sulfhydrique peut se liquéfier par un froid et une pression convenables. Mais sa propriété caractéristique consiste dans son action sur l'économie animale : car, malgré les opinions contraires émises à ce sujet, on peut dire qu'il est très-vénéneux. Ce qu'il y a de certain, d'après les résultats obtenus par une commission de savants et de médecins distingués, c'est qu'un air qui en renferme $\frac{1}{1500}$ suffit pour asphyxier un oiseau. Si l'air en contenait $\frac{1}{700}$, il donnerait la mort à un chien de moyenne taille; enfin $\frac{1}{250}$ donnerait la mort à un cheval. Le chlore, administré à temps, peut rappeler à la vie un oiseau qui aurait respiré un air qui en contenait $\frac{1}{1700}$; mais au-dessus de cette limite les secours deviennent impuissants. On sent alors combien l'on doit prendre de précautions quand on pénètre dans certains lieux d'où se dégagent des émanations de ce gaz, et combien sont exposés les malheureux obligés de pénétrer dans les fosses d'aisance d'où il s'en dégage de si grandes quantités. Il faut, dans de pareilles circonstances, pratiquer des courants d'air par la combustion, afin de chasser une partie du gaz sulfhydrique et le rendre moins dangereux. Si l'on ne peut s'y prendre ainsi, il faut employer, comme on le fait dans les hôpitaux, des fumigations de chlore : ce gaz décompose le gaz sulfhydrique, produit de l'acide chlorhydrique peu dangereux par sa petite quantité, et un abondant dépôt de soufre. Il pourrait encore se former du chlorure de soufre, dans le cas où le chlore serait en excès.

L'eau peut dissoudre le gaz sulfhydrique; car elle peut en prendre jusqu'à trois fois son volume et acquérir toutes les propriétés du gaz. La dissolution rougit très-faiblement le tournesol, et possède une odeur et une saveur toute particulière. Exposée à l'air, chauffée ou placée dans le vide, elle perd bientôt tout le gaz qu'elle tient en dissolution; mais quand elle est exposée à l'air, non-seulement le gaz s'en dégage, mais une partie est décomposée : l'hydrogène se dégage et le soufre en se précipitant rend la liqueur laiteuse. Aussi lorsqu'on veut conserver une pareille dissolution, est-on obligé de la faire dans une eau privée d'air et de la renfermer dans un flacon parfaitement bouché dont le col et le bouchon plongent dans de l'eau. Certaines eaux naturelles, comme celles de Barrèges, d'Enghien, de Bagnères, de Bonnes, de Cauterets, etc., contiennent ce gaz en dissolution et lui doivent leurs propriétés médicinales. Ce sont ces eaux qu'on appelle eaux minérales sulfureuses. Elles sont toujours facilement reconnaissables par leur odeur d'œufs pourris. On peut aussi reconnaître quand elles en sont faiblement chargées, en versant dedans une dissolution d'un sel de plomb qui produit un précipité noir de sulfure de plomb.

Pour les voyages de long cours on renferme souvent l'eau, nécessaire pour les besoins de l'équipage, dans des tonneaux en bois où elle prend une odeur très-désagréable d'acide sulfhydrique qu'elle perd au bout d'un certain temps pour redevenir potable dans tout le reste du voyage. On se rend raison de ces phénomènes, en se rappelant que les eaux renferment presque toujours des sulfates, et particulièrement du sulfate de chaux. Or les matières organiques parviennent toujours, même à froid, à les décomposer en s'emparant de leur oxygène, de manière à former du sulfure de calcium et de l'acide carbonique qui, avec celui contenu dans l'eau, donne lieu à du carbonate de chaux. Il se forme aussi de l'acide sulfhydrique qui peut par la suite donner lieu à un dépôt de soufre et à de l'eau. Ces phénomènes se produisent encore dans les eaux minérales. Si l'on voulait empêcher cette odeur de se produire, il faudrait renfermer l'eau dans de grandes caisses en fer, comme le fait maintenant la marine française.

Action de la chaleur et de certains corps sur le gaz sulfhydrique.

Le gaz sulfhydrique est décomposé partiellement par la chaleur dans un tube de porcelaine, en soufre qui se dépose, et en hydrogène, tandis que ces deux corps peuvent se combiner indirectement. On connaît l'action que l'air et l'oxygène exercent sur l'acide sulfhydrique : il faut, comme nous l'avons vu, l'aide de la chaleur pour que la réaction s'opère subitement. Le chlore sec le décompose à la température ordinaire, tandis qu'à cette température l'iode et le brome n'agissent que par l'intermédiaire de l'eau. Il en résulte un dépôt de soufre et des acides iodhydrique et bromhydrique qui restent en dissolution.

Les acides oxydants peuvent décomposer le gaz hydrogène sulfuré, en donnant naissance à de l'eau par la combinaison de l'hydrogène avec une portion ou avec la totalité de l'oxygène de ces acides oxygénants ; ces acides sont :

l'acide sulfureux, l'acide iodique, l'acide bromique, les acides azotique et hypo-azotique, les acides chlorique et hypochloreux.

L'acide sulfhydrique, dont la découverte est due à Scheele, se produit partout où il y a du soufre et du gaz hydrogène à l'état naissant; de plus, c'est un produit de la fermentation putride des œufs, des matières fécales de l'homme, etc. Pour le préparer dans les laboratoires, on traite, soit le sulfure d'antimoine par l'acide chlorhydrique concentré, soit le sulfure de fer par l'acide sulfurique faible. Dans l'un et l'autre cas, on se sert d'un appareil semblable à celui employé pour la préparation du chlore. Dans le premier cas, il y a une double décomposition entre les éléments du sulfure d'antimoine et de l'acide chlorhydrique. Le chlore forme avec l'antimoine du chlorure d'antimoine, tandis que l'hydrogène de l'acide s'unit au soufre pour former de l'acide sulfhydrique. Cette réaction est écrite dans l'équation

$$Sb^2S^3 + 3H^2Ch^2 = 3H^2S + Sb^2Ch^6,$$

où Sb^2S^3 représente un équivalent de sulfure d'antimoine et Sb^2Ch^6 un équivalent de chlorure d'antimoine. Dans le second procédé il y a décomposition de l'eau. Les réactions sont analogues à celles qui se produisent dans la préparation de l'acide chlorhydrique par un chlorure et l'acide sulfurique, comme cela se voit dans l'équation chimique

$$FeS + H^2O + SO^3 = FeOSO^3 + H^2S.$$

L'acide sulfhydrique, préparé par ce dernier procédé, contient toujours un peu d'hydrogène libre provenant probablement de la décomposition d'une partie de l'acide, ou bien de ce que le sulfure renfermait quelques parcelles de fer qui auraient décomposé l'eau en présence de l'acide sulfurique. On peut obtenir la dissolution d'acide sulfhydrique au moyen de l'appareil de Wolf : pour les usages de la médecine, on fait ainsi en grand des eaux minérales factices, comme celles de Clichy.

Composition de l'acide sulfhydrique. On fait l'analyse du gaz hydrogène sulfuré en mettant ce corps en contact avec l'étain, à une température élevée ; le métal s'empare du soufre et met à nu l'hydrogène, dont le volume après l'expérience est égal à celui de l'acide sulfhydrique. En retranchant la densité de l'hydrogène de celle de l'acide, le reste sera le poids du soufre qui entre dans un volume d'hydrogène. L'analogie du soufre et de l'oxygène porte à prendre pour l'acide sulfhydrique une formule analogue à celle de l'eau. En prenant H^2S pour cette formule, il en résultera que le poids de l'équivalent du soufre sera 201,16.

Acide sélenhydrique.

Cet acide gazeux, qui a la plus grande analogie avec le précédent, et qui a la même composition, est excessivement vénéneux, beaucoup plus que l'acide sulfhydrique, puisque M. Berzelius a été gravement indisposé pour en avoir respiré seulement quelques bulles. Il se prépare en brûlant le séléniure de potassium par l'acide sulfurique étendu.

Ammoniaque.

Après avoir fait l'histoire des composés acides hydrogénés, en commençant par les plus stables, nous allons nous occuper d'un corps gazeux jouissant de propriétés basiques très-prononcées, dont la place est à côté des alcalis, puisqu'il joue absolument le même rôle que ces corps. Cependant, il est bien loin d'avoir une même composition, puisqu'il est formé d'azote et d'hydrogène, et qu'il ne paraît pas renfermer de métal.

L'ammoniaque se forme toutes les fois que les matières animales entrent en putréfaction ; mais ce corps n'existe jamais dans la nature à l'état libre : toujours il est en combinaison avec plusieurs acides, soit dans le règne animal, soit dans le règne minéral. On l'extrait par la chaux du chlorhydrate d'ammoniaque, ou sel ammoniac, matière que l'on trouve en grande quantité dans la nature et le commerce. L'expérience peut se faire soit dans une cornue en grès, soit dans une cornue en verre, auxquelles on adapte des tubes de sûreté et des tubes propres à recueillir les gaz. Le sel et la chaux sont pulvérisés séparément, mélangés, puis introduits dans la cornue. A la température ordinaire, la décomposition a déjà lieu ; mais pour qu'elle soit complète, il faut chauffer : alors des torrents de gaz se dégagent, et peuvent être recueillis dans des éprouvettes sur la cuve à mercure. Dans cette circonstance, le chlorhydrate d'ammoniaque et la chaux éprouvent une décomposition. Il se produit alors du chlorure de calcium, de l'eau et de l'ammoniaque, comme cela se voit par l'équation

Préparation de l'ammoniaque.

$$Az^2H^6, H^2Ch^2 + CaO = CaCh^2 + H^2O + Az^2H^6 ;$$

car l'équivalent d'ammoniaque est représenté par Az^2H^6. L'eau est entraînée par le gaz avec tant de force, qu'il est très-difficile de la lui enlever ; on ne peut y parvenir qu'en le mettant en présence du corps le plus avide d'eau, c'est-à-dire de la potasse caustique.

L'ammoniaque est un corps gazeux, incolore, d'une

Propriétés de l'ammoniaque.

saveur âcre et caustique, d'une odeur très-forte et suffocante, tellement caractéristique, qu'elle peut toujours le faire reconnaître, et qui est d'ailleurs celle que finissent par prendre les urines des animaux. Il a une densité de 0,5912, et peut se liquéfier par un froid et une pression convenables; il est très-alcalin, ce que l'on peut reconnaître avec le papier de tournesol qui a été rougi par les acides les plus forts, et par un bouquet de violettes dont il peut faire passer la couleur à plusieurs reprises. Outre son action sur les papiers réactifs, qui le range au nombre des alcalis, il jouit, comme ceux-ci, de la propriété de neutraliser les acides pour donner naissance à de véritables sels. Voilà pourquoi les anciens chimistes l'appelaient alcali volatil.

Ce gaz ne fume pas à l'air, quoiqu'il soit cependant extraordinairement soluble dans l'eau; car celle-ci peut en dissoudre jusqu'à 430 fois son volume, et donner naissance à un liquide incolore, qui jouit des propriétés du gaz, c'est-à-dire qui en a la saveur, l'odeur pénétrante et les propriétés alcalines. Cette dissolution, qui peut être obtenue avec l'appareil de Wolff, offre un caractère particulier et qui explique jusqu'à un certain point pourquoi le gaz ammoniac n'est pas fumant, quoiqu'il soit très-soluble dans l'eau. Cette solubilité n'est pas déterminée par l'affinité de l'eau pour le gaz; car si l'on expose la dissolution ammoniacale à l'air, tout le gaz s'en échappe peu à peu, et l'on voit la liqueur perdre toutes ses propriétés alcalines sans s'échauffer, ce qui n'arrive jamais pour l'acide chlorhydrique et les autres acides fumants.

L'ammoniaque éteint les corps en combustion, et n'est pas inflammable, quoique contenant un volume et demi d'hydrogène. Il ne peut s'enflammer qu'en le mélangeant avec un peu d'air : voilà pourquoi sans doute, lorsqu'on plonge une bougie allumée dans une éprouvette remplie de gaz ammoniac, on voit le disque de la flamme s'agrandir, et celle-ci s'éteindre ensuite ; c'est qu'alors il y a décomposition d'une portion du gaz, et combinaison de l'hydrogène avec l'oxygène de l'air. Dans l'air, l'inflammation n'est jamais accompagnée de détonation, tandis que le mélange d'oxygène et d'ammoniaque est capable de produire une forte explosion, avec formation d'azote et d'eau.

Le chlore décompose l'ammoniaque très-facilement ; l'azote est mis en liberté, et il y a production de chlorhydrate d'ammoniaque. En versant de l'eau dans l'éprouvette, tout le sel se dissout, et il ne reste plus que de l'azote. Si l'on opère sur 16 volumes de gaz alcalin et sur 6 volumes de chlore, la réaction sera complète, ce que l'on peut voir par l'équation

$$4\,Az^2H^6 + 3\,Ch^2 = 3\,H^2Ch^2Az^2H^6 + Az^2,$$

où l'équivalent Az^2H^6 d'ammoniaque représente 4 volumes. Si dans l'ammoniaque liquide on faisait passer du chlore, à chaque bulle de ce gaz le liquide serait traversé par un sillon lumineux, suivi d'une ou de plusieurs bulles d'azote. Quand il y a excès de chlore, et que la température est faible, il y a formation de chlorure d'azote. L'iode et le brome donnent des résultats analogues, quoique moins prononcés. Le bore, le phosphore, le soufre, le carbone, donnent des actions faibles et de peu d'importance.

Les métaux, au contraire, donnent des résultats très-importants et dignes de fixer l'attention. Si l'on prend du potassium, même en petite quantité, 1 gramme, par exem-

Action des métalloïdes sur l'ammoniaque.

Action des métaux.

<table><tr><td>I.</td><td align="right">13</td></tr></table>

ple, dissous dans 5o grammes de mercure , puis que l'on fasse agir sur cet alliage le chlorhydrate d'ammoniaque, on verra cet alliage augmenter de plus en plus en poids et en volume , s'épaissir graduellement et finir par prendre la consistance du beurre, tandis que la dissolution saline diminuera de plus en plus pour disparaître complétement. Les corps qui se trouvent ici en présence sont du potassium dissous dans le mercure, de l'ammoniaque, de l'hydrogène et du chlore : il est alors possible d'expliquer ce qui se passe en partant d'idées nouvelles, professées dans ces dernières années par M. Dumas, et qui consistent à admettre la formation d'un composé d'azote et d'hydrogène Az^2H^8, jouant le rôle d'un métal. Alors le potassium, en dissolution dans le mercure, décompose l'acide chlorhydrique du sel, forme avec le chlore un chlorure de potassium, tandis que l'hydrogène de l'acide se reporte sur l'ammoniaque Az^2H^6 du sel, forme le composé Az^2H^8 qui, jouant le rôle d'un métal, peut se combiner avec le mercure et former un véritable alliage. Cette réaction est écrite dans l'équation :

$$HgK + Az^2H^6H^2Ch^2 = Hg\,Az^2H^8 + KCh^2.$$

Ammonium.　Si la combinaison Az^2H^8 joue le rôle d'un métal que les chimistes appellent *ammonium*, on doit pouvoir, avec un équivalent d'oxygène, produire le corps analogue aux alcalis, qui serait alors $Az^2H^6 + H^2O$. Nous verrons à l'article des sels ammoniacaux, que c'est réellement $Az^2H^6 + H^2O$ qui se combine avec les acides. Mais revenons à la masse obtenue précédemment qui a la consistance du beurre, et qui est un mélange de chlorure de potassium et d'un alliage contenant de l'ammonium et du mercure : abandonnée à l'air chaud, cette masse diminue de volume, perd de plus en plus sa consistance solide pour devenir pâteuse, puis liquide par la perte de son hydrogène.

Le potassium, en agissant seul sur l'ammoniaque, donne encore un résultat qui conduit à la connaissance d'un nouveau composé d'azote et d'hydrogène, appelé *amide*, et dont la composition est représentée par la formule Az^2H^4. Amide.

L'expérience peut se faire sur la cuve à mercure, dans une petite cloche recourbée : le potassium est placé dans une nacelle en platine, laquelle est poussée dans le renflement de la partie courbe de la cloche avec une tige de fer : en chauffant, le potassium fond peu à peu et se transforme bientôt en une matière solide, verte, formée de potassium et de la nouvelle combinaison d'azote et d'hydrogène. Az^2H^4 est la composition de cet amide ; car si l'on a introduit dans la cloche 4 volumes d'ammoniaque, représentés par Az^2H^6, il ne restera après la réaction que 2 volumes d'hydrogène, ce qui prouve évidemment que l'amidure a pour formule $K Az^2H^4$, et par suite l'amide Az^2H^4.

Ainsi, il y a trois combinaisons (tout nous porte à le croire) d'azote et d'hydrogène : la première, Az^2H^4, qui joue le rôle du chlore, puisqu'elle donne avec le potassium un amidure comme le chlore aurait donné un chlorure ; la deuxième, Az^2H^6, qui joue le rôle des bases ; enfin la troisième, Az^2H^8, qui ressemble aux métaux ; c'est-à-dire que ces composés se rapprochent de plus en plus des métaux, à mesure que l'hydrogène augmente. C'est ce qui a porté des chimistes systématiques à supposer que les métaux étaient des composés très-stables contenant une forte proportion d'hydrogène, et qu'on n'aurait pas encore pu décomposer.

L'ammoniaque est très-stable, car elle ne change pas lorsqu'on la fait passer à travers un tube de porcelaine porté Action de la
chaleur.

au rouge : mais si l'on vient à introduire dans l'intérieur de ce tube des spirales en cuivre ou en fer mince, alors les résultats changent complétement ; car le gaz qui sort du tube a perdu ses propriétés alcalines, n'a plus une odeur forte et ammoniacale, ne se dissout plus dans l'eau et n'est qu'un mélange d'azote et d'hydrogène dans le rapport de 2 volumes d'hydrogène et de 6 d'azote. On remarque même qu'il n'y a pas de gaz perdu. Cependant le métal est devenu cassant, et l'on reconnaît facilement à la loupe qu'il est criblé d'une multitude de petits trous qui indiquent qu'il a été pénétré par le gaz : mais, phénomène singulier, le métal quoique devenu cassant, peut encore s'aplatir et se tirer à la filière. Des chimistes expliquent ces phénomènes en les attribuant à des effets de contact, à une force cataleptique ; d'autres, au contraire, pensent que leur cause nous est réellement inconnue et qu'on doit se borner à constater les faits sans hasarder une explication. Ce qu'il y a de certain, c'est que pendant un instant le gaz a pénétré le cuivre, puis en est ressorti décomposé en ses éléments, et que ce phénomène s'est renouvelé un grand nombre de fois. Cependant il est bon d'avertir le lecteur qu'un physicien distingué, M. Despretz, a fait des expériences à ce sujet, et qu'il est parvenu à constater une augmentation dans le poids des fils de cuivre, augmentation due, suivant lui, à un peu d'azote que le cuivre aurait retenu.

Action de l'électricité sur l'ammoniaque et analyse de ce gaz.

Si la chaleur ne peut décomposer l'ammoniaque, l'électricité, au contraire, parvient à le faire : mais il faut une longue série d'étincelles électriques ; il en faut des milliers pour que la décomposition soit complète. On met cette propriété décomposante de l'électricité à profit lorsqu'on veut faire l'analyse du gaz ammoniac. Après avoir mis un volume d'ammoniaque dans l'eudiomètre, et excité à travers ce gaz de nombreuses étincelles électriques, on reconnaît que le volume a doublé et qu'il est formé d'azote et d'hydrogène mélangés : de telle sorte que si le volume primitif était représenté par 2, il serait 4 après l'opération dont nous venons de parler. Il ne s'agit plus, pour arriver à la détermination des quantités d'azote et d'hydrogène qui entrent dans ces 4 volumes de gaz, que de faire détoner ceux-ci dans un eudiomètre avec de l'oxygène. En mettant $2\frac{1}{2}$ volumes d'oxygène, on ne retrouvera que 2 volumes dans l'appareil, dont 1 sera de l'oxygène facilement reconnaissable par le phosphore : le volume restant sera donc de l'azote. Ainsi les 4 volumes du mélange seront formés de 3 d'hydrogène et de 1 d'azote ; et 2 volumes d'ammoniaque contiendront 3 volumes d'hydrogène et 1 volume d'azote ; de telle sorte que AzH^3 serait la formule de 2 volumes d'ammoniaque. Comme l'équivalent de l'acide chlorhydrique est représenté par $H^2Ch^2 = 4$ volumes, et comme il faut 4 volumes d'ammoniaque pour saturer ces 4 volumes d'acide et produire le sel ammoniac ou chlorhydrate d'ammoniaque, il s'ensuit évidemment que l'équivalent de l'ammoniaque est représenté par Az^2H^6.

Les acides agissent sur l'ammoniaque, d'une manière contradictoire que nous ne devons pas passer sous silence. Il n'y a rien que de très-simple et de très-naturel quand l'acide est hydrogéné : l'action a lieu sans le concours de l'eau ; mais avec les acides oxygénés, l'eau doit intervenir, et la réaction ne pourrait avoir lieu si l'acide était anhydre ; de telle sorte que $Az^2H^6 + H^2O$ ou Az^2H^8O, l'oxyde d'ammonium, est la base qui entre réellement en combinaison avec un acide anhydre, comme l'acide sulfurique SO^3. Mais avec certains oxacides il se produit une réaction remarquable ; avec l'acide sulfureux, par exemple, il se forme une matière jaune, appelée *sulfamide,* dont la composition est représentée par $Az^2H^4SO^2$, puisque 2 volumes d'hydrogène se dégagent. On peut aussi représenter la composition de la sulfamide par celle d'un équivalent de sulfate d'ammoniaque $Az^2H^6SO^3$, moins un équivalent d'eau $H^2O = Az^2H^4SO^2$.

COMPOSÉS HYDROGÉNÉS NEUTRES.

Phosphure d'hydrogène.

Le phosphore forme avec l'hydrogène trois combinaisons : l'une solide, l'autre liquide, l'autre gazeuse à la température de la glace fondante ; toutes trois s'obtiennent dans les mêmes réactions : la plus stable est le phosphure gazeux, aussi est-elle la plus anciennement connue. Sa découverte est due à Gengembre, qui l'a obtenue en faisant réagir le phosphore sur une dissolution concentrée de potasse. Le plus souvent ce gaz possède la curieuse propriété de s'enflammer spontanément au contact de l'air ; quelquefois il en est dépourvu. Cette singulière anomalie a longtemps préoccupé les chimistes : les uns l'ont expliquée en admettant l'existence de deux gaz, l'un spontanément inflammable, l'autre non inflammable, différents par leur composition chimique ; d'autres ont cru à l'existence de deux gaz isomères ; d'autres enfin ont avancé qu'il n'y a qu'un seul gaz et que l'inflammabilité spontanée est due à une matière étrangère qui pouvait l'accompagner. C'est cette dernière théorie, due à M. Le Verrier, que vient de faire prévaloir M. P. Thenard qui, dans un Mémoire fort remarquable, a commenté d'une façon tout à fait satisfaisante les diverses opinions des chimistes et expliqué leurs expériences si souvent contradictoires.

Il résulte des recherches de M. P. Thenard, que le gaz hydrogène phosphoré n'est pas spontanément inflammable, qu'il le devient lorsqu'on y ajoute une quantité minime d'un *phosphure d'hydrogène liquide* qui s'y dissout aisément et est lui-même spontanément inflammable.

Pour préparer les phosphures d'hydrogène, M. P. Thenard met en contact avec l'eau le produit qu'on obtient en faisant réagir le phosphore sur la chaux caustique, à une température rouge sombre; ce composé, que l'on pourrait appeler phosphure de chaux, a pour formule brute $Ph (CaO)^2$, mais ses propriétés indiquent que telle n'est pas sa formule rationnelle; on doit le représenter comme composé de 2 équivalents de phosphate de chaux $2 PhO^5 2 (CaO)$, et de 5 équivalents de phosphure de calcium $Ph Ca^2$.

Lorsqu'on met le phosphure de chaux en contact avec l'eau, celle-ci est décomposée; son oxygène se porte sur le calcium pour former de la chaux, son hydrogène sur le phosphore, pour donner naissance à un hydrogène phosphoré liquide $Ph H^2$, correspondant au phosphure de calcium $Ph Ca^2$. Ce composé très-instable se dédouble presque aussitôt en un phosphure d'hydrogène solide, et en gaz hydrogène phosphoré $Ph H^3$, retenant une plus ou moins grande quantité du liquide spontanément inflammable non décomposé; puis le phosphure solide, à son tour, sous l'influence de la chaux mise en liberté, se décompose en phosphure d'hydrogène gazeux $Ph H^3$, en hydrogène, et en hypophosphite de chaux qui reste dans la dissolution.

On voit par là que, dans les circonstances ordinaires de l'opération, on obtient seulement de l'hydrogène phosphoré mêlé d'hydrogène. Si, au lieu d'eau pure, on emploie de l'eau aiguisée d'acide chlorhydrique, on obtient du gaz hydrogène phosphoré pur, et du phosphure solide ; enfin, si l'on opère à une tempéiature suffisamment basse, on n'obtient guère que du phosphure liquide.

Le phosphure liquide PH^2 s'obtient en soumettant à l'action du froid produit par un mélange réfrigérant, du phosphure gazeux qui en tient en suspension.

C'est un liquide incolore, très-inflammable à l'air, et dont une quantité très-minime suffit pour rendre spontanément inflammable, à la température ordinaire, un gaz combustible quelconque.

Le phosphure solide P^2H est pulvérulent, jaune orangé ; on le prépare en traitant par l'eau acidulée le phosphure de chaux, ou bien en brûlant imparfaitement le phosphure liquide, ou bien encore en décomposant ce dernier, soit par les hydracides gazeux, soit par son exposition à la lumière solaire ; ce qui explique pourquoi, sous l'influence des mêmes agents, le gaz hydrogène phosphoré, qui est spontanément inflammable, perd bientôt cette propriété.

Le phosphure gazeux $Ph\,H^3$ est incolore ; il a une forte odeur d'ail ; il ne s'enflamme à l'air qu'autant qu'il retient du phosphure liquide en suspension, ou que la température est élevée vers 100°. On a attribué la production des feux follets à un dégagement de phosphure d'hydrogène, spontanément inflammable, provenant de la décomposition de matières animales enfouies. Aucune expérience ne vient à l'appui de cette opinion.

Arséniure d'hydrogène.

L'hydrogène donne lieu, en se combinant avec l'arsenic, à un gaz semblable au précédent et que l'on peut préparer par un procédé analogue à celui qui est employé pour le phosphure d'hydrogène : on met dans une fiole de l'arsénic, de l'eau et de la potasse, et l'on chauffe légèrement. On peut encore traiter l'arsenic par le zinc et l'acide chlorhydrique, ou bien l'arséniure de zinc par le même acide ; il en résulte toujours de l'arséniure d'hydrogène, qui se dégage, et du chlorure de zinc.

Le gaz hydrogène arseniqué est incolore, comme l'hydrogène phosphoré ; de plus il est liquéfiable et vénéneux. Cependant il est probable qu'on a exagéré les caractères vénéneux de ce corps, puisque M. Dumas prétend en avoir plusieurs fois respiré sans s'être trouvé mal au point de redouter des dangers. Ce gaz est surtout caractérisé par une odeur nauséabonde, par la faculté qu'il a de brûler en donnant lieu à de l'eau, à de l'acide arsénieux qui apparaît sous forme de fumées blanches, et souvent à un dépôt noir d'arsenic. On met à profit cette circonstance pour reconnaître, dans la médecine légale, les plus petites quantités d'arsenic : il suffit de traiter dans une fiole la matière qu'on suppose contenir de l'arsenic par le zinc et l'acide chlorhydrique. Si l'on fait écouler le gaz par un orifice trèsfin , et si l'on enflamme le jet en ayant la précaution de présenter à cette flamme un corps froid et poli, comme une soucoupe de porcelaine, il se produit alors une odeur alliacée, et il se forme un dépôt noir d'arsenic sur la soucoupe, signes évidents que la matière analysée contenait de l'arsenic. Afin d'éviter des erreurs à la justice, toujours si rigoureuse, il faut avoir la précaution de n'employer dans cette expérience qu'un zinc bien purifié et exempt d'arsenic. L'oxygène donne lieu aux mêmes produits que l'air ; mais ils varient suivant les quantités d'oxygène fournies dans la combustion. Si l'on prend, par exemple, 2 volumes d'hydrogène arséniqué et 6 volumes d'oxygène, il en résultera de l'eau et de l'acide arsénieux, comme cela est indiqué par l'équation

$$As^2 H^6 + O^6 = H^6 O^3 + As^2 O^3.$$

Le vase se tapisse en blanc par l'acide et il se produit une détonation assez forte. Si c'était, au contraire, le gaz hydrogène qui fût en excès, il y aurait dépôt brun d'arsenic, sans formation de vapeurs blanches. C'est ce dépôt que l'on remarque lorsque le phosphure d'arsenic est renfermé dans un vase qui contient de l'eau. Dans ce cas, par l'oxygène contenu dans l'eau, la décomposition a lieu lentement à la température ordinaire.

Le chlore agit sur ce gaz comme sur le précédent, c'est-à-dire en formant un dépôt brun d'arsenic et de l'acide chlorhydrique qui se dissout si l'expérience se fait en présence de l'eau; quelquefois il se forme du chlorure si le chlore est en excès. Pour éviter les dangers que pourrait présenter cette expérience, il faut d'abord remplir l'éprouvette d'hydrogène arséniqué, puis faire passer le chlore bulle à bulle. Quand on veut reconnaître une petite quantité de ce gaz renfermée dans une éprouvette, il faut se rappeler qu'en le brûlant il donne un dépôt métallique très-divisé, et que l'azotate d'argent donne un dépôt brun d'arséniure d'argent.

Carbures d'hydrogène.

Le carbone, en se combinant avec l'hydrogène, peut donner lieu à un grand nombre de composés remarquables et qui souvent ont des propriétés physiques et chimiques différentes, quoique ayant la même composition; ils sont isomères et ne diffèrent que par la condensation de leurs éléments.

Nous saisirons cette occasion pour faire une remarque importante sur les combinaisons. Moins les corps ont de tendance à s'unir à l'hydrogène, plus ils peuvent donner de combinaisons, et plus ils se condensent en se combinant. Ainsi le chlore, le brome et l'iode ne se condensaient pas ; mais, arrivé au soufre, on a vu que le volume de l'acide sulfhydrique contenait le même volume d'hydrogène : il y avait déjà condensation ; enfin la condensation des éléments dans les gaz cyanhydrique et ammoniac, devenait plus grande. Nous pouvons donc énoncer, comme une loi générale, que plus l'affinité des corps pour l'hydrogène diminue, plus la contraction est grande, ou, en d'autres termes, plus est grand le rapprochement des particules.

Comme le nombre des carbures d'hydrogène est très-grand, nous allons seulement nous occuper de l'histoire de deux carbures qu'on étudie particulièrement dans la chimie minérale.

Bicarbure d'hydrogène ou gaz oléfiant.

Le bicarbure d'hydrogène est un corps qui n'existe pas libre dans la nature, mais qui se forme toutes les fois qu'on décompose en vases clos les matières grasses, huileuses et bitumineuses, et en général les matières organiques qui renferment beaucoup de carbone et d'hydrogène.

Pour le préparer dans les laboratoires, on traite à l'aide Préparation. de la chaleur, dans une cornue, une partie d'esprit-de-vin du commerce par 5 ou 6 parties d'acide sulfurique concentré. Le mélange s'échauffe à la température ordinaire ; voilà la cause pour laquelle il faut verser peu à peu l'acide sulfurique sur l'alcool. On évite ainsi une action trop vive qui pourrait occasionner la rupture

de la cornue et la projection au dehors des matières réagis-
santes. En élevant peu à peu la température, on voit bientôt le gaz oléfiant se dégager; on peut alors le recueillir
sur l'eau dans des éprouvettes. On ne sait réellement pas ce
qui se passe dans cette réaction importante, et l'on ne peut en
donner la théorie. Cependant, il n'y a pas encore longtemps, on donnait une explication assez satisfaisante, mais
insoutenable aujourd'hui devant une observation faite dernièrement.

L'alcool peut être considéré comme formé d'eau et de
gaz oléfiant; car $C^8H^{12}O^2$ est la formule qui exprime sa
composition, comme nous le verrons plus tard : or elle
peut se décomposer en C^8H^8 qui exprime du bicarbure,
et en H^4O^2 qui représente 2 équivalents d'eau. Donc, disait-
on, si l'on fait agir sur l'alcool un corps très-avide d'eau,
comme l'acide sulfurique, l'eau sera absorbée, et le gaz
oléfiant, devenu libre, pourra se dégager. Cette explication
devait évidemment séduire les chimistes par sa simplicité ;
mais elle a été renversée facilement par une observation faite dans ces dernières années. On a remarqué que
le gaz entraîne toujours de l'eau en vapeurs représentant
l'eau de l'alcool. Il s'ensuit alors que l'acide sulfurique
n'a pas agi par son affinité pour l'eau; son rôle s'est simplement borné à faciliter, par sa présence, la décomposition de l'alcool dans ses éléments. La réaction dont il
vient d'être parlé ne peut avoir lieu qu'autant que la température du mélange est portée au-dessus de 165°. Si l'on
dépasse 175°, une partie de l'alcool disparaît, le point
d'ébullition du mélange s'élève de plus en plus ; il faut
alors, pour continuer le dégagement du gaz, chauffer davantage, ou bien remettre le mélange dans les conditions

primitives, en ajoutant une nouvelle quantité d'alcool par un tube disposé à cet effet sur l'appareil. Quand ces conditions ne sont pas remplies, on voit au bout de très-peu de temps la matière de la cornue devenir noirâtre. Il faut cesser de recueillir le gaz, puisqu'il contiendrait de l'acide sulfureux et de l'oxyde de carbone. Cela est facile à voir, car plus l'expérience marche, plus le carbone de l'alcool devient abondant et plus sa température s'élève : or nous verrons que l'acide sulfurique est décomposé par le charbon en donnant du gaz acide sulfureux, de l'oxyde de carbone et quelquefois de l'acide carbonique. Dans une autre circonstance, au lieu d'enlever toute l'eau à l'alcool, on lui en enlève seulement la moitié, et l'on obtient le composé $C^8H^8 + H^2O$ qui est l'éther ordinaire, l'éther sulfurique. Jusqu'à 130° on ne fait que distiller l'alcool ; de 130° à 160° on obtient l'éther, et au-dessus le gaz oléfiant. Pour purifier le gaz oléfiant, il faut lui faire traverser de l'acide sulfurique froid et concentré : l'alcool mélangé aux vapeurs d'eau reste dans cet acide. On sépare ensuite les gaz sulfureux et carbonique par la potasse, et l'on obtient enfin le bicarbure, toujours souillé par une petite quantité d'oxyde de carbone dont on ne peut le dépouiller.

Le gaz obtenu par les manipulations que nous venons de décrire est incolore, et a une densité qui diffère peu de celle de l'air, puisqu'elle est de 0,9814 : il est peu odorant quand il est pur ; dans le cas contraire, il a une légère odeur empyreumatique. Il peut brûler avec un grand éclat, avec une grande vivacité pendant longtemps : on peut se faire une idée de la flamme qu'il est capable de produire par celle qui, chaque soir, sert à l'éclairage de la capitale et des grandes villes. On est conduit alors à penser que tous

Propriétés du gaz oléfiant.

les corps qui, comme les huiles, les graisses, donnent une belle flamme, contiennent de l'hydrogène et du charbon dans le rapport nécessaire à la formation du gaz oléfiant. Dans la combustion du gaz oléfiant, il se forme de l'eau et de l'acide carbonique ; quand l'oxygène n'est pas fourni en assez grande quantité, on voit l'éprouvette se couvrir d'un dépôt de charbon. L'acide carbonique formé peut être constaté par l'eau de chaux. Le gaz qui nous occupe éteint, comme on devait bien le penser, les corps en combustion et détermine l'asphyxie plus promptement que certains gaz. On voit donc quelles précautions on doit prendre quand on le conduit dans l'intérieur des maisons ; car si une fissure se manifestait à un tuyau, il pourrait remplir toute une cave, tout un magasin, et produire un mélange capable de détoner et d'asphyxier. Cependant le mélange n'est détonant qu'autant qu'il est fait dans des proportions convenables de gaz et d'air, ou de gaz et d'oxygène : au-delà de certaines limites, il n'y a plus détonation, et c'est le cas qui arrive presque toujours.

Le gaz oléfiant, par rapport aux papiers, n'est ni alcalin, ni acide ; il est complétement neutre, quoiqu'il puisse cependant jouer le rôle de base, ainsi que nous le verrons plus tard : il est stable à la température ordinaire ; mais si on l'échauffe, il se décompose, et il en résulte un dépôt de charbon et d'hydrogène. C'est ce que l'on observe dans les usines où l'on fabrique le gaz de l'éclairage, dont la plus grande partie est composée de bicarbure d'hydrogène. Le bicarbure, venant à se trouver en contact avec les parois de la cornue en fer dont la température est élevée, se dépose et donne un dépôt de charbon dont l'épaisseur est très-grande. Ce charbon est surtout remarquable par sa dureté et par son apparence cristalline. L'électricité agit sur le bicarbure et le décompose complétement, suivant Dalton.

L'électricité peut être employée pour déterminer rigoureusement la composition du gaz qui nous occupe. Pour analyser le bicarbure, il suffit de faire passer dans un eudiomètre 1 volume de gaz oléfiant et 5 volumes d'oxygène, et d'exciter à travers ce mélange une étincelle électrique : on trouve ainsi, après l'expérience, 4 volumes pour résidu, dont 2 sont absorbés par la potasse, et sont de l'acide carbonique, tandis que les 2 volumes restants sont de l'oxygène. Or, les 2 volumes d'acide carbonique renferment, comme nous le supposerons plus tard, 2 volumes de vapeurs de carbone et 2 volumes d'oxygène ; donc le volume de gaz oléfiant contenait 2 volumes de vapeurs de carbone. Il renfermait aussi 2 volumes de gaz hydrogène ; car, puisque des 5 volumes d'oxygène introduits dans l'eudiomètre, 2 ont été absorbés par le carbone pour former de l'acide carbonique, tandis que 2 autres sont restés dans l'appareil, il faut en conclure que le cinquième volume, celui qu'on ne retrouve pas, s'est combiné avec son double d'hydrogène pour former de l'eau. Nous pouvons donc représenter 1 volume de bicarbure par H^2C^2. On voit que la condensation serait très-grande, si l'hypothèse que nous avons faite sur la composition de l'acide carbonique était réelle.

Le gaz oléfiant, mis en présence du chlore, donne lieu à des produits divers. Premièrement, mettons en présence 4 volumes de gaz oléfiant et 4 volumes de chlore, et agitons le mélange des deux gaz : peu à peu, à la température ordinaire, il se forme un produit liquide ayant l'apparence de l'huile, tandis que les gaz introduits dans l'éprouvette disparaissent complétement. En agitant le vase, les goutte-lettes qui sont formées se détachent et tombent à la surface de l'eau. C'est un composé formé de chlore et de gaz olé-fiant à volumes égaux; il est très-volatil, d'une odeur très-éthérée, bouillant à une faible température; ce sont là des caractères qui tous n'appartiennent pas aux huiles. Comme ce sont des chimistes hollandais qui en ont fait la découverte, on l'appelle la *liqueur des Hollandais*. L'équation

$$H^8C^8 + 4\,Cb = C^8H^6Ch^2 + H^2Ch^2$$

montre que cette liqueur peut être considérée comme un chlorhydrate, dont la base composée aurait pour formule $C^8H^6Ch^2$. On met à profit l'apparition de ces gouttelettes oléagineuses dans le carbure d'hydrogène lorsqu'on le traite par le chlore pour le faire reconnaître dans les analyses qualitatives. Si au lieu d'opérer dans les mêmes circonstances que précédemment, c'est-à-dire sans chaleur et à la lumière diffuse, on opérait à la lumière solaire, il se forme-rait du chlorure de carbone. Le soufre, à une tempéra-ture élevée, pourrait opérer la décomposition du gaz oléfiant, et produire du gaz sulfhydrique et un dépôt de charbon.

Dans les usines où l'on fabrique le gaz nécessaire à l'é-clairage de nos villes, on décompose, comme nous avons déjà eu l'occasion de le dire, la houille à une température élevée. Mais cette houille contient presque toujours des sulfures capables de se décomposer par le feu en vases clos, et de produire du soufre; il ne faut pas être alors étonné de ce que ce gaz carboné est souillé par une assez grande quan-tité d'acide sulfhydrique qui lui donne une odeur nauséa-bonde, quelquefois insupportable.

Hydrogène protocarboné.

Il existe un carbure d'hydrogène que nous ne devons pas passer sous silence, malgré son peu d'importance ; ce composé, connu sous le nom de *protocarbure,* se prépare en décomposant l'acétate de soude par la baryte. Lorsqu'on agite la vase des marais, il s'en dégage abondamment. C'est un gaz incolore, inflammable, mais dont la flamme cependant est loin de présenter l'éclat de celle du bicarbure d'hydrogène déjà étudié. Ce gaz, dont CH^2 représente la composition d'un volume, peut s'analyser très-facilement avec l'eudiomètre, comme le gaz oléfiant. Il se trouve aussi dans les houillères : il y existe tout formé de temps immémorial dans des cavités. Aussi quand les mineurs parviennent, dans leurs travaux, à ouvrir ces cavités, le gaz qui s'y trouve renfermé se répand dans l'intérieur de la mine et produit ces mélanges explosifs si redoutables pour les ouvriers, et qui souvent occasionnent leur mort.

Des composés oxygénés et particulièrement des oxacides.

Dans l'étude des composés oxygénés, nous avons commencé par les combinaisons les plus stables ; cette marche nous a permis de deviner dans les combinaisons suivantes des réactions importantes : nous suivrons pour les composés oxygénés une marche analogue. Comme les corps sont rangés, par leur affinité pour l'oxygène et pour l'hydrogène, dans un ordre inverse, il s'ensuit que nous sommes conduits d'abord à l'examen des composés carbonés.

L'oxygène et le carbone peuvent donner un grand nombre de composés; actuellement nous en considérerons principalement deux que l'on a coutume d'étudier dans la Chimie minérale, tandis que l'acide oxalique et beaucoup d'autres sont rejetés dans la Chimie organique. Lorsqu'un corps peut former plusieurs combinaisons avec un autre, il y en a ordinairement une dont la stabilité est la plus grande et par l'étude de laquelle il faut commencer. On prévoit, si de l'oxygène et de l'hydrogène étaient, par exemple, mis en présence, qu'il devrait presque toujours se former de l'eau et non du bioxyde d'hydrogène; que l'hydrogène et le soufre donneraient presque toujours de l'acide sulfureux, etc. Voilà pourquoi, dans une série de composés, on doit grandement se préoccuper de celui qui est le plus stable. Mais, comme l'oxyde de carbone et l'acide carbonique sont également stables, nous ne devons, pour aucune des raisons précitées, commencer l'étude des composés oxygénés du carbone par l'oxyde de carbone : si nous commençons par lui, c'est uniquement parce qu'il contient moins d'oxygène que l'acide carbonique. Ces deux corps sont également stables, car ils résistent également à l'action d'une très-haute température sans éprouver de décomposition : de plus, l'oxygène transforme, à l'aide de la chaleur, l'oxyde de carbone en acide carbonique, et réciproquement l'acide carbonique peut devenir oxyde de carbone par le charbon.

Oxyde de carbone.

Propriétés de l'oxyde de carbone. Ce corps est gazeux, incolore, inodore, insoluble ou soluble à la manière de l'oxygène, de l'hydrogène, etc.; il est combustible, propriété que l'on pouvait prévoir, à cause de la faculté qu'il possède de se combiner avec l'oxygène : il brûle avec une flamme pâle, et donne de l'acide carbonique constatable par l'eau de chaux. Comme il est combustible, il éteint les corps en combustion, ce qui est un caractère général des gaz inflammables. Sa densité est de 0,967; elle est, comme on le voit, un peu plus faible que celle de l'air, ce qui fit présumer autrefois, ainsi que sa propriété de brûler, qu'il contenait de l'hydrogène. Dans les laboratoires, on voit souvent s'échapper des fourneaux un gaz qui ne s'enflamme qu'à une certaine distance, avec une flamme bleue pâle : c'est de l'oxyde de carbone. L'air introduit dans le foyer se transforme d'abord, par son passage sur les charbons incandescents, en acide carbonique, puis en oxyde de carbone, lequel s'enflamme, en arrivant chaud en présence de l'air. Cet oxyde, non-seulement est impropre à la respiration, mais il est délétère.

Nous avons vu que l'oxygène et l'oxyde de carbone pouvaient se combiner. Si l'expérience était faite dans un flacon, la détonation serait assez forte pour briser le vase; voilà pourquoi l'analyse de l'oxyde de carbone ne doit se faire que dans un eudiomètre à parois épaisses. On fait passer dans cet appareil 200 volumes d'oxyde, autant d'oxygène, et l'on enflamme le mélange par l'étincelle électrique. On trouve alors que le mélange est réduit à 300 volumes dont 200 d'acide carbonique peuvent être absorbés par la potasse, tandis que 100 autres sont l'excès d'oxygène. Or les 200 volumes d'acide carbonique renfermant 200 volumes d'oxygène, il en résulte que les 200 volumes d'oxyde de carbone sont formés de 200 volumes de carbone et de 100 d'oxygène, et par suite que l'oxyde de carbone exige la moitié de son volume d'oxygène pour passer à l'état d'acide carbonique. Cette composition particulière fait voir qu'on peut considérer l'acide carbonique sous deux points

Composition
de l'oxyde de
carbone.

14..

de vue différents : ou comme une combinaison de carbone et d'oxygène, ou comme le résultat de l'union de l'oxyde de carbone avec la moitié de son volume d'oxygène. Ce qui milite en faveur de cette dernière opinion, c'est la manière remarquable dont le chlore agit sur l'oxyde de carbone.

Acide chloroxicarbonique. Quand on expose à la lumière solaire, et pendant un quart d'heure environ, un mélange à parties égales de chlore et d'oxyde de carbone, tous deux bien desséchés et placés dans un flacon également sec, on voit peu à peu la couleur du chlore disparaître ; il se forme alors un nouveau gaz incolore découvert par Davy, que les chimistes sont convenus d'appeler *acide chloroxicarbonique,* et où l'oxyde de carbone paraît jouer le rôle d'un corps simple ; c'est un chlorure d'*oxyde de carbone.* De même l'acide carbonique pourrait être considéré comme un oxyde d'*oxyde de carbone.* Le gaz chloroxicarbonique est incolore, d'une odeur suffocante et analogue à celle du chlorure d'azote, corps que nous étudierons plus tard. Ce gaz excite le larmoiement, éteint les corps en combustion, rougit le papier de tournesol, et se dissout dans l'eau en se décomposant et en produisant de l'acide carbonique et de l'acide chlorhydrique.

Préparation de l'oxyde de carbone. Pour obtenir de l'oxyde de carbone, il suffit de chauffer fortement le carbonate de chaux et de la limaille de fer dans une cornue en grès. Ce carbonate se décompose en chaux qui reste dans la cornue et en acide carbonique qui se dégagerait sans la présence du fer en limaille, qui lui enlève la moitié de son oxygène ; l'acide carbonique est alors ramené à l'état d'oxyde de carbone qui se dégage, tandis que le fer passe à l'état d'oxyde de fer qui reste mélangé à la chaux dans la cornue. Les métaux qui décomposent l'eau agissent absolument comme le fer. L'oxyde de carbone pourrait encore être préparé en traitant l'oxyde de zinc par le charbon. Mais ces deux procédés ne donnent le plus souvent qu'un gaz impur, à cause de l'eau que le fer et le charbon peuvent contenir, eau qui, par sa décomposition, peut donner de l'hydrogène ou de l'hydrogène carboné capable de souiller l'oxyde de carbone. Il faut alors recourir à un autre procédé plus facile et qui puisse donner du gaz parfaitement pur. On met dans un petit ballon de l'acide oxalique du commerce, dont la composition est représentée par $C^4O^3 + H^2O$, avec de l'acide sulfurique concentré que l'on chauffe ; l'acide sulfurique s'empare de l'eau, laisse en liberté C^4O^3, qui se décompose en un équivalent d'acide carbonique et un équivalent d'oxyde de carbone : ces deux gaz se dégagent ensemble et peuvent être recueillis dans une éprouvette. Le gaz obtenu étant un mélange à volumes égaux d'oxyde de carbone et d'acide carbonique, il faut en séparer ce dernier avec un alcali comme la potasse. Dans l'action de l'acide sulfurique il n'y a pas carbonisation. Comme cet acide s'empare de l'eau, tout l'acide végétal disparaît, et il ne reste plus que l'acide sulfurique, dont le volume est augmenté par celui de l'eau de l'acide oxalique.

Acide carbonique.

L'acide carbonique, que nous avons déjà produit dans un grand nombre de circonstances, est très-facile à préparer. Il suffit de traiter le carbonate de chaux par un acide. Si l'on prend du marbre, il faudra employer de l'acide chorhydrique, parce que le chlorure formé est soluble et

que la masse, qui est compacte , se trouve constamment attaquée par l'acide ; le contraire arriverait avec l'acide sulfurique. Il faut avec cet acide prendre de la craie,
qui est un carbonate très-divisé et dont chaque partie peut
être environnée d'acide et être attaquée par lui. La craie,
si elle était traitée par l'acide chlorhydrique, donnerait
une effervescence si grande, que toute la matière serait
projetée au dehors du vase. Pour faire l'expérience, on
prend un flacon à deux tubulures : l'une sert à introduire
l'acide, tandis que l'autre sert au dégagement du gaz.

Propriétés.   L'acide carbonique est un gaz incolore, possédant une
saveur et une odeur piquantes analogues à celles des vins
mousseux. Il fait éprouver un picotement à la peau lorsqu'elle est plongée dans un vase qui en contient. Sa densité, 1,524, est plus grande que celle de l'air ; voilà
pourquoi on peut le transvaser comme un liquide. Il
est vénéneux, et il asphyxie les animaux qui sont plongés
dans son atmosphère. Ces propriétés démontrent qu'on
ne doit pénétrer qu'avec de très-grandes précautions dans
les lieux où du gaz acide carbonique peut se dégager ;
dans ces lieux il est évident que l'acide carbonique doit se
trouver à la partie inférieure et l'air au-dessus. Les phénomènes que présente la grotte du Chien, près de Naples,
sont donc facilement explicables. Un homme peut y entrer impunément, tandis qu'un chien tombe au bout de
quelque temps et périt infailliblement si on ne le porte au-
dehors. Cette caverne est remplie par deux couches gazeuses : l'une d'acide carbonique, qui produit l'asphyxie
du chien, et l'autre d'air située au-dessus de la première,
que respirait l'homme et qui ne lui pouvait occasionner
aucun accident.

L'acide carbonique éteint les corps en combustion; c'est là une propriété importante qui pourra déjà donner des indices sur la présence de ce gaz dans les caves, car alors il suffira d'y pénétrer avec une bougie enflammée et de voir si elle s'éteindra. Le gaz carbonique pénètre dans certaines caves par les fissures du terrain, se dégage pendant la fermentation de la vendange et dans les cuves où fermente la bière; il se produit aussi lorsqu'on transforme une matière sucrée en liqueur alcoolique. Il ne faudra donc pénétrer qu'avec de grandes précautions dans les lieux où le gaz se produit. Quand, certain de sa présence, on voudra s'en débarrasser, il suffira de le saturer par une dissolution de potasse ou de soude, ou bien encore par du lait de chaux. Il est vénéneux et n'agit pas seulement sur l'économie comme asphyxiant : pour mettre ce fait hors de doute, il suffira de rappeler une expérience tentée par M. Colard sur lui-même. Il se mit dans un sac imperméable aux gaz, et rempli d'acide carbonique; tout son corps, à l'exception de la tête, était entouré par le gaz; cette disposition lui permettait de respirer dans l'air. Au bout de quelque temps, il éprouva des picotements, puis un engourdissement et enfin une véritable défaillance, signe évident que les pores de la peau aspiraient un véritable poison ; il se retira, et tout porte à penser que l'expérience se serait terminée d'une manière terrible pour celui qui la tentait, si elle avait été continuée. L'acide carbonique ne peut devenir vénéneux et asphyxiant, qu'autant qu'il est respiré en quantité convenable : ainsi quand l'atmosphère n'en contient que trois ou quatre centièmes, comme l'air que nous respirons quelquefois, il n'est pas vénéneux ; mais il le devient quand il en renferme huit ou dix centièmes.

L'acide carbonique n'est pas un acide énergique, car il ne colore qu'en rouge vineux la couleur de tournesol, tandis que les acides énergiques produisent un rouge plus vif ; mis dans un flacon en présence de la potasse ou de la soude, il est complétement absorbé. L'acide carbonique est soluble dans l'eau. Ce liquide peut, à la pression ordinaire, en prendre une fois, une fois et demie son volume, et le reperdre dans le vide ou par l'ébullition. Mais à une pression supérieure, elle peut en prendre jusqu'à quatre, cinq, six fois son volume ; l'eau devient alors piquante, aigrelette, vineuse et agréable : c'est l'eau de Seltz. Pour fabriquer cette eau, on met l'eau ordinaire dans un récipient A (*voyez fig.* 33), en cuivre très-résistant et surmonté d'un corps de pompe B dans lequel se meut un piston massif : cette même pompe est garnie dans sa partie inférieure d'une soupape s'ouvrant de haut en bas, et d'un tube à soupape C à l'extrémité duquel on peut visser la monture en cuivre d'une vessie D remplie d'acide carbonique. Chaque fois qu'on soulèvera le piston on fera passer une partie du gaz carbonique de la vessie dans le corps de pompe ; et, quand on l'abaissera, ce gaz sera forcé d'entrer dans le récipient où, par l'effet de la pression, il se dissoudra dans l'eau. On pourra ainsi obtenir de l'eau qui contiendra de fortes proportions d'acide carbonique en dissolution, et qui pourra être transvasée dans des bouteilles par un robinet E. On bouche promptement ces bouteilles et l'on obtient l'eau de Seltz telle qu'elle se vend dans le commerce. La présence de l'acide carbonique dans cette eau peut être constatée par la dissolution de chaux. Le précipité pourra ne pas se former immédiatement, puisque l'acide carbonique dissout un peu de carbonate. Les vins de

(217)

Champagne et d'autres ne sont mousseux que parce qu'ils contiennent de l'acide carbonique. En partant de ce fait des chimistes ont voulu fabriquer des vins mousseux comme les eaux de Seltz ; mais ce procédé n'a pu réussir, car alors il se dépose une partie essentielle du vin qui est même nécessaire à sa conservation.

L'acide carbonique est complétement indécomposable par la chaleur, tandis que l'électricité le décompose partiellement en oxygène et oxyde de carbone. L'hydrogène et le carbone sont les seuls corps non métalliques qui aient de l'action sur lui ; tous deux le font passer à l'état d'oxyde de carbone en lui enlevant de l'oxygène et en se transformant, le premier en eau, et le second en oxyde de carbone.

L'acide carbonique soumis à une forte pression et à un froid de — 20° peut se liquéfier ; mais à la température ordinaire il peut même se solidifier par un procédé très-remarquable dû à un Français, M. Thilorier. Ce chimiste a fait connaître son procédé à l'Académie des Sciences. Depuis il ne cesse de montrer dans les grands amphithéâtres de Paris, à la Sorbonne, au Jardin des Plantes, à l'École de Médecine, à l'École Polytechnique, devant un grand concours de spectateurs, l'ingénieux appareil avec lequel il est parvenu à opérer ce prodige. Ce n'est pas sans un vif sentiment d'admiration et d'enthousiasme manifesté par des cris, des trépignements et des battements de mains que les auditeurs, jeunes et vieux, voient l'acide carbonique, le type des gaz, transformé en une matière solide et blanche ayant l'aspect de la neige, pouvant solidifier le mercure, et qui, en contact avec les chairs, les désorganise et produit une sensation analogue à la brûlure.

Description de l'appareil de M. Thilorier.

L'appareil dont se sert M. Thilorier se compose de deux vases très-épais en fonte : l'un sert à produire l'acide carbonique, l'autre à le recevoir. Le premier vase, dont la forme est indiquée par la *fig.* 34, est percé seulement à l'une de ses extrémités en D, et porte des tourillons représenté en M, autour desquels on peut le faire osciller en posant ces tourillons sur un support PQ. On commence d'abord par mettre au fond du vase du bicarbonate de soude pulvérisé; cela fait, on introduit par l'ouverture D un long tube en fer-blanc rempli d'acide sulfurique, qui ne pourra pas se verser dans le vase tant que celui-ci sera dans sa position verticale; mais si, l'ouverture étant fermée par un bouchon à vis, on faisait osciller le vase en fonte, l'acide sortirait peu à peu du long tube, se répandrait sur le bicarbonate, le décomposerait et mettrait en liberté l'acide. carbonique. Celui-ci, ne pourrait évidemment pas se dégager et produirait une compression considérable, capable de liquéfier les nouvelles quantités d'acide carbonique mises en liberté par une plus grande proportion d'acide sulfurique. Quand la réaction est terminée, on ôte l'appareil de son support, et on le pose sur une table à côté d'un vase semblable et tout aussi résistant. La communication est établie entre eux par un tube en cuivre rouge d'une forte épaisseur que l'on ajuste sur des garnitures en cuivre, adaptées en P; elles sont munies de robinets très-bien ajustés que l'on peut ouvrir et fermer promptement avec une clef. Quand la communication est établie, l'acide liquide se vaporise, passe du premier vase dans le second avec un sifflement tout particulier et qui dénote la pression extraordinaire que supporte l'appareil.

Si l'on ouvrait le robinet E, l'acide se volatiliserait et se dégagerait avec violence et bruit dans l'atmosphère. Pour le solidifier, M. Thilorier adapte à l'ajutage un tube terminé par une boîte en cuivre, en deux compartiments, comme une boîte à savonnette. Cette boîte (*fig.* 36) est percée de petits trous vers les parties xy. Lorsque le gaz arrive dans cette cavité froide, il va d'abord frapper le fond z, se retourne pour aller s'échapper par les ouvertures; mais toujours une partie se solidifie, forme une pelote neigeuse qui grossit toujours et que l'on peut retirer en ouvrant la boîte. L'acide carbonique se maintient sous ce nouvel état, à l'air libre, pendant quelques minutes, sans qu'il soit nécessaire d'exercer sur lui la moindre compression. Cette circonstance est d'autant plus extraordinaire que l'acide liquide se vaporise avec explosion aussitôt qu'il est libre.

L'acide carbonique contient un volume d'oxygène égal au sien : on le prouve en mettant du noir de fumée calciné dans un tube de porcelaine placé dans un fourneau à réverbère, et communiquant par ses extrémités avec deux cloches graduées (*fig.* 37) : l'une est vide de gaz, tandis que l'autre contient un volume connu d'oxygène que l'on fait circuler d'une cloche à l'autre à travers le tube de porcelaine porté au rouge. Le carbone brûle, forme de l'acide carbonique, sans que le volume du gaz subisse le moindre changement. Si l'on admet alors, avec la plupart des chimistes, que l'acide carbonique est formé de volumes égaux d'oxygène et de carbone en vapeur, on obtiendra la densité de la vapeur de carbone en retranchant la densité de l'oxygène de celle de l'acide carbonique 1,5245; on trouve ainsi 0,4219. Il en résulte que 76,44 est l'équivalent du carbone : car la première combinaison oxygénée du carbone est l'oxyde de

Composition.

carbone, qui contient un équivalent de carbone et un équivalent d'oxygène : mais cet oxyde de carbone se combine avec son propre volume d'oxygène pour donner le même volume d'acide carbonique ; il s'ensuit que l'acide carbonique contient un équivalent de carbone pour deux équivalents d'oxygène : la proportion qui déterminera l'équivalent du carbone sera donc :

$$1,1026 : 0,4219 :: 200 : x = 76,44.$$

Les formules chimiques de l'oxyde de carbone et de l'acide carbonique devraient être, d'après la théorie des équivalents, CO, CO^2 ; mais on emploie encore les formules C^2O, CO, qui reviennent au même et qui sont celles données par la théorie atomique qui tient compte des volumes.

Acide borique.

L'acide borique, l'acide silicique et l'acide phosphorique se rapprochent par la propriété qu'ils ont de se fondre et de donner des sels fusibles. L'acide borique, qui est certainement la plus importante des combinaisons du bore, se trouve en dissolution dans quelques lacs de la Toscane. Dans les lacs de certaines parties de l'Inde, il se trouve uni à la soude, à l'état de borate ou borax ; et forme un sel qui est versé dans le commerce sous le nom de *timkal* ou de *borax brut*.

Préparation de l'acide borique. Quand, dans les laboratoires, on veut se procurer de l'acide borique bien pur, il suffit de traiter la dissolution chaude de borax ou borate de soude par l'acide sulfurique qui s'empare de la soude et met l'acide borique en liberté ; comme l'acide borique est plus soluble à chaud qu'à froid, cet acide se déposera, à mesure que la liqueur se refroidira, sous forme de paillettes nacrées blanches qui doivent être recueillies, lavées, séchées, puis fondues dans un creuset de platine, afin de les débarrasser d'une matière grasse qu'elles pourraient contenir. Ces opérations achevées, on fait redissoudre l'acide dans l'eau bouillante et on le fait cristalliser de nouveau.

L'acide borique ne rougit pas plus le tournesol que l'acide carbonique : cette propriété est mise à profit dans la préparation de l'acide borique, afin de saisir le moment où l'on a ajouté une suffisante quantité d'acide sulfurique, pour déplacer tout l'acide borique; il faut attendre le moment où la liqueur commence à rougir le papier de tournesol, à la manière de l'acide sulfurique, ou du moins il faut s'arrêter avant cet instant pour que l'acide borique ne contienne pas trop d'acide sulfurique; car, quelque précaution que l'on prenne, il contient toujours de l'eau et un peu d'acide sulfurique. La fusion le purifie de ces deux corps, comme nous l'avons déjà dit. La fusibilité est la propriété la plus remarquable de l'acide borique. Au rouge il devient pâteux, et peut se réduire en fils par une prompte traction. Cette propriété appartient non-seulement à l'acide borique, mais encore à l'acide phosphorique et à tous les corps qu'on appelle *vitrifiables,* à cause des silicates qu'ils contiennent.

Propriétés
de l'acide
borique.

On peut expliquer des phénomènes si remarquables en observant que ces corps, peu conducteurs de la chaleur, ne perdent celle-ci que par degrés insensibles, et, par suite, ne passent de l'état liquide à l'état solide qu'en prenant des états intermédiaires, ce qui est loin d'arriver dans la solidification de l'eau et des métaux. Les corps de la nature peuvent donc être rangés en deux grandes classes : la première comprend les corps vitreux, la deuxième les corps non vitreux. Nous reconnaîtrons par la suite, quand nous parlerons de la fabrication du verre, que c'est sur cette propriété qu'on s'est fondé pour le façonner et le réduire en vitres.

L'acide borique, fondu et refroidi, donne une matière transparente dont la densité est de 1,83 : sa transparence le fait introduire dans la composition des pierres précieuses, dans le strass et dans l'émail de certaines poteries ; ici il ne doit être introduit qu'en très-petite quantité, afin de ne pas trop retarder le degré de fusibilité. L'acide borique fondu et abandonné au contact de l'air, se refroidit peu à peu, se fêle avec bruit, et souvent même avec des éclats de lumière aux points séparés : ce phénomène, qui d'ailleurs appartient à toute la classe des corps vitrifiables, nous explique les cris que font entendre les vernis des poteries, les vases en verre, lorsqu'ils éprouvent une variation de température.

Non-seulement l'acide borique peut se dissoudre dans l'eau chaude, mais encore en petite quantité dans l'eau froide. C'est encore une raison qui commande aux fabricants de poteries de ne pas trop mettre d'acide borique dans leurs vernis ; car alors ils seraient promptement altérés par le contact de l'eau froide qui peut dissoudre 3 parties sur 100 d'acide borique ; la proportion dissoute à chaud, lorsque l'eau est bouillante, est de 8 parties sur 100. Exposé à l'air humide, l'acide borique vitrifié devient opaque et se recouvre d'une poussière blanche : en d'autres termes, il s'*effleurit*.

A une haute température, l'acide borique résiste à l'action de tous les corps simples non métalliques, et même à l'action de presque tous les métaux; car le potassium, qui est le métal qui a le plus d'affinité pour l'oxygène, n'agit que faiblement sur lui. Comme l'acide borique est peu soluble dans l'eau et dans les autres dissolvants, il en résulte que les réactifs ne peuvent que très-difficilement en constater la présence dans les combinaisons. Il faut alors mettre à profit la propriété qu'il partage seulement avec les sels de cuivre, de colorer en vert la flamme de l'alcool : or, comme les sels de cuivre peuvent toujours être facilement reconnus, il sera, par conséquent, possible de constater la présence de l'acide borique.

Cet acide se trouve tout formé dans la nature, autour des volcans et dans les lagunes de la Toscane : là il existe des crevasses dans la terre, d'où s'échappent des sources accompagnées d'un dégagement de vapeurs, d'acide sulfureux, d'hydrogène sulfuré et d'acide borique; ces corps se condensent et forment une boue que l'on recueille, qu'on lave à plusieurs reprises, et qui constitue l'acide borique du commerce. On peut se rendre compte de ce qui se passe dans les lagunes, en imaginant, dans le sein de la terre, une certaine quantité de sulfure de bore fortement échauffée et qui viendrait à rencontrer une masse d'eau : celle-ci serait décomposée et donnerait lieu à de l'hydrogène sulfuré, à de l'acide sulfureux et à de l'acide borique, qui seraient projetés au dehors avec de la vapeur d'eau. A cette explication on pourrait objecter, avec quelque raison, que l'acide borique n'est pas volatil, et qu'il ne peut, par conséquent, être transporté sous forme fluide, comme nous le supposons. On lève l'objection en rappelant que dans les laboratoires on parvient à volatiliser l'acide borique au moyen d'un courant de gaz.

État.

Acide silicique.

L'acide silicique présente cela de particulier, qu'il est insoluble dans certains cas et soluble dans d'autres. Ainsi le cristal de roche, qui est de la silice parfaitement pure, est complétement insoluble et inaltérable dans l'eau ou au contact des vapeurs aqueuses. Peu de corps peuvent résister à l'action continue de la vapeur d'eau : tout le monde sait que les vases en verre et les glaces finissent par être dépolis, et qu'on retarde ce moment en enlevant tous les jours et à plusieurs reprises la couche d'humidité qui s'y dépose. Malus, qui a fait des expériences très-délicates dans diverses parties de l'optique, est le premier physicien qui a reconnu l'inaltérabilité du cristal de roche dans l'air et dans l'eau.

Préparation. Pour obtenir de la silice pure et blanche, il faut traiter par le carbonate de potasse le sable blanc, qui est très-riche en silice, et qui contient, en outre, de l'oxyde de fer et de l'alumine. L'expérience se fait au rouge dans un creuset de terre. On dissout dans l'eau le résidu, puis on décante et on filtre : la liqueur obtenue est un mélange de silicate et d'aluminate de potasse. Afin de séparer ce dernier corps, qui est d'ailleurs en petite quantité, on verse de l'acide chlorhydrique dans la liqueur. L'acide silicique se précipite à l'état libre, s'il y a peu d'eau, et apparaît sous forme gélatineuse; mais il reste en dissolution s'il y en a beaucoup. Si l'on évapore la liqueur limpide, l'acide silicique, qui reste pour résidu, ne peut plus se redissoudre : il résulte donc de là que ce corps ne se dissout qu'à l'état naissant.

La silice obtenue par l'évaporation est sous forme d'une

poussière blanche; elle est pulvérulente, insipide, inodore, sans action sur la teinture de tournesol, et d'une densité de 2,66. Elle est infusible au feu des fourneaux; mais la chaleur du chalumeau à gaz oxygène et hydrogène parvient à la fondre sans cependant l'altérer. Ainsi que nous avons déjà eu occasion de le dire, elle est insoluble dans l'eau; elle est aussi insoluble dans les acides, si ce n'est dans l'acide chlorhydrique. L'acide silicique est soluble, au contraire, même à froid, dans les solutions de potasse et de soude caustiques qui s'y combinent et perdent leurs propriétés alcalines en formant de véritables sels; on peut dire qu'il se comporte envers les bases comme un acide peu énergique. L'acide silicique acquiert une grande fusibilité par sa combinaison avec les oxydes du commerce. Les corps non métalliques et presque tous les métaux ne peuvent en opérer la décomposition.

Il est possible, en se fondant sur ce qui a été dit sur la solubilité et l'insolubilité de la silice, d'expliquer ce qui se passe dans certaines grottes de l'Islande : on sait, d'après les récits de plusieurs voyageurs, qu'il s'y produit des stalactites formées de cônes allongés, opposés par les sommets. C'est que là il y a des sources qui contiennent de l'acide silicique en dissolution à une température élevée : l'eau de ces sources tombe de la voûte, se refroidit, et dépose son acide silicique qui, devenu insoluble, forme des pyramides ayant de grandes dimensions.

ACIDES DU SOUFRE.

Acide sulfureux.

Nous étudierons d'abord l'acide sulfureux, parce que non-seulement c'est de tous les composés oxygénés du soufre celui dont la constitution est la plus simple, mais encore, et surtout, parce que c'est là le point de départ de la préparation de tous les autres, dans la constitution desquels il paraît jouer un rôle important.

L'acide sulfureux fut découvert par Stahl. Il se produit toutes les fois qu'on brûle du soufre dans l'air ou dans l'oxygène, mais les procédés employés pour sa préparation reposent sur la désoxygénation de l'acide sulfurique. On met dans un ballon auquel on a adapté un tube propre à recueillir les gaz, du mercure, ou de la tournure de cuivre, et on ajoute de l'acide sulfurique. On chauffe, une partie de l'acide sulfurique est décomposée en oxygène et en acide sulfureux ; l'oxygène se porte sur le mercure, forme de l'oxyde de mercure qui se combine à la seconde partie d'acide sulfurique, et donne du sulfate de protoxyde de mercure. Ce qui est représenté par l'équation

$$2\,SO^3 + HgO = HgO\,SO^3 + SO^2.$$

L'acide sulfureux se dégage, et on le recueille sur le mercure.

On peut encore obtenir de l'acide sulfureux en traitant l'acide sulfurique du commerce par le charbon ; ce procédé est surtout employé pour les besoins des arts dans les cas où on ne peut simplement le préparer en brûlant le soufre à l'air.

C'est un gaz incolore, capable de se liquéfier par la

pression et par un abaissement de température; il est soluble dans l'eau, celle-ci en dissout environ trente-sept fois son volume. Il éteint les corps en combustion, il rougit fortement la teinture de tournesol : il a une odeur piquante et qui provoque la toux. La chaleur est sans action sur l'acide sulfureux : le charbon le décompose sous l'influence de la chaleur, et on a du soufre, ou du sulfure de carbone, de l'oxyde de carbone et de l'acide carbonique.

On obtient l'acide sulfureux en dissolution dans un appareil de Wolf; en cet état il a les mêmes propriétés que lorsqu'il est gazeux. La baryte donne un précipité blanc avec l'acide sulfureux qui est soluble dans l'acide chlorhydrique; avec l'acide sulfurique, la baryte donne aussi un précipité blanc, mais qui est insoluble dans les acides. Le chlore altère sa dissolution en décomposant l'eau; il se forme de l'acide chlorhydrique et de l'acide sulfurique; le brome et l'iode agissent de même.

L'acide sulfureux est employé en médecine contre les maladies de la peau. Dans les arts on l'emploie pour le blanchiment des soies et des laines, tantôt à l'état gazeux, tantôt en dissolution. Usages.

M. Thenard est le premier savant qui ait cherché à déterminer exactement la proportion des éléments de l'acide sulfureux. Ce chimiste, en faisant brûler du soufre dans un volume déterminé d'oxygène, trouva un volume de gaz sulfureux qui était les $\frac{97}{100}$ du volume de l'oxygène employé. On admet que cette faible diminution est due à la production d'un peu d'acide sulfurique anhydre et à la combustion d'une trace d'hydrogène contenu dans le soufre. Le gaz acide sulfureux renferme donc, très-probablement, un volume d'oxygène égal au sien; par conséquent, en re- Composition
de l'acide
sulfureux.

15*..

tranchant 1,1026, densité de l'oxygène, de 2,234, densité de l'acide sulfureux, il reste 1,1314 pour le poids du soufre uni à l'oxygène, ce qui devrait donner les rapports de 100 parties de soufre à 97,45 d'oxygène. Cependant, ces résultats ne concordent pas complétement avec ceux obtenus par M. Berzelius, qui prétend avoir trouvé, après un grand nombre d'expériences, que l'acide sulfureux est formé de 200 d'oxygène + 201,16 de soufre. Sa formule chimique sera donc SO^2, puisque 200 d'oxygène représentent deux équivalents d'oxygène, et puisque 201,16 représentent un équivalent de soufre : le poids de l'équivalent de l'acide est alors 401,16.

Acide hyposulfureux.

L'acide sulfureux est le plus stable des composés oxygénés du soufre ; aussi est-ce avec lui que nous allons nous procurer les autres acides du soufre. Si l'on veut se procurer par exemple de l'acide hyposulfureux, on met l'acide sulfureux liquide en présence du zinc, qui enlève un équivalent d'oxygène à l'acide sulfureux pour passer à l'état d'oxyde, tandis que l'acide est ramené à l'état d'acide hyposulfureux qui se combine à la base. $SO^2 + Zn = ZnO\,SO$.

Cet acide se forme encore lorsqu'on fait bouillir une solution de sulfite de potasse ou de soude avec de la fleur de soufre ou bien lorsqu'on laisse les sulfhydrates exposés à l'air. Dans le premier cas, un équivalent de soufre entre en combinaison avec l'acide sulfureux du sulfite et le transforme en acide hyposulfureux ; dans le second, l'oxygène de l'air transforme l'acide sulfhydrique en acide hyposulfureux ; mais, comme précédemment, le résultat de la réaction est un sulfite, genre de sel que l'on désignait autrefois sous le nom de sulfite sulfuré. L'acide hyposulfureux ne peut exister qu'en combinaison avec les bases. Toutes les fois qu'on veut l'en séparer, il se décompose en acide sulfureux qui se dégage, et en soufre qui se dépose. Cet acide est formé d'un équivalent de soufre et d'un équivalent d'oxygène.

Acide sulfhyposulfurique.

M. Langlois, auquel on doit la découverte de l'acide sulf-hyposulfurique, obtient cet acide en combinaison avec la potasse en faisant réagir le soufre sur le bisulfite de potasse. M. Plessy a indiqué, dans ces derniers temps, un procédé qui permet d'obtenir le sulfhyposulfate de potasse en très-grande quantité; ce procédé repose sur l'action de l'acide sulfureux sur l'hyposulfite de potasse. On prépare une solution concentrée de ce sel, et l'on y fait passer un courant d'acide sulfureux; au bout de quelques heures il se dépose des cristaux qui, redissous dans l'eau, fournissent le sel en question à l'état de pureté. Le sulfhyposulfate de potasse, traité par l'acide perchlorique, donne l'acide sulf-hyposulfurique; il a la formule S^3O^5 : c'est de l'acide hyposulfurique, plus un équivalent de soufre; il se décompose en soufre, en acide sulfureux et en acide sulfurique sous l'influence de la chaleur et des acides; sa formule rend bien compte de cette décomposition.

Acide bisulfhyposulfurique.

Cet acide porte aussi le nom d'*acide hyposulfurique bisulfuré*; il a été découvert par MM. Fordos et Gélis en mettant de l'iode en contact avec des hyposulfites; on ajoute de l'iode tant qu'il est absorbé : en prenant l'hyposulfite de soude, on obtient la réaction exprimée par la formule

$$2\,(Na\,O\,S^2\,O^2 + 5\,HO) + I = 10\,HO + Na\,I + Na\,O\,S^4\,O^5.$$

Cet acide est donc formé de quatre proportions de soufre et de cinq d'oxygène. Pour isoler l'acide on décompose le sel de baryte, qui est cristallisé en longues aiguilles, par la quantité d'acide sulfurique strictement nécessaire pour précipiter toute la baryte. L'acide hyposulfurique bisulfuré est incolore et sans odeur, d'une saveur acide très-prononcée: par l'ébullition il se décompose en soufre, acide sulfureux et acide sulfurique. Les acides chlorhydrique et sulfurique ne l'altèrent pas, mais l'acide azotique, au contraire, le détruit avec rapidité, et en précipite du soufre.

Acide hyposulfurique.

L'acide hyposulfurique résulte de l'oxygénation de l'acide sulfureux. Cet acide hyposulfurique, découvert en 1819 par MM. Walter et Gay-Lussac, s'obtient en faisant passer un courant de gaz acide sulfureux dans de l'eau tenant en suspension du bioxyde de manganèse; celui-ci passe à l'état de protoxyde et perd la moitié de son oxygène, qui s'unit à l'acide sulfureux et le transforme en acide sulfurique et hyposulfurique qui s'unissent au protoxyde de manganèse; il en résulte une solution neutre de sulfate et d'hyposulfate de manganèse. On verse dans la liqueur un excès de baryte ou mieux encore de sulfure de barium (à cause de son prix peu élevé); alors le barium se substitue au manganèse, et il résulte avec la baryte du sulfate de baryte et du protoxyde de manganèse insolubles, puis de l'hyposulfate de baryte soluble. Avec le sulfure de barium on obtient encore les mêmes sels; mais, au lieu du protoxyde de manganèse, il se forme du sulfure de manganèse aussi insoluble. Dans l'un et l'autre cas, on filtre et l'on fait passer dans la liqueur un courant d'acide carbonique qui précipite l'excès de baryte à l'état de carbonate; on filtre de nouveau et l'on évapore afin d'obtenir l'hyposulfate cristallisé. Pour isoler l'acide, il faut dissoudre dans l'eau le sel obtenu et traiter la solution par l'acide sulfurique qui s'empare de la baryte et met l'acide hyposulfurique en liberté; on filtre et l'on concentre la liqueur dans le vide de la machine pneumatique jusqu'à ce qu'elle ait atteint une densité de 1,347; au delà de ce terme, cet acide se décomposerait en acides sulfureux et sulfurique.

L'acide hyposulfurique est liquide à la température ordinaire, incolore, inodore et très-acide; il rougit fortement la teinture de tournesol, est décomposable par la chaleur et par une trop grande concentration, susceptible de saturer complétement les bases; il forme des sels qui sont stables à une basse température, tandis qu'ils se décomposent en acides sulfureux et en sulfates neutres à une température élevée. Les hyposulfates de baryte, de strontiane, de chaux et de plomb sont solubles; les mêmes bases, au contraire, forment, avec l'acide sulfurique, des sels insolubles ou très-peu solubles. *Propriétés.*

En faisant l'analyse de cet acide, et en tenant compte de l'eau nécessaire à son existence, on trouve qu'il est formé de 125 parties d'oxygène pour une proportion dè soufre sensiblement égale à 100,58. Afin de traduire ces résultats en équivalents, multiplions ces nombres par 4; on aura *Composition et formule de l'acide hyposulfureux.*

500 parties d'oxygène et 402,32 parties de soufre, qui représentent, le premier, 5 équivalents d'oxygène, et l'autre 2 équivalents de soufre. On pourrait donc prendre pour la formule chimique de l'acide sulfurique S^2O^5; elle est d'autant plus convenable, qu'elle montre bien que l'acide hyposulfurique peut se décomposer en acide sulfurique SO^3, plus en acide sulfureux SO^2. Mais ce qui détermine les chimistes à adopter cette formule, c'est qu'elle représente l'équivalent de l'acide hyposulfurique, qui est 902,32, comme nous l'avons vu précédemment.

Acide sulfurique.

Cet acide si important, qui rend aux arts et à l'industrie de si grands services, qui sert à préparer presque tous les autres acides, a été découvert au quinzième siècle par Basile Valentin. Il ne paraît guère probable qu'il existe libre dans la nature, mais elle l'offre abondamment uni à la potasse, la soude, la baryte, la strontiane, la chaux, la magnésie, l'oxyde de fer, etc.

Il y a plusieurs espèces d'acide sulfurique, que nous allons étudier séparément, et qui ne diffèrent les uns des autres que par la quantité d'eau qu'ils renferment. Le premier acide sulfurique, c'est celui qui est sans eau, *anhydre,* et dont la composition est représentée par SO^3. Cet acide anhydre est solide, et se présente, tantôt sous une forme cotonneuse, tantôt cristallisé en longues aiguilles : nous verrons tout à l'heure à quoi tient cette différence. Sous l'une et l'autre forme, il est très-volatil, se volatilise à 25° quand il est cotonneux, et à une température un peu plus élevée quand il est en aiguilles. Quand il est liquéfié, il

prend la consistance d'un liquide oléagineux dont la densité
est à peu près double de celle de l'eau. Cet acide répand
dans l'air d'épaisses fumées blanches, dues à sa grande
affinité pour l'eau; aussi altère-t-il le papier, les bois, comme
l'acide fluoborique, en les charbonnant; il altère également
la peau par une forte action corrodante et produit sur elle
de petites pustules. S'il était répandu dans l'air en trop
grande quantité, il produirait des effets vénéneux.

L'acide sulfurique dont nous venons de parler jouit de
la propriété remarquable de dissoudre plusieurs corps simples, comme le soufre, le sélénium, et, mieux que tout
autre acide, une matière organique qui est l'indigo. Ces dissolutions sont toutes altérées par l'eau. En Allemagne, dans
la petite ville de Nordhausen, on prépare un acide sulfurique
qui est monohydraté, en traitant dans des cornues le sulfate
de peroxyde de fer, préalablement desséché par le feu. La
température doit être suffisamment élevée pour opérer la
décomposition du sulfate, et ne pas l'être assez pour décomposer l'acide à mesure qu'il se produit. On peut encore
employer du sulfate de protoxyde de fer desséché, qui est
une matière verte connue sous le nom de vitriol, et qui se
trouve abondamment dans le commerce. Ce sulfate est
d'abord ramené à l'état de sulfate de peroxyde; puis, par
l'action continue de la chaleur, ce sulfate de peroxyde est
décomposé en acide sulfurique et en peroxyde de fer.
L'acide produit va se condenser dans un ballon qui communique avec la cornue et où se trouve toujours une certaine quantité d'eau qui provient du sulfate imparfaitement
desséché; il s'y rend aussi de l'acide hydraté et de l'acide
sulfureux : ce dernier reste en dissolution dans l'eau, et
provient de la décomposition d'une portion d'acide sulfu-

rique. L'acide obtenu dans le ballon est fumant, mais il perd cette propriété par son exposition à l'air ou par l'addition d'une certaine quantité d'eau.

Pour obtenir l'acide pur et anhydre, dont nous avons décrit les propriétés, il faut faire chauffer lentement dans une cornue l'acide que nous venons d'obtenir du vitriol, et pousser le feu jusqu'à l'ébullition ; entre 25° et 30°, l'acide anhydre se distille et peut être condensé dans un tube en U entouré d'un mélange frigorifique : il a alors l'aspect cotonneux. Si, lorsqu'il est tout distillé, on chauffe la cornue vers 100°, on obtient l'acide cristallisé qui contient un demi-équivalent d'eau. On peut le considérer comme un bisulfate d'eau, si l'on veut admettre l'eau au nombre des bases.

Acides hydratés.

L'acide sulfurique peut se combiner avec l'eau en plusieurs proportions. Quand il contient un équivalent d'eau, il forme l'acide sulfurique le plus concentré du commerce, dont la formule est $SO^3 + H^2O$, et qui peut être considéré comme un sulfate d'eau. Il est liquide à la température ordinaire, et n'est pas fumant ; il est visqueux, a une consistance oléagineuse qui lui a fait donner le nom d'huile de vitriol, et qui a été la source de plusieurs méprises dont les conséquences ont été terribles. Comme il est très-corrosif, il désorganise l'œsophage avec des douleurs atroces ; aussi est-ce un des plus violents poisons que l'on connaisse. Sa densité est de 1,845 ; on voit par là qu'elle est moins forte que celle de l'acide anhydre. L'acide sulfurique hydraté bout seulement à 320°, tandis que l'acide anhydre entre en ébullition à 25° ; celui-ci est solide à la température ordinaire, tandis que l'autre ne se solidifie qu'à — 15°. L'acide hydraté est incolore, et ne possède qu'une très-légère odeur qui n'est pas caractéristique. Il est très-acide, car une seule goutte, lors même qu'il est très-étendu, suffit pour rougir fortement une grande quantité de tournesol. Il noircit et réduit en bouillie presque toutes les matières animales et végétales. Exposé à un froid de — 10 à — 12°, il se congèle et cristallise.

Si, au lieu de mêler l'acide sulfurique anhydre avec un équivalent d'eau, ce qui donne l'acide sulfurique du commerce, on le mêle avec deux équivalents d'eau, on obtient un sulfate d'eau se solidifiant vers 0°, et même à quelques degrés au-dessus de 0°. Si donc un pareil acide était renfermé dans des bonbonnes en terre, on conçoit tout de suite les dangers qui pourraient résulter d'un froid qui même ne serait pas très-intense : l'acide se solidifierait et produirait la rupture des bonbonnes; puis, quand le froid cesserait, l'acide redeviendrait liquide et pourrait se répandre dans le magasin et enflammer certaines matières très-combustibles qui s'y trouveraient.

L'acide sulfurique ordinaire, quoique contenant déjà un équivalent d'eau, en est encore très-avide; aussi est-il employé comme corps desséchant, et pour enlever l'eau à certains composés organiques. Quand il est abandonné à l'air, il en attire l'humidité; il se forme alors à la surface de l'acide une couche moins dense que les autres et qui contient beaucoup d'eau; si on l'agite on remarquera, au bout d'un certain temps, qu'il se sera reformé une nouvelle couche aqueuse. Quand l'acide sulfurique est versé dans de l'eau, cet acide tombe au fond du vase, à raison de sa grande densité; mais, par l'agitation, les deux liquides se combinent avec un grand dégagement de calorique. Une partie d'acide et une partie d'eau peuvent produire une élévation de température de 80°; une partie d'eau et quatre parties d'acide élèvent la température à 104°. Quand l'acide sulfurique est mélangé avec la glace, il produit des effets différents, selon les proportions de ces deux corps. Quatre parties d'acide sulfurique et une partie de glace pilée ou de neige peuvent produire un dégagement de chaleur capable de faire monter le thermomètre jusqu'à 75°, tandis que le mélange de quatre parties d'acide sulfurique et de quatre parties de glace peut produire, par l'agitation, un froid capable de faire descendre le thermomètre jusqu'à — 15°. C'est qu'ici la chaleur nécessaire pour opérer la fusion de la neige dépasse de beaucoup la chaleur développée par la combinaison; voilà pourquoi le mélange emprunte de la chaleur aux corps environnants, afin de faciliter la fusion de la neige.

L'acide sulfurique présente une particularité remarquable : lorsqu'il est concentré, comme l'acide du commerce, il n'agit nullement sur la baryte sèche; tandis qu'il agit très-bien si l'on fait intervenir l'eau, soit en humectant la baryte, soit en la mélangeant avec l'acide. L'action est alors si vive, que la baryte s'échauffe fortement, au point de devenir incandescente.

Composition.
Nous avons déjà vu que l'acide sulfurique bout à 320° et qu'il peut être distillé; mais si on le chauffe davantage, en le faisant passer dans un tube de porcelaine porté au rouge, il se décompose, suivant M. Gay-Lussac, en un gaz formé de 2 volumes d'acide sulfureux et de 1 volume d'oxygène. Or, les 2 volumes d'acide sulfureux contiennent 2 volumes d'oxygène et 1 équivalent de soufre 201,16; il en résulte donc que l'équivalent d'acide sulfurique est représenté par $SO^3 = 501,16$. L'eau de l'acide sulfurique redevient libre à mesure que la décomposition a lieu, et ne peut évidemment influer sur le mode d'analyse.

L'acide sulfurique est sans action sur l'oxygène et sur l'air; il ne fait que s'emparer de la vapeur d'eau que ces gaz peuvent contenir : alors il s'affaiblit et augmente de poids. L'hydrogène, le carbone, le phosphore et le soufre décomposent l'acide sulfurique à une température élevée, s'emparent de son oxygène et le ramènent à l'état d'acide sulfureux. Aucun métalloïde n'a d'action sur l'acide sulfurique à la température ordinaire.

L'acide sulfurique du commerce est sans action à la température ordinaire sur les métaux tels que le zinc, le fer, l'étain, etc.; l'action sur le potassium et les métaux analogues est très-faible. Mais si l'on fait intervenir l'eau, les effets changent complétement : dans certains cas, c'est l'eau qui est décomposée; l'oxygène s'unit au métal pour former une base qui, en se combinant avec l'acide sulfurique, produit un sulfate, tandis que l'hydrogène est mis en liberté et peut être recueilli : c'est ce qui se passe, par exemple, dans l'action de l'acide sulfurique et de l'eau sur le fer, le zinc, l'étain, etc. Dans d'autres circonstances, c'est au contraire l'acide sulfurique qui est décomposé et qui se transforme en acide sulfureux et en oxygène, lequel se porte encore sur le métal et produit un oxyde qui s'unit avec un équivalent d'acide non décomposé. C'est ainsi que l'acide sulfurique a pu agir sur le mercure, dans la préparation de l'acide sulfureux. Avant de passer à la préparation de l'acide sulfurique du commerce, nous remarquerons que l'on a fait de nombreuses recherches afin de découvrir la cause pour laquelle l'acide sulfurique concentré n'agit pas sur les métaux; il en résulte que cela est dû à sa faible conductibilité électrique qui est d'ailleurs augmentée par l'eau. On a même reconnu que 100 parties d'eau et 40 parties d'acide donnent le mélange le plus favorable à la conductibilité de l'électricité et à la production de l'hydrogène.

Préparation.   Cet acide a d'abord été obtenu en faisant brûler un mélange de soufre et de nitre dans de grands ballons dont les parois étaient humides; aujourd'hui sa préparation s'exécute encore par la combustion du soufre et du nitre; mais au ballon de verre on a substitué de grandes chambres de plomb.

Pour bien comprendre la théorie de cette préparation, nous rappellerons que souvent des corps composés peuvent jouer, dans certaines combinaisons, le rôle de corps simples; c'est ainsi que M. Regnault a trouvé un composé $SO^2 Ch^2$ dans lequel l'acide sulfureux SO^2 joue le rôle d'un corps simple. De même, quand on fait pénétrer successivement dans un grand ballon de l'acide sulfureux, de l'acide hypoazotique, dont les vapeurs sont rutilantes, on voit peu à peu le ballon se tapisser d'une matière cristalline et blanche, qui n'est qu'un composé des deux acides, dont la formule est $SO^2 Az^2 O^4$, et dans lequel chaque équivalent des deux acides joue le rôle d'un équivalent de corps simple. Si maintenant on fait pénétrer une petite quantité d'eau d ns le ballon, ce composé est altéré à l'instant; il se transforme en acide sulfurique qui reste en dissolution dans l'eau, et en bioxyde d'azote : ainsi un équivalent d'oxygène s'est porté du composé azoté sur le composé sulfuré pour le transformer en acide sulfurique, comme cela se voit par la formule

$$Az^2 O^4 SO^2 = SO^3 + Az^2 O^2 + O.$$

Le bioxyde d'azote, se trouvant en présence d'un équivalent d'oxygène, repassera en partie à l'état d'acide hypoazotique. Mais cette transformation sera complète, si l'on fait pénétrer dans le ballon une nouvelle quantité d'oxygène ; la nouvelle portion d'acide hypoazotique ainsi produite pourra, en présence de l'eau, transformer un second équivalent d'acide sulfureux en acide sulfurique, etc.

On conçoit que ces actions puissent être continues dans un appareil convenable, dans de grandes chambres de plomb qui peuvent communiquer avec l'air extérieur, et où l'on fait arriver du gaz sulfureux, du bioxyde d'azote et de l'eau. La *fig*. 38 représente une coupe des chambres telles qu'elles se trouvent disposées dans quelques fabriques renommées. Il y a une quinzaine d'années, ces appareils étaient formés d'une seule chambre ; mais maintenant ils se trouvent composés de trois, quelquefois de quatre. Ces chambres ont le sol légèrement incliné, afin de permettre à l'eau acidulée de s'écouler : la première communique avec une cavité A pratiquée dans le massif de la maçonnerie sur laquelle reposent les chambres. On peut pénétrer dans cette cavité par une ouverture B, fermée par une porte en fer qu'on a soin de percer de plusieurs trous, afin que l'air puisse y pénétrer. Dans cette même cavité se trouve une pièce de fonte C en forme de soucoupe, soutenue par un pied, et dans laquelle se mettent le soufre et le nitre que l'on veut brûler. Ces chambres, comme la figure l'indique, sont divisées en compartiments par de grandes lames de plomb, les unes soudées par le bas avec les chambres, et les autres par le haut ; cette disposition a pour but de mettre les gaz en mouvement et d'opérer promptement leur mélange. La partie supérieure de la dernière chambre communique avec un long tuyau MN, légèrement incliné, par lequel les gaz en excès s'échappent et par lequel on introduit l'eau dans les chambres :

cette eau arrive par ce conduit, tombe en D, traverse la cloison EF, dans le bas, par de petits trous qui y ont été ménagés, puis arrive dans la seconde chambre pour s'y acidifier davantage et pour tomber dans la première, où elle acquiert toute la force possible : elle est alors écoulée au dehors par un robinet, vu de face en k. Le soufre et l'azotate de potasse se mettent en C; par l'élévation de température, l'azotate et le soufre donnent du sulfate de potasse et du bioxyde d'azote, comme cela se voit par l'équation

$$KO\,Az^2O^5 + S = KOSO^3 + Az^2O^2;$$

mais comme pour un équivalent d'azote on en met deux de soufre, il s'ensuit que le deuxième équivalent du soufre sera transformé en acide sulfureux par l'oxygène de l'air ; enfin comme, par l'effet du tirage, l'air qui entre est plus que nécessaire à la combustion du soufre, il s'ensuit qu'il pénètre dans les chambres tous les gaz indiqués par la théorie comme nécessaires à la production de l'acide sulfurique.

L'acide, lorsqu'il est retiré des chambres de plomb, marque ordinairement 40° à l'aréomètre de Baumé. Il est loin d'être pur, car il contient beaucoup d'eau, de l'acide sulfureux, un peu d'acide azotique, un peu de sulfate de plomb qui s'est formé aux dépens des parois des chambres et qui se trouve seulement en suspension dans la liqueur; il contient aussi une très-petite quantité de sulfate de peroxyde de fer provenant d'un peu de sulfure de fer contenu dans le soufre, et enfin les sels que contient ordinairement l'eau qui a servi à préparer l'acide. On lui enlève l'acide sulfureux et une grande partie de son eau en le faisant évaporer dans de grandes chaudières de plomb jusqu'à ce qu'il marque 55°; puis on l'introduit dans de grandes cornues de verre lutées, ou mieux encore dans des chaudières de platine où l'on continue à le concentrer jusqu'à ce qu'il marque 66°. Dans cet état il est encore impur, mais il peut très-bien servir aux besoins des arts et du commerce.

Dans les laboratoires de chimie, il est nécessaire de posséder de l'acide tout-à-fait pur, surtout lorsqu'on veut faire des expériences délicates. On le distille alors dans une cornue de verre que l'on dispose sur un triangle de fer dans un fourneau à réverbère; le col de cette cornue doit se rendre directement dans un ballon tubulé, sans qu'il soit nécessaire de luter les jointures. Il faut avoir soin d'introduire dans la panse de la cornue quelques fragments de verre, ou des fils de platine contournés en spirales, afin d'empêcher les soubresauts qui pourraient se produire pendant l'ébullition de l'acide, et qui pourraient briser l'appareil.

Il est bon de chauffer seulement la partie supérieure du liquide à l'ébullition, et de ne tenir que quelques charbons sous la panse de la cornue. A l'aide de ces précautions la distillation de l'acide sulfurique se fait aussi facilement que celle de l'eau.

Comme l'acide du commerce renferme toujours une petite quantité d'acide azoteux et d'acide azotique, à moins qu'il n'ait été préparé avec un excès d'acide sulfureux; pour l'en débarrasser on ajoute à l'acide qu'on distille 2 pour 100 de son poids de sulfate d'ammoniaque. A la température de l'ébullition de l'acide sulfurique, l'acide azoteux réagit sur l'ammoniaque : les produits de la réaction sont de l'eau et de l'azote. Par la distillation seule on ne saurait séparer complétement les composés oxygénés de l'azote. L'acide azotique passerait dans les premiers produits, puis viendrait de l'acide pur, puis enfin l'acide chargé d'acide azoteux.

I.   16*

On reconnaît que l'acide sulfurique est pur quand il n'est pas coloré en rouge par la dissolution de sulfate de protoxyde de fer.

Aujourd'hui, quelques fabricants, au lieu de brûler de l'azotate de potasse dans les chambres de plomb, dirigent dans ces chambres la grande quantité de bioxyde d'azote qui se dégage dans la préparation de l'acide oxalique, par l'action de l'acide azotique sur l'amidon. Nous dirons aussi, en passant, qu'on est parvenu, depuis quelques années, à souder le plomb sur lui-même sans l'intermédiaire de l'étain qui est un métal beaucoup plus attaquable par l'acide sulfurique que le plomb.

Souvent, au lieu de brûler du soufre pour obtenir de l'acide sulfureux, on fait brûler des pyrites de fer dont on fait rendre les produits gazeux dans les chambres de plomb, avec ceux résultant de la décomposition du nitre par la chaleur. Ce procédé pourrait être mis en usage avec avantage dans le cas où le soufre nous serait refusé par les Napolitains à un prix raisonnable. Dernièrement, MM. Pelouze et Frémy ont mis à profit les belles découvertes de M. Kuhlmann, dont nous parlerons quand nous nous occuperons de bioxyde d'azote, pour préparer l'acide sulfurique anhydre. Il suffit de faire passer sur de l'éponge de platine, dont on a élevé la température, un mélange d'acide sulfureux et d'oxygène en proportions convenables.

Enfin, tout récemment, on a découvert des procédés pour fabriquer l'acide sulfurique avec le sulfate de chaux ou plâtre qui se trouve en assez grande quantité aux environs de Paris : ce plâtre est hydraté; il ne se décompose pas par la plus forte élévation de température, et peut même se fondre sans être altéré. Mais si on le traite par la silice, il se forme du silicate de chaux, tandis que l'acide sulfurique, devenu libre, se décompose et donne de l'acide sulfureux et de l'oxygène que l'on peut recombiner avec l'éponge de platine, comme cela a été expliqué précédemment.

Acides de l'arsenic.

L'arsenic donne avec l'oxygène deux composés acides, dont les compositions sont représentées par $As^2 O^3$, $As^2 O^5$, et qui sont les analogues des acides azoteux et azotique. Cependant leurs propriétés diffèrent beaucoup des acides azotés.

Acide arsénieux.

L'acide arsénieux est solide, blanc, demi transparent, d'une saveur âcre et nauséabonde. Il est capable de se fondre et de se volatiliser sans altération ; car, exposé à l'action de la chaleur dans un matras, cet acide se sublime à la température rouge, et vient se condenser au col et à la voûte du matras sous la forme d'une croûte blanche composée de petits tétraèdres. Si l'expérience se fait dans un tube en verre effilé et bouché à ses deux extrémités, cet acide peut fondre au-dessous du rouge et se convertir en un verre transparent. Quand on l'examine en morceaux, sa surface paraît opaque, tandis que les parties centrales paraissent transparentes. Quand l'acide est fondu, il donne, en le coulant, des morceaux parfaitement vitreux et transparents : mais abandonné à lui-même, il s'effleure successivement de la surface au centre. C'est un phénomène du même ordre qui se passe quand on abandonne à elles-mêmes des aiguilles transparentes de soufre : dans l'un et l'autre cas, il se passe un phénomène de dimorphisme.

L'acide vitreux et l'acide opaque, dont les compositions sont évidemment les mêmes, présentent cependant une particularité observée récemment et digne de fixer l'attention des physiciens. Prenons deux fioles de même dimension et contenant une même quantité d'acide chlorhydrique; dans la première fiole, mettons de l'acide arsénieux vitrifié, dans la seconde un même poids d'acide arsénieux opaque, et transportons dans un même lieu les deux liqueurs bouillantes. Pendant le refroidissement, la fiole qui contient l'acide opaque n'offrira rien de particulier, tandis qu'on remarquera, au contraire, des jets de lumière dans l'autre au moment de la formation de chaque cristal par le refroidissement. Comme les produits ont la même composition, on doit donc conclure de cette expérience que les deux acides dissous et liquides peuvent conserver leur différence et avoir, dans cet état particulier, un état moléculaire différent. Ce fait, assez concevable pour les corps solides, n'était pas aussi évident pour les corps liquides, et il fallait une expérience aussi frappante que celle-ci pour étendre aux corps dissous ou liquéfiés les lois du dimorphisme.

L'acide arsénieux est très-peu soluble dans l'eau : à 0°, l'eau n'en dissout qu'un centième, et un dixième lorsqu'elle est bouillante. Par le refroidissement, une grande partie de l'acide se dépose sous forme de cristaux. La solution aqueuse d'acide arsénieux est incolore, inodore, d'une saveur âcre, analogue à celle du composé solide, et rougit très-faiblement la teinture de tournesol. L'acide arsénieux, quoique peu soluble, est très-vénéneux; ses effets, comme poison, sont très-énergiques et très-prompts. C'est cet acide, eonnu dans le commerce sous le nom d'*arsenic blanc*, de *mort aux rats*, et non l'arsenic métal, qui est employé par les criminels pour produire ces empoisonnements terribles qui sont toujours accompagnés de douleurs atroces. Quand on se rappelle la faible solubilité de ce corps, on a de la peine à concevoir ses effets si prompts ; mais leur explication se donnera tout de suite, quand on saura que l'acide arsénieux est non-seulement soluble dans l'acide chlorhydrique qui, au dire de plusieurs chimistes et physiologistes, existe dans l'estomac, mais encore dans un acide de nature organique qui s'y trouve également.

L'acide arsénieux se trouve en petite quantité dans la nature ; presque tout celui que l'on rencontre dans le commerce provient du grillage des mines arsenicales, qui sont un mélange de sulfure de fer et d'arséniure de fer, mines que l'on trouve dans la Hesse et la Bohême assez abondamment. La mine concassée est placée dans un fourneau qui communique par des conduits avec de grandes chambres servant de récipients, et où l'acide arsénieux se condense sous forme d'une poudre blanche connue sous le nom de fleur d'arsenic. Des ouvriers couverts de vêtements mouillés pénètrent dans ces chambres, raclent l'acide arsénieux des murs, et le sortent au dehors. Cette opération est très-dangereuse ; aussi les ouvriers de cette profession sont-ils rares, et ne consentent-ils à travailler qu'à la condition d'un salaire élevé. On a remarqué qu'ils sont moins sujets aux accidents, et surtout ne meurent pas si promptement, quand ils se nourrissent de viandes grasses, comme celles du cochon.

Acide arsénique.

Cet acide peut exister dans la nature en combinaison avec quelques oxydes métalliques comme ceux de cobalt, de cuivre, de nickel et de fer. On le prépare facilement en traitant dans une cornue l'acide arsénieux par l'acide azotique. La cornue communique avec un récipient où vient se condenser l'acide azotique qui n'a pas été décomposé ; il faut alors le remettre dans la cornue, et continuer ainsi jusqu'à ce que la liqueur ait acquis la consistance sirupeuse. L'acide azotique, dans cette opération, se décompose en bioxyde d'azote et en oxygène qui se combine avec l'acide arsénieux pour former l'acide arsénique.

Propriétés de l'acide arsénique. L'acide arsénique a une réaction acide sur la teinture très-énergique. Il est solide, blanc, très-soluble dans l'eau ; cette solubilité fait qu'il absorbe l'humidité de l'air, qu'il est déliquescent et incristallisable. Exposé à l'action de la chaleur, il entre en fusion, et se décompose, à la température rouge, en oxygène et en acide arsénieux, qui est complétement indécomposable au feu. L'air et l'oxygène sont sans action sur lui ; quand ils sont humides, ils ne peuvent que le faire tomber en déliquium. Le charbon, aidé par la chaleur, le décompose, comme l'acide arsénieux ; il en résulte de l'arsenic, qui se sublime, et ensuite de l'oxyde de carbone et de l'acide carbonique.

Caractères distinctifs des acides arsénieux et arsénique. Les acides arsénieux et arsénique en dissolution dans l'eau produisent des réactions avec certains sels qui peuvent facilement les faire distinguer l'un de l'autre et des autres corps. Ces réactions sont très-importantes, soit sous le rapport de la science, soit sous le point de vue de la médecine légale. L'acide sulfhydrique, versé dans la solution d'acide arsénieux, la jaunit et en précipite, au bout de quelques heures, du sulfure jaune d'arsenic qui est soluble dans la potasse et l'ammoniaque. Lorsqu'on chauffe le mélange ou qu'on y ajoute quelques gouttes d'acide, la précipitation du sulfure d'arsenic a lieu instantanément. Les sulfhydrates ne donneraient pas les mêmes résultats que l'acide sulfhydrique : il faudrait faire intervenir un acide qui, en mettant l'acide sulfhydrique en liberté, permettrait à celui-ci d'agir comme cela a été expliqué. L'acide arsénique donnerait encore, avec l'acide sulfhydrique, un sulfure d'arsenic; mais la précipitation serait plus lente. Ces mêmes acides arsénieux et arsénique, combinés avec les bases, donnent des caractères distinctifs. Ainsi, si l'on traite l'arséniate de potasse par le sulfate de cuivre, on obtient un précipité bleu qui se dissout dans les acides, dans l'acide chlorhydrique, par exemple. Si l'on traite, au contraire, l'arsénite de potasse par le même sel de cuivre, on obtient un précipité vert d'arsénite de cuivre connu sous le nom de *vert de Scheele,* qui a servi et qui sert encore pour colorer les bonbons, les tapisseries et certaines étoffes. Quoiqu'il ne soit pas vénéneux par lui-même, on conçoit que les acides de l'estomac et ceux qui se trouvent dans l'air inspiré pourraient opérer la décomposition de cet arsénite et mettre en liberté l'acide arsénieux, qui est vénéneux. Ce qui le prouve, c'est qu'on ne voit aucune végétation se manifester sur les parties d'une tapisserie qui ont été colorées avec le vert de Scheele. Quand on traite l'arséniate de potasse par l'azotate d'argent, il se forme un précipité bleu très-prononcé d'arséniate d'argent, tandis que l'arsénite de potasse aurait donné un précipité blanc assez peu prononcé, qui n'est pas très-caractéristique et sur lequel on ne peut se fier. L'acide arsénieux donne avec l'acide azotique de l'acide arsénique et du bioxyde d'azote qui forme des vapeurs rutilantes à l'air. La même expérience faite, au contraire, sur l'acide arsénique n'aurait rien produit. Enfin les solutions d'acide arsénieux et arsénique précipitent les solutions de baryte, de strontiane et de chaux en blanc, en donnant des arsénites de ces bases. Tous ces caractères ne sont pas très-absolus ; aussi ne doit-on s'y fier qu'avec prudence quand on a à constater la présence de l'arsenic dans une matière. Le meilleur procédé consiste à projeter un peu de cette matière sur des charbons ardents ; si alors elle contient de l'arsenic, on en est averti par des vapeurs blanches et une odeur alliacée dite arsenicale.

Combinaisons oxygénées de l'azote.

Ces composés ne jouent pas tous le même rôle ; certains se comportent comme des corps neutres, tandis que les autres jouent le rôle d'acides énergiques. Celui de ces corps qui renferme le plus d'oxygène, c'est l'acide azotique dont la composition est représentée par $Az^2 O^5$. Si on le mettait en présence de corps très-avides d'oxygène comme le fer, le zinc, tout l'oxygène serait enlevé par ces métaux ; mais si l'on prenait des métaux moins oxydables, on obtiendrait les combinaisons de l'azote moins oxygénées. Ce mode de préparation est très-facile, mais il ne donne pas des produits purs.

Protoxyde d'azote.

Pour obtenir du protoxyde d'azote qui ne soit pas mélangé d'autres gaz, il faut chauffer dans une cornue en verre, à une douce chaleur, de l'azotate d'ammoniaque, dont la composition est représentée par $Az^2H^6, Az^2O^5 + H^2O$; l'hydrogène de l'ammoniaque s'empare de 3 équivalents d'oxygène pour former 3 équivalents d'eau qui s'ajoutent à l'eau du sel, de telle sorte qu'on obtient pour résultat du protoxyde d'azote, comme on le voit par l'équation

$$Az^2H^6, Az^2O^5 + H^2O = Az^4O^2 + H^6O^3 + H^2O.$$

Il faut chauffer la cornue tout doucement, sans quoi la décomposition se ferait trop brusquement, ce qui empêcherait de recueillir le gaz avec facilité.

Le protoxyde d'azote est incolore, inodore, d'une saveur légèrement sucrée, d'une densité de 1,5269, et capable de se liquéfier sous une forte pression. Il entretient la combustion mieux que l'air atmosphérique; il rallume même les bougies qui présentent quelques points en ignition, quoique ne contenant qu'un demi-volume d'oxygène. Sous ce rapport, il diffère de l'oxygène, en ce qu'il ne fait pas entendre, comme ce gaz, une petite explosion au moment où le corps allumé pénètre dans l'éprouvette, et en ce que l'action n'est pas aussi vive. Jouissant de la propriété de rallumer les bougies, on s'est demandé si ce gaz pourrait entretenir la vie des animaux. Les essais tentés dans ce sens ont constaté que, dans cette circonstance, il n'agissait pas comme l'oxygène, et qu'il donnait au contraire la mort aux animaux qui le respiraient : cependant il n'agit pas comme poison, mais comme asphyxiant. Davy, Tenaute et plusieurs autres chimistes anglais ont avancé que le système nerveux était fortement agité, lorsqu'on respirait ce gaz quelques minutes. D'après eux, le gaz détermine d'abord du vertige, du tournoiement, puis, comme le café, de l'agitation, et enfin un besoin de rire tout à fait irrésistible. Des expériences nombreuses, faites en France pour constater ces faits, n'ont mené à aucun résultat dans le sens des chimistes anglais : chez nous on a toujours éprouvé un malaise et un commencement d'asphyxie, et non cette excitation du cerveau qui procurait aux chimistes anglais une si grande volupté.

Une chaleur très-forte le décompose en acide hypoazotique et en azote. L'air et l'oxygène secs sont sans action sur lui. Tous les métalloïdes, à l'exception du chlore, de l'iode, du brome, de l'azote et du silicium, le décomposent à une température élevée, s'emparent de son oxygène et mettent en liberté l'azote. Cette réaction s'opère avec rapidité et avec une forte élévation de température. L'expérience se fait facilement en introduisant le corps chauffé dont on veut étudier l'action dans un flacon rempli de ce gaz.

Analyse. — L'hydrogène agit d'une manière toute particulière sur le protoxyde. L'action est nulle à froid ; mais si l'on porte une bougie allumée dans un mélange à volumes égaux de ces deux gaz, il y a explosion, et il se produit non-seulement de l'eau et de l'azote, mais encore une petite quantité d'acide azotique. Quand on fait cette expérience sur le mercure, on voit, après la réaction, la surface du métal ternie et salie par une petite quantité d'azotate de mercure. On ne peut donc employer l'hydrogène, comme cela vient d'abord à la pensée, pour analyser le protoxyde d'azote.

L'analyse du protoxyde d'azote peut se faire facilement en introduisant dans une cloche courbe 100 volumes de ce gaz, portant dans la partie courbe quelques fragments de sulfure de potassium ou de sulfure de barium, et chauffant le sulfure introduit avec la lampe à esprit-de-vin. Le sulfure s'empare de tout l'oxygène du gaz pour former un sulfate, tandis que l'azote est mis en liberté et occupe autant de volume que le protoxyde d'azote lui-même. Or, en retranchant de 1,5269, densité du protoxyde d'azote, 0,9757, densité de l'azote, il reste 0,5512 pour le poids de l'oxygène combiné à l'azote dans le protoxyde. Mais ce nombre représente justement la moitié de 1,1026 qui est la densité de l'oxygène : donc le protoxyde d'azote est formé d'un volume d'azote et d'un demi-volume d'oxygène condensés en un seul. Sa formule est $Az^2O = 2$ vol.

Ce protoxyde se dissout dans l'eau et dans l'alcool beaucoup plus que l'oxygène. Avec le phosphore à froid, il ne produit aucun effet : enfin le bioxyde est sans action sur lui. M. Kuhlmann a fait voir, par des travaux qu'il a publiés récemment et qui sont d'un grand intérêt, que si l'on mettait un mélange d'hydrogène et de protoxyde Az^2O en présence de l'éponge de platine à une haute température, il se formait, non-seulement de l'eau et de l'azote, mais encore de l'ammoniaque. Il a fait voir de plus, en mettant la même éponge de platine fortement chauffée en présence de l'ammoniaque et de l'oxygène, qu'il se formait de l'eau, de l'azote, et même de l'acide azotique, quand l'oxygène était en quantité suffisante.

Bioxyde.

Ce corps, de même que le protoxyde, a été découvert par Priestley. Ils n'existent ni l'un ni l'autre dans la nature. On le prépare dans les laboratoires en faisant agir l'acide azotique à la température ordinaire sur le cuivre. L'expérience se fait dans un appareil semblable à celui qui est nécessaire pour produire l'hydrogène, et qui est représenté par la *fig.* 4. La réaction commence presque au moment où l'acide arrive sur le cuivre; il en résulte du bioxyde d'azote et de l'azotate de bioxyde de cuivre, comme cela se voit par l'équation

$$3Cu + 5Az^2O^5 = 2Az^2O^2 + 3CuO^2Az^2O^5.$$

A peine l'opération est-elle commencée, qu'on voit le flacon se remplir d'une vapeur jaune rougeâtre. Cette vapeur est formée par de l'acide hypoazotique, qui provient de l'union du bioxyde d'azote avec l'oxygène de l'air du flacon; il faut donc laisser perdre les premières portions de gaz, et n'en recueillir que lorsque celui qui remplit le flacon et les tubes est devenu totalement incolore. Le mercure, le plomb, l'argent, traités de la même manière, mais à chaud, donneraient les mêmes produits.

Propriétés. Le bioxyde est incolore, et présente plusieurs propriétés communes avec le protoxyde; il est impropre à la respiration des animaux, sans action sur le tournesol, et a une densité exprimée par 1,039. Sa saveur et son odeur sont inconnues, car à peine est-il au contact de l'air ou de l'oxygène qu'il se transforme en vapeurs rutilantes d'acide hypoazotique. Il est moins soluble dans l'eau que le protoxyde, et ne l'est pas dans l'alcool comme lui. La chaleur et l'électricité décomposent ce gaz en azote et en acide hypoazotique. Il n'est décomposé à la température ordinaire par aucun métalloïde; il l'est au rouge par le phosphore, le charbon et le soufre, ce dont on peut s'assurer en plongeant quelques fragments de ces corps incandescents dans un flacon rempli de bioxyde. L'action du charbon au rouge explique pourquoi ce gaz peut entretenir la combustion des corps, un peu moins cependant que le protoxyde.

Quand on expose à l'air une dissolution de sulfate de protoxyde de fer Fe, SO³, elle finit, à cause de l'oxygène de l'air, par se transformer en sulfate de peroxyde de fer, Fe²O³, 2SO³; mais si l'on faisait passer du bioxyde d'azote dans la liqueur saline, avant son altération à l'air, on verrait la liqueur se brunir peu à peu et devenir de plus en plus noire. Ici, le sulfate absorbe une quantité de bioxyde correspondant au demi-volume d'oxygène absorbé précédemment, bioxyde qui joue dans cette combinaison le rôle d'un corps simple. Cette réaction est souvent tentée, afin de reconnaître le bioxyde d'azote. Si l'on faisait passer à travers une dissolution basique de potasse de l'acide sulfureux, il se formerait du sulfite de potasse qui, par son exposition à l'air, pourrait se transformer en sulfate par l'absorption d'un équivalent d'oxygène; mais le sulfite de potasse, au lieu de cet équivalent d'oxygène, aurait pu absorber un équivalent de bioxyde d'azote qui, par conséquent, jouerait le rôle d'un corps simple. Le chlore et le bioxyde donnent une combinaison qui, en présence de l'eau, se décompose en acide chlorhydrique et en acide hypoazotique. Nous ne terminerons pas ce sujet important sans dire par avance que la Chimie organique présente un grand nombre de composés où le bioxyde se comporte absolument comme un corps simple.

L'analyse du bioxyde d'azote peut se faire par le sulfure de potassium ou le sulfure de barium, comme celle du protoxyde; il contient deux fois autant d'oxygène que celui-ci, c'est-à-dire qu'il est formé de volumes égaux d'oxygène et d'hydrogène, mais sans condensation, de telle sorte que la formule Az²O² représente quatre volumes du gaz.

Composition.

Acide azoteux.

Cet acide a été souvent confondu avec l'acide hypo-azotique, parce que ses vapeurs sont colorées comme celles de ce corps, et parce qu'il a, liquide, la même couleur que lui. Aussi, pendant longtemps, on a été dans l'impuissance de le produire, et on ne l'a connu qu'en combinaison avec les bases, ce qui faisait penser qu'il n'existait pas libre.

Pour le préparer, on traite dans une cornue le sucre ou l'amidon par l'acide azotique ; il se forme alors de l'acide oxalique, tandis que l'acide azotique est ramené à l'état d'acide azoteux : il se produit, en outre, du protoxyde d'azote, du bioxyde d'azote, et même quelquefois de l'azote. On refroidit ces corps dans une suite de flacons rangés comme dans l'appareil de Wolff, et qui contiennent de l'acide sulfurique pour absorber les vapeurs aqueuses. Le protoxyde, le bioxyde, l'azote, malgré le refroidissement, restent gazeux, tandis que l'acide azoteux se condense dans un tube en U entouré d'un mélange réfrigérant et disposé à cet effet. Le produit liquide obtenu est coloré ; c'est un véritable acide rougissant la teinture de tournesol, et capable de s'unir aux bases.

M. Gay-Lussac a remarqué le premier que cet acide se formait lorsqu'on faisait réagir l'oxygène sur un excès de bioxyde d'azote en présence d'un oxyde métallique dissous dans l'eau : l'oxygène se combine avec le bioxyde d'azote dans la proportion de 1 volume du premier pour 4 du second, et il en résulte de l'acide azoteux, qui se combine avec l'oxyde métallique pour former un sel. Puisque Az^2O^2 représente 4 volumes de bioxyde, il s'ensuit que Az^2O^3 sera la formule chimique de l'équivalent d'acide azoteux. L'acide ainsi formé ne peut être isolé des bases avec lesquelles il est uni sans se décomposer immédiatement en bioxyde d'azote et en acide azotique, comme cela se voit par l'équation

$$3\,Az^2O^3 = 2\,Az^2O^2 + Az^2O^5.$$

Acide hypoazotique.

Le corps connu sous le nom d'*acide hypoazotique* ne remplit jamais le rôle d'un acide : si on l'a rangé pendant longtemps au nombre des acides, si même plusieurs chimistes le considèrent encore comme un acide, cela tient à ce qu'il donne avec l'eau un liquide réellement acidulé et rougissant le tournesol : l'examen de ce liquide a fait voir qu'il ne contenait que de l'acide azotique.

Pour se procurer l'acide hypoazotique, il suffit de dé-composer à la température rouge l'azotate de protoxyde de plomb sec dans une petite cornue; le sel est décomposé, et son acide, se trouvant lui-même soumis à une forte température et ne trouvant pas l'eau nécessaire à son existence, se décompose et donne de l'acide hypoazotique Az^2O^4 et de l'oxygène qui se dégage. Le gaz acide est condensé dans un tube en U refroidi par de la glace, comme cela se voit dans la *fig*. 39. Le protoxyde de plomb reste dans la cornue à la fin de l'opération. Préparation.

L'acide hypoazotique est liquide à la température et à la pression ordinaires. Sa couleur est variable : il est d'un jaune-orange de 15° à 28°, d'un jaune-fauve à 0°, presque incolore à — 10° et tout-à-fait incolore à — 20°. Son odeur est forte, sa saveur très-acide et sa densité de 1,451. Répandu dans l'air, il le rend irrespirable : à une faible dose, il produit une suffocation horrible; il pourrait même Propriétés.

attaquer les organes de la respiration par l'acide azotique qui pourrait se former : il rougit le tournesol, tache la peau en jaune et la désorganise. Cet acide entre en ébullition à 28° à la pression ordinaire, et se réduit en vapeurs épaisses et rutilantes ; à la température ordinaire, il répand aussi d'abondantes vapeurs de la même nature, dès qu'il a le contact de l'air.

Comme nous l'avons dit, les vapeurs rutilantes ne sont pas un véritable acide, et dans plusieurs circonstances le corps qui produit ces vapeurs se conduit comme un corps simple. Si on le mélange avec un peu d'eau, une réaction a lieu immédiatement qui occasionne sa décomposition en acide azotique qui gagne le fond et en bioxyde d'azote qui se dégage et qui produit à l'air des vapeurs rutilantes. Comme par une nouvelle agitation, de nouvelles portions d'acide azotique prendraient naissance, on aperçoit la cause de la réaction acide de l'acide hypoazotique, et l'on trouve déjà une raison pour justifier l'idée émise précédemment au sujet de la non-acidité du prétendu acide hypoazotique. Son action sur les bases est une preuve convaincante et qui ne laisse plus de doute dans l'esprit : car M. Dulong reconnut le premier que les vapeurs rutilantes, en passant au travers de la baryte en dissolution, donnaient de l'azotate de baryte et de l'azotite de baryte. La conséquence à tirer de cette expérience, c'est que le corps que nous appelons *acide hypoazotique* ne possède pas la propriété caractéristique des acides qui est de se combiner avec les bases, et qu'en présence de ces bases il se décompose en acide azotique et en acide azoteux. Comme dans cette réaction, pour chaque équivalent d'azotate, il se produit un équivalent d'azotite, il s'ensuit que la for-

mule du corps qui forme les vapeurs rutilantes est Az^2O^4,
puisque l'on a $2Az^2O^4 = Az^2O^3 + Az^2O^5$. Cette formule
est aussi confirmée par l'action de l'oxygène sur le bioxyde
d'azote ; car l'expérience prouve qu'il faut 2 volumes
d'oxygène pour transformer complétement en vapeurs rutilantes 4 volumes de bioxyde d'azote représentés par Az^2O^2.

Acide azotique.

L'acide azotique ne peut être obtenu qu'uni à l'eau ou
avec les bases : aussitôt qu'on lui enlève, soit cette eau,
soit ces bases, il se décompose en oxygène et en acide
hypoazotique. Le composé Az^2O^5, quand il est uni à un
équivalent d'eau, forme l'acide azotique le plus concentré
possible ; alors il n'est pas coloré comme les autres liquides
azotés, et il émet des vapeurs blanches comme les acides
avides d'eau, ce qui a encore lieu lors même qu'il renferme
plus d'un équivalent d'eau. Son odeur est vive, piquante,
particulière, et par suite assez reconnaissable. Lorsqu'il est
concentré, il a une saveur acide excessivement intense, et qui
diminue quand on le mélange de plus en plus avec de l'eau.
L'acide azotique altère et colore en jaune les matières animales, telles que les poils, le cuir, la peau ; la couleur produite
est d'autant plus intense que l'acide est plus concentré.
L'acide faible ne produirait les mêmes résultats que par une
élévation de température. On conçoit comment cet acide
concentré agirait sur les membranes de l'estomac si l'on venait à l'avaler : il les corroderait, et produirait des douleurs atroces (*) ; c'est donc un des plus violents caustiques

---

(*) Dans de pareilles circonstances, les secours les plus prompts sont les
meilleurs : il faut délayer dans de l'eau du savon ou de la cendre qui contient beaucoup de potasse, et faire avaler la dissolution au malade.

que l'on connaisse. Quand l'acide azotique est très-concentré, il a une densité de 1,512 ; il bout alors à 86°. Si
l'on continue à le faire bouillir, on remarque que le point
d'ébullition n'est pas stable et qu'il s'élève progressivement
jusqu'à 120°. Pendant cette ébullition, une grande quantité d'acide se détruit, de telle sorte que son point d'ébullition augmente, et qu'il devient plus riche en eau. En se
condensant, il se trouve légèrement coloré en jaune par un
peu d'acide hypoazotique qui s'est formé. Enfin, exposé à
un froid de — 50°, il se prend en une masse de consistance butyreuse.

L'acide azotique est promptement décomposable par la
lumière ; car si l'on traversait une cour avec un flacon d'a-
cide très-pur, préparé dans un lieu obscur, par conséquent
incolore, il se trouverait coloré par de l'acide hypoazotique
qui resterait en dissolution. La chaleur rouge agit sur lui, de
la même manière que la lumière, c'est-à-dire qu'elle produit
des vapeurs rutilantes et de l'oxygène. L'expérience peut se
faire dans un tube de porcelaine ; mais il ne faut pas recueillir
les gaz sur l'eau ; car alors, d'après ce que nous avons dit
précédemment, l'acide azotique se régénérerait : on recueille
ces gaz sur de l'acide azotique, qui dissout l'acide hypoazotique, tandis qu'il est sans action sur l'oxygène, qu'on peut par
suite recueillir. La pile décompose l'acide azotique comme
la chaleur et la lumière, en donnant les mêmes produits.

L'hydrogène est sans action, à la température ordinaire,
sur l'acide azotique ; mais, quand on élève la température,
il se forme du bioxyde d'azote et de l'eau. Si l'hydrogène
était en excès, il pourrait donner, avec le bioxyde à l'état
naissant, comme dans la circonstance actuelle, divers produits, particulièrement de l'ammoniaque et de l'azotate

d'ammoniaque, tandis qu'au contraire, l'hydrogène et le bioxyde ne peuvent pas se combiner à aucune température quand l'un d'eux ne se trouve pas à l'état naissant. M. Kuhlmann, en faisant passer à travers uu tube, sur du platine incandescent, un mélange des mêmes gaz, est parvenu à obtenir par la réaction entre ces gaz les mêmes produits que précédemment, c'est-à-dire de l'azotate d'ammoniaque, qui apparaît à l'état naissant sous forme de vapeurs blanches d'azotate d'ammoniaque. Le platine agit donc sur les gaz de manière à les mettre dans les mêmes circonstances que si l'un d'eux était à l'état naissant. Cette découverte, si neuve et si belle, doit conduire les chimistes à entreprendre de nouveaux travaux qui seront certainement suivis de succès. Le soufre, le charbon, le phosphore, donnent avec l'acide azotique des produits acides et du bioxyde d'azote. Le soufre, à la température de l'ébullition de l'acide, donne de l'acide sulfurique et du bioxyde, sans l'intermédiaire d'acide sulfureux et d'acide hypoazotique.

Avec les métaux, il donne des réactions importantes, surtout avec les métaux des trois premières sections, avec certains de la quatrième et de la sixième dont les oxydes jouent le rôle de base. Avec le fer, le zinc, l'étain, l'action est vive ; il se forme du bioxyde d'azote qui se transforme à l'air en vapeurs rutilantes, du protoxyde d'azote et même de l'azote ; sur la fin de la réaction les gaz sont moins colorés, ce qui indique un moindre dégagement de bioxyde. L'étain donne une action vive ; aussi les anciens disaient-ils que ce métal était dévoré par l'acide azotique : on obtient alors pour produit une poudre blanche qui est l'acide stannique. Si le métal était difficile à oxyder, comme l'argent, le mercure, il faudrait élever la température pour déterminer

Action des
métaux.

la réaction : alors il se forme du bioxyde d'azote très-pur. Avec le fer, le zinc, l'étain, la température s'élève assez pour obtenir du protoxyde et de l'azote.

L'étain sec n'est pas attaqué par l'acide très-concentré, par celui qui ne contient qu'un équivalent d'eau. Ce résultat est réellement surprenant. Quand on ajoute un peu d'eau, l'action commence bientôt, augmente peu à peu, et finit par devenir très-vive. Le fer non-seulement n'est pas attaqué par l'acide concentré à froid, mais encore par l'acide bouillant ; de telle sorte que celui-ci peut distiller sans que le métal éprouve la moindre altération ; bien plus, il aura perdu la propriété d'être attaqué par l'acide étendu, et, pour la lui rendre, il faudra rayer sa surface. On peut expliquer assez facilement ce fait extraordinaire. Nous remarquerons d'abord, puisqu'il y a eu altération de la surface métallique, qu'une très-petite portion d'acide a été décomposée ; alors l'acide hypoazotique résultant a entouré le métal et a empêché l'action de se continuer. Cette explication est d'autant plus probable, que l'acide azotique concentré dissout en partie l'acide hypoazotique et que celui-ci est sans action sur le fer. Tous les métaux n'agissent pas de la même manière sur l'acide azotique concentré ; ainsi, si l'on prend des rognures d'argent contenant de la limaille de fer, et si on les traite par de l'acide concentré, l'argent est dissous tandis que le fer reste. Dans ce cas, le fer est moins oxydable que l'argent.

M. Herschel fils a trouvé les acides azotique qui attaquent et n'attaquent pas le fer. En les mélangeant, on obtient divers acides, mais un surtout, qui est l'acide limite, et qui, se trouvant à la fin de chaque série, participe des propriétés de chacune d'elles ; c'est-à-dire qu'il n'attaque le fer que par intervalles, par secousses : le fer est d'abord attaqué, puis l'action cesse pour recommencer, etc. Lorsqu'on veut observer le fait avancé, il suffit de plonger un fil de fer dans l'acide en question.

Le cuivre et le nickel donnent toujours des dissolutions vertes avec tous les acides. Le mercure, quoique ne donnant pas des dissolutions vertes avec tous les acides, en donne une verte ressemblant aux sels de cuivre, avec l'acide azotique seulement. On conclut de là un caractère très-simple pour reconnaître l'acide azotique. *Propriété caractéristique.*

Le bioxyde d'azote agit d'une manière singulière sur l'acide azotique, selon son degré de concentration. Si l'on mettait dans des flacons des acides azotique dont les degrés de concentration seraient 1,15, 1,3, 1,4, 1,5, et si l'on faisait passer à travers ces flacons du bioxyde d'azote, on remarquerait que le premier flacon, qui renferme l'acide le moins dense, resterait incolore, tandis que l'acide du deuxième flacon deviendrait vert, celui du troisième bleu foncé, et celui du quatrième jaune-rouge foncé. Ici le bioxyde ramène une portion d'acide azotique à l'état d'acide hypo-azotique pour passer lui-même à l'état de ce dernier corps, comme cela se voit par l'équation $2Az^2O^5 + Az^2O^2 = 3Az^2O^4$; de telle sorte qu'on obtient diverses solutions d'acide hypoazotique dans des dissolutions d'acide azotique diversement concentrées. Voilà pourquoi on remarque les couleurs différentes dont nous avons parlé.

L'acide azotique et l'acide chlorhydrique, incolores tous deux lorsqu'ils sont purs, donnent, par leur mélange, un liquide légèrement coloré en jaune, et qui est connu sous le nom d'*eau régale*. Cette eau est capable d'attaquer l'or, ce que ne sauraient faire séparément les acides azotique et *Eau régale.*

chlorhydrique. On peut facilement expliquer ce fait remarquable, connu depuis longtemps, en examinant la réaction
qui a lieu, dans cette circonstance, entre les éléments des
deux acides. L'équation $Az^2 O^5 + H^2 Ch^2 = H^2 O + Az^2 O^4$
$+ Ch^2$ montre qu'il se forme de l'eau, de l'acide hypoazotique, et qu'un équivalent de chlore est alors mis en
liberté. C'est ce chlore qui, libre et tenu en dissolution
dans l'eau et l'acide, est capable d'attaquer les métaux
qu'on plongera dans la liqueur. On peut donc considérer
cette eau régale comme de l'acide azotique dans lequel un
équivalent O d'oxygène aurait été remplacé par un équivalent de chlore Ch^2.

L'eau se combine à l'acide azotique en toutes proportions, et donne lieu à un dégagement de chaleur; une
partie d'eau et deux parties d'acide azotique concentré produisent une élévation de température de 40 à 46°. L'acide
sulfurique concentré, mêlé à l'acide azotique, tend à s'emparer de son eau et à faciliter sa décomposition. Si l'on
chauffe un mélange de 4 parties du premier et de 1 partie
du second, il se dégage de l'oxygène et d'abondantes vapeurs rutilantes, et, sur la fin de l'opération, l'acide sulfurique se trouve affaibli.

Préparation. Cet acide, qui est fréquemment employé dans un grand
nombre d'opérations chimiques et manufacturières, et
pour dissoudre les métaux, se prépare en grand par des
procédés analogues à ceux employés dans les laboratoires.
Autrefois on l'obtenait par un procédé dû à Raymond
Lulle, l'auteur de sa découverte, et qui consistait à calciner l'azotate de potasse avec l'argile, dans des cornues de
grès; l'alumine, un des éléments de l'argile, s'emparait de
la potasse contenue dans l'azotate, et mettait l'acide azotique

en liberté; mais celui-ci, ne trouvant pas assez d'eau, se dé-
composait en grande partie. Aujourd'hui c'est par l'acide sulfurique que l'on traite l'azotate de potasse afin de mettre l'a-
cide azotique en liberté. L'expérience se fait dans une grande
cornue de verre (voyez *fig.* 8), communiquant à un ballon tubulé destiné à condenser l'acide à mesure qu'il se
produit. On commence d'abord par mettre le nitre ou salpêtre dans la cornue, puis on verse l'acide sulfurique peu
à peu, pour ne pas échauffer l'appareil trop subitement.
Bientôt la réaction s'opère, l'acide sulfurique s'empare de
la potasse pour former du sulfate acide de potasse, et
abandonne l'eau qui lui est naturellement combinée; l'acide
azotique, qui est mis en liberté, s'empare de cette eau, se
dégage, et vient se condenser dans le ballon, qui doit toujours être entouré de glace pilée ou de linges mouillés. Il se
passe dans le cours de cette opération, divers phénomènes
qui doivent être notés. D'abord on voit apparaître dans la
cornue une légère vapeur rouge formée de gaz hypoazotique : cette vapeur est produite par la décomposition des premières portions d'acide azotique qui ne trouvent pas assez
d'eau pour le maintien de leurs éléments; mais à mesure
que l'opération avance, la quantité d'acide sulfurique diminue, et celle de l'eau augmente. L'acide azotique qui se dégage alors se trouve dans des conditions plus favorables, et
se volatilise sans se décomposer, en formant des vapeurs
blanches qui succèdent aux vapeurs rutilantes. Sur la fin de
l'opération, il se forme de nouveau des vapeurs rouges très-
abondantes, et la matière qui se trouve dans la cornue se
boursoufle, se soulève et tend à passer dans le col. Ce phénomène, qui indique l'urgence d'arrêter l'opération, est

encore produit par la diminution de l'eau, et aussi par l'élévation de température. On pourrait obvier à ces inconvénients et avoir des vapeurs blanches d'acide azotique pendant tout le cours de l'opération en ajoutant de l'eau à l'acide sulfurique que l'on introduit dans la cornue. L'acide extrait par le procédé qui vient d'être décrit, est coloré en jaune par de l'acide hypoazotique; il contient en outre du chlore(*), et même un peu d'acide sulfurique qui a été entraîné. On le débarrasse du premier en le chauffant à une douce chaleur jusqu'à ce qu'il soit décoloré; puis on le distille dans une cornue munie de son ballon, après y avoir ajouté un petit excès d'azotate d'argent, qui, en réagissant sur le chlore et l'acide sulfurique, produit du chlorure et du sulfate d'argent insolubles que l'on sépare de l'acide par la filtration ou la décantation de celui-ci avant la distillation.

Composition. Nous avons dit à plusieurs reprises que l'acide azotique le plus concentré possible, c'est-à-dire bouillant à 86°, contenait 1 équivalent d'eau. Nous allons d'abord montrer comment on peut le prouver. On prend un poids p de cet acide, on l'étend d'eau et on verse dedans de la litharge ou oxyde de plomb bien pur et en excès; tout l'acide azotique se combinant avec une certaine portion de litharge, forme de l'azotate de protoxyde de plomb soluble que l'on peut faire cristalliser et dessécher : soit alors P le poids du sel parfaitement sec; comme on connaît la composition de l'azotate de plomb, on pourra, par des proportions, déterminer com-

***

(*) Le salpêtre contenant toujours un peu de sel marin, il en résulte de l'acide chlorhydrique qui, avec de l'acide azotique, produit de l'acide hypoazotique et du chlore.

bien le poids P de sel contient d'acide réel. Soit p' ce poids ; alors $p\text{-}p'$ sera le poids de l'eau correspondant à un poids p' d'acide ; il sera alors facile de déterminer combien à 1 équivalent d'acide azotique il correspondra d'eau, et l'on trouvera pour résultat 112,479.

Dans ce que nous venons de dire on suppose connue la composition de l'azotate de plomb ; voici comment elle peut se déterminer : on prend un poids P d'azotate parfaitement sec et on le décompose par la chaleur ; alors il ne reste plus qu'un poids p d'oxyde de plomb, qui montre que le sel était formé de P-p d'acide azotique et de p d'oxyde de plomb.

La composition de l'acide azotique peut facilement se déterminer en traitant par l'action de la chaleur rouge, un poids P d'azotate de protoxyde de plomb sec et qui contient, je suppose, un poids p d'acide azotique. Le sel est décomposé, ainsi que son acide ; celui-ci se transforme en acide hypoazotique que l'on peut condenser dans un tube en U, et en oxygène que l'on peut recueillir et peser. Comme on connaît la composition de l'acide hypoazotique , il sera alors possible de déterminer celle de l'acide azotique ; on trouve ainsi que l'acide azotique renferme 1 équivalent d'oxygène de plus que l'acide hypoazotique, et par suite que sa formule est Az^2O^5.

Combinaisons oxygénées du phosphore.

L'oxygène et le phosphore, en se combinant, peuvent former plusieurs composés dont le plus stable est le plus oxygéné. Les anciens chimistes avaient posé pour règle que les moins oxygénés des corps étaient les plus stables, c'est là une erreur qui fut bientôt reconnue : nous allons donc commencer l'étude de ces composés par celle de l'acide phosphorique.

Acide phosphorique.

Lorsqu'on veut combiner le phosphore avec l'oxygène, de manière à produire l'acide phosphorique, rien n'est si facile ; il suffit de brûler du phosphore dans de l'air ou dans de l'oxygène, renfermé dans une cloche. Mais il est rigoureusement nécessaire, pour que l'acide ne soit pas mélangé avec d'autres corps, pour qu'il soit pur, que l'air ou l'oxygène soient en excès. L'acide formé se condense et tombe sur les parois de la cloche. On peut ainsi, quand l'air est sec et en excès, obtenir d'assez grandes quantités d'acide phosphorique anhydre dont la composition est représentée par Ph^2O^5.

Cet acide est blanc et solide ; il paraît volatil, car on le voit s'élever dans l'air sous forme fuligineuse, comme le zinc lorsqu'il brûle. Comme nous l'avons vu, ce métal est volatil et peut s'oxyder sous la forme gazeuse en produisant de petites masses légèrement blanches d'oxyde de zinc, connues sous le nom de *fleurs de zinc*. C'est, au contraire, l'acide phosphorique qui est volatil, qui peut bouillir, et dont la volatilisation se fait à une température inférieure à celle de l'ébullition. Ce fait est très-important, et nous aurons par la suite plusieurs fois l'occasion de le rappeler afin d'expliquer certains phénomènes. L'acide phosphorique, tel que nous l'avons produit, c'est-à-dire blanc et cotonneux, éprouve des modifications en présence de certains corps. Vient-on à le verser dans l'eau, il fera entendre un bruit semblable à celui que produirait un fer rouge qu'on y plongerait : c'est qu'alors il s'empare d'un équivalent d'eau et forme le composé $Ph^2O^5 + H^2O$ qui se dissout dans l'eau restante. Tel est le nouveau corps dont nous allons examiner les propriétés : il est très-acide, aussi acide que les acides les plus forts : l'évaporation lui fait perdre une grande quantité d'eau ; mais il arrive un moment où il n'en peut plus perdre et où il se transforme en un verre transparent qui peut se volatiliser sans perdre son équivalent d'eau. Cet acide jouit, lorsqu'il est en fusion, des propriétés des verres de s'étirer en fils très-fins ; ces propriétés sont dues à ce qu'il passe par tous les états intermédiaires, depuis l'état liquide jusqu'à l'état solide. L'acide $Ph^2O^5 + H^2O$ étant étendu d'eau et traité par une dissolution limpide de blanc d'œuf, produit à l'instant la précipitation de la matière albumineuse. C'est là un caractère pour reconnaître le blanc d'œuf. La liqueur, abandonnée à elle-même, perd peu à peu la propriété de précipiter le blanc d'œuf : au contraire, elle prend la propriété de dissoudre du blanc d'œuf qui peut être précipité par un acide nouvellement préparé.

L'acide phosphorique, qui dissout le blanc d'œuf sans le précipiter, contient 3 équivalents d'eau, et a pour formule $Ph^2O^5 + 3H^2O$. Le premier acide, celui qui ne contient qu'un seul équivalent d'eau, se trouvant en contact avec une grande quantité de ce liquide, en prend deux nouveaux équivalents, mais seulement au bout d'un certain temps : cela nous fait voir qu'il y a une différence essentielle entre la force qui forme les combinaisons et celle qui produit les dissolutions. Ainsi, dans les liquides, il y a des forces qui agitent lentement les molécules des corps. Il faut plusieurs mois pour que l'acide $Ph^2O^5 + H^2O$ puisse prendre deux nouveaux équivalents d'eau. On ne sait pas encore s'il pourra en prendre plusieurs doses par un temps plus long, dans plusieurs années, dans plusieurs siècles. Il y a aussi, comme on pouvait le penser, un acide qui prend deux atomes d'eau, et qui se forme en laissant le premier acide hydraté dans l'eau seulement pendant quelques jours. Pour le reconnaître, il suffira de remarquer qu'il ne précipite pas le blanc d'œuf et qu'il le dissout, comme l'acide Ph^2O^5 $+ 3H^2O$. Nous allons voir, en outre, qu'en présence des sels d'argent il se conduit comme le premier. Si l'on vient à traiter un sel soluble d'argent par le phosphate de potasse formé avec le premier acide, on obtient un précipité blanc de phosphate d'argent, tandis que le même sel d'argent traité par un phosphate de potasse formé par l'acide $Ph^2O^5+3H^2O$ aurait donné un précipité jaune : eh bien ! le même sel d'argent étant précipité par le phosphate de potasse formé avec l'acide intermédiaire $Ph^2O^5 + 2H^2O$, aurait donné un produit blanc comme le premier acide à un équivalent d'eau.

La théorie précédemment exposée, due à un chimiste anglais distingué, M. Graham, a été le point de départ de certaines idées émises par plusieurs chimistes tant Français qu'étrangers, sur les formules véritables de certains acides organiques. Comme nous ne pouvons actuellement entrer dans ces détails, nous nous contenterons de dire que les acides phosphorique portent les noms suivants :

Ph^2O^5,   acide phosphorique anhydre ;
$Ph^2O^5 + H^2O$,   acide phosphorique ordinaire ;
$Ph^2O^5 + 2H^2O$,   acide pyrophosphorique ;
$Ph^2O^5 + 3H^2O$,   acide métaphosphorique ;

et que l'acide phosphorique ordinaire exige 1 équivalent de base pour être saturé; que l'acide pyrophosphorique exige 2 équivalents de base, ou 1 équivalent de base avec 1 équivalent d'eau pour être saturé; qu'enfin l'acide métaphosphorique exige 3 équivalents de base, ou 2 équivalents de base et 1 équivalent d'eau, ou 1 équivalent de base et 2 d'eau, pour être complétement saturé.

L'acide phosphorique est volatil et très-stable : on conçoit alors comment il échappe à l'action des corps décomposants. Si l'on traitait l'acide vitrifié par le charbon, il n'y aurait pas décomposition : il faut que l'acide soit retenu par une base, comme la chaux, pour que la décomposition ait lieu ; puis il faut une haute température qui aurait volatilisé l'acide, s'il avait été libre, avant la décomposition. L'hydrogène n'agirait aussi sur l'acide phosphorique qu'à une température élevée. Certains métaux le décomposent à une température élevée, surtout en présence du charbon ; il se forme alors un phosphure. Action du charbon sur l'acide phosphorique.

Quand on vient à évaporer, à concentrer et à chauffer jusqu'au rouge l'acide métaphosphorique, il perd 2 équivalents d'eau, et reprend la propriété de précipiter le blanc d'œuf. On peut de même transformer immédiatement l'acide $Ph^2O^5 + H^2O$ en celui qui a pour formule $Ph^2O^5 + 3H^2O$; il suffirait de le faire bouillir avec de l'acide azotique. Nous saisirons cette occasion pour dire que l'acide obtenu en faisant brûler le phosphore sur l'eau, comme dans la préparation de l'azote, est de l'acide phosphorique hydraté ordinaire, et que celui qu'on obtient en faisant brûler pendant quelques heures le phosphore par l'acide nitrique est de l'acide métaphosphorique. Transformation des acides du phosphore.

L'expérience se fait dans une cornue munie d'une allonge ; la cornue est placée sur un fourneau de manière à pouvoir faire bouillir l'acide azotique qui, à cette température, se décompose pour acidifier le phosphore, qu'on a eu soin de couper en petits morceaux. Dans le cours de l'opération, Préparation de l'acide phosphorique par l'acide nitrique.

l'acide azotique distille en partie et se rend dans le ballon ;
il faut alors de temps en temps remettre cet acide dans la
cornue et continuer l'opération jusqu'à ce que le phosphore
ait disparu complétement, et jusqu'à ce que la liqueur ait
pris la consistance sirupeuse. A cet état, il ne faut pas, pour
le transformer en verre, le chauffer dans les creusets ordinaires, car il les trouerait immédiatement, en formant un
phosphate d'alumine qui est fusible : il faut avoir recours
à un creuset de platine ou d'argent ; car ces métaux ne
sont pas attaqués par l'acide phosphorique. Enfin, on peut
aussi préparer immédiatement de l'acide phosphorique vitrifié en chauffant au rouge, dans un creuset d'argent, du
phosphate d'ammoniaque.

Oxyde de phosphore.

Autrefois on admettait l'existence de deux oxydes de
phosphore ; mais M. Pelouze a prouvé que le composé que
l'on désignait autrefois sous le nom d'oxyde blanc n'était
que du phosphore hydraté. On obtient l'oxyde rouge de
phosphore, en faisant passer un courant d'oxygène à travers du phosphore fondu sous l'eau. Cet oxyde est rouge,
insipide, inodore, insoluble dans l'eau, l'alcool, les éthers
et les huiles. Chauffé en vase clos jusqu'au rouge, il se décompose en acide phosphorique et en phosphore ; chauffé
à l'air, il prend feu et se convertit complétement en acide
phosphorique : on lui attribue une composition représentée
par $Ph^3 O^2$.

Acide hypo-phosphoreux.

Cet acide, découvert en 1816 par M. Dulong en faisant
réagir le phosphure de barium sur l'eau, a une composition
représentée par la formule $Ph^4 O^3$. Quand le phosphure est

en présence de l'eau, celle-ci est décomposée : son oxygène se porte sur une partie du phosphore pour l'acidifier, et sur le barium pour l'oxyder de manière à former de l'hypophosphite, tandis que l'hydrogène se porte sur une autre portion de phosphore pour produire de l'hydrogène phosphuré. Le sel formé est soluble; pour en séparer l'acide, il suffit de verser dans la solution de l'acide sulfurique qui s'unit à la baryte et forme un sel insoluble qui se précipite, tandis que l'acide hypophosphoreux reste en solution et peut être concentré par l'évaporation dans le vide.

L'acide que nous venons de préparer est liquide, incristallisable, décomposable par la chaleur en hydrogène phosphoré, acide phosphorique et phosphore. Il est soluble dans l'eau en toutes proportions, et rougit fortement la teinture de tournesol : il est transformé en acide phosphorique par le chlore et l'iode, qui décomposent l'eau et se transforment eux-mêmes en acides chlorhydrique et iodhydrique.

Acide phosphoreux.

L'acide phosphoreux a été analysé par M. Berzelius, qui l'a trouvé formé de 100 parties de phosphore et de 76,92 d'oxygène, ou de 2 équivalents de phosphore pour 3 équivalents d'oxygène; par suite, sa composition est représentée par la formule Ph^2O^3. Davy fit la découverte de cet acide en faisant réagir l'eau sur le protochlorure de phosphore. L'eau se décompose, son oxygène s'unit au phosphore pour former de l'acide phosphoreux, tandis que l'hydrogène se combine au chlore et produit de l'acide chlorhydrique. Ces deux acides restent dans la liqueur, et peuvent être séparés par une évaporation ménagée. L'eau qui s'évapore entraîne l'acide chlorhydrique, tandis que l'acide reste. Un chimiste a proposé dernièrement, pour obtenir cet acide avec facilité, de brûler le phosphore en le chauffant dans un tube horizontal, fermé à l'une de ses extrémités, tandis qu'il est effilé et recourbé à angle droit vers l'autre extrémité, où l'air n'entre que très-lentement, et vers laquelle se trouve le phosphore.

L'acide phosphoreux est visqueux, incolore, inodore, très-sapide et capable de rougir fortement la teinture de tournesol. Il se décompose en donnant les mêmes produits que l'acide hypophosphoreux, et peut s'unir aux bases pour former des sels.

Acide hypophosphorique ou phosphatique.

Il paraît bien certain maintenant que l'acide dont nous allons nous occuper n'est qu'un mélange d'acides phosphorique et phosphoreux ; car la formule chimique déduite de sa composition, et la manière dont il se comporte avec les bases, donnent un grand poids à cette opinion. On le prépare en faisant brûler lentement du phosphore dans l'air chargé d'humidité. Pour cela, on introduit de petits cylindres de phosphore dans des tubes de verre effilés à la lampe et placés dans un entonnoir supporté lui-même par un flacon destiné à recueillir les produits. On met le flacon sur une assiette à moitié remplie d'eau, et on le recouvre d'une cloche un peu inclinée et pouvant laisser rentrer l'air, ou bien percée d'un trou à la partie supérieure. Dans cet appareil le phosphore brûle lentement et se transforme en acide hypophosphorique, qui absorbe l'humidité de l'air et se résout en un liquide qui vient se rendre dans le flacon (*fig*. 40).

L'acide ainsi préparé est un liquide visqueux, incolore,

très-acide, rougissant fortement la teinture de tournesol, plus pesant que l'eau, décomposable par ce liquide en acide phosphorique et en hydrogène phosphoré, décomposable par les oxydes en acide phosphoreux et en acide phosphorique. En admettant, ce qui paraît vrai, qu'il ne soit formé que par un mélange de ces deux acides, les oxydes ne le décomposeraient pas, et ne feraient qu'entrer en combinaison pour former des phosphites et des phosphates. Sa composition, d'après M. Thenard, serait de 100 de phosphore pour 110,39 d'oxygène, ce qui correspond à la formule $Ph^2O^3 + Ph^2O^5$.

Combinaisons oxygénées du chlore.

Ces composés sont particulièrement remarquables par leur peu de stabilité, car la chaleur les décompose facilement, quelques-uns même avec détonation.

Oxyde de chlore.

C'est au célèbre Davy qu'est due la découverte de ce corps. Pour le préparer, on fait une pâte avec du chlorate de potasse réduit en poudre et de l'acide sulfurique étendu de son poids d'eau : on introduit cette pâte dans un tube un peu large, auquel on adapte un tube recourbé pour recueillir le gaz (voyez la *fig.* 41); on place l'appareil verticalement dans un vase plein d'eau, dont on élève graduellement la température, et l'oxyde de chlore se dégage abondamment et peut être recueilli sur le mercure. Dans cette opération, une partie du chlorate de potasse est décomposée en protoxyde de potassium qui s'unit à l'acide sulfurique, et en acide chlorique qui, lui-même, perd une partie d'oxygène pour passer à l'état d'oxyde de chlore; cet oxygène se reporte sur la portion d'acide chlorique non décomposée, qui est encore unie à la potasse, et la fait passer à l'état d'acide hyperchlorique; de telle sorte qu'il résulte de la réaction, de l'oxyde de chlore, du sulfate de potasse et de l'hyperchlorate de potasse.

Propriétés de l'oxyde de chlore. L'oxyde de chlore est un gaz verdâtre, d'une odeur aromatique, et susceptible d'être liquéfié par une forte pression. Il détruit les matières colorantes végétales. Chauffé à 100°, il est décomposé avec violence : en effectuant sa décomposition dans un tube capillaire, on peut en faire aisément l'analyse : sa composition peut être représentée par $Cl^2 O^4$ correspondant à l'acide hypoazotique; c'est pourquoi M. Millon propose de l'appeler *acide hypochlorique*. C'est en partant de cette spéculation théorique que M. Millon a pu démontrer l'existence du composé ClO^3.

Acide hypochloreux.

L'acide hypochloreux, dont on a admis pendant plusieurs années l'existence, a été préparé, pour la première fois, il y a quelques années seulement, par M. Balard, de Montpellier. Le procédé à l'aide duquel on l'obtient ordinairement est dû à M. Pelouze. Ce procédé consiste à faire passer très-lentement un courant de chlore dans un tube contenant de l'oxyde de mercure; on obtient dans cette expérience du bichlorure de mercure qui reste dans le tube, et de l'acide hypochloreux qu'on peut condenser à l'aide d'un mélange réfrigérant, ou dissoudre dans l'eau.

Soumis à une température inférieure à zéro, l'acide hypochloreux se présente sous forme d'un liquide rouge, soluble dans l'eau, qu'il colore faiblement en jaune. Cette solution est remarquable par les propriétés qu'elle possède de convertir le sulfure de plomb en sulfate, et de se décomposer avec explosion, sous l'influence de la chaleur, en chlore et oxygène ; la même décomposition s'opère à froid en présence du chlorure d'argent. 1 volume d'acide hypochloreux est formé de 1 volume d'oxygène et de 2 volumes de chlore. Sa formule est donc CH^2O. C'est à cet acide que l'eau de javelle et le chlorure de chaux doivent leurs propriétés. Ces composés, formés par l'action du chlore sur la soude et la chaux, sont des mélanges atomiques d'hypochlorite de chaux et de chlorure de calcium.

Propriétés de l'acide hypochloreux.

Acide chlorique.

Cet acide, de même que les autres composés de chlore et d'oxygène, n'existe pas dans la nature : il prend naissance toutes les fois que le chlore agit sur les oxydes dissous dans l'eau, sur la potasse par exemple. Une portion de cette potasse est décomposée en métal et en oxygène ; cet oxygène forme, avec du chlore, de l'acide chlorique, lequel se combine avec une portion de potasse non décomposée pour former un sel, tandis que le métal, mis en liberté, se combine avec une autre portion de chlore pour former un chlorure. Cette réaction est indiquée par l'équation

$$6\,Ch^2 + 6KO = KO\,Ch^2O^5 + 5KCh^2.$$

Le chlorate est très-peu soluble, tandis que le chlorure l'est beaucoup; il sera donc possible de séparer le chlorate de potasse par la cristallisation. Pour en retirer l'acide chlorique, il suffira de traiter le sel par l'acide fluosilicique qui précipitera la potasse à l'état de fluosilicate de potasse, tandis que l'acide chlorique, mis en liberté, restera en dissolution et pourra être concentré. Cet acide chlorique dissous dans l'eau, pourra encore être préparé en traitant le chlorate de baryte par l'acide sulfurique affaibli; cet acide précipite la baryte à l'état de sulfate insoluble et met en liberté l'acide chlorique que l'on peut obtenir en filtrant la liqueur et en la concentrant jusqu'en consistance demi-sirupeuse.

Propriétés de l'acide chlorique. L'acide chlorique est liquide, incolore et inodore quand il n'est pas trop concentré; il est coloré en jaune et possède une odeur analogue à celle de l'acide azotique quand il est concentré le plus possible. Il rougit la teinture de tournesol sans la détruire. Quand il est chauffé, il se décompose partiellement en chlore et en oxygène. M. Gay-Lussac a trouvé qu'il était composé de 2 volumes de chlore et de 5 volumes d'oxygène, de telle sorte que sa formule chimique est Ch^2O^5.

Acide perchlorique ou hyperchlorique.

Cet acide, désigné encore sous le nom d'*eptachlorique,* à cause de sa composition représentée par Ch^2O^7, se forme toutes les fois que l'on décompose les chlorates par la chaleur, ainsi que nous le verrons plus tard, ou bien encore quand on traite un chlorate par un acide, par l'acide sulfurique

(voyez *Oxyde de chlore*). C'est **M. Stadion** qui, le premier, a observé l'hyperchlorate de potasse dans le résidu
de la préparation de l'oxyde de chlore. Pour en retirer l'a-
cide, on lave ce résidu jusqu'à ce qu'il ne soit plus acide ;
alors le chlorate de potasse restant et le sulfate de potasse
se dissolvent, tandis que l'hyperchlorate de potasse reste
insoluble. On traite ce sel par l'acide sulfurique affaibli ;
l'acide hyperchlorique est mis en liberté, et peut être obtenu par une distillation ménagée.

L'acide que nous venons de préparer est liquide, incolore, inodore, volatil sans décomposition à une température de 200°, rougit la teinture de tournesol sans la détruire,
et a une densité de 1,65 quand il est concentré. Il n'est
décomposé ni par l'acide chlorhydrique, ni par les acides
sulfureux et sulfurique, qui jouissent de la propriété de décomposer l'acide chlorique. On peut l'obtenir solide, en
masse, ou cristallisé en prismes quadrangulaires longs ter-
minés par des sommets trièdres.

Propriétés de l'acide hypochlorique.

Composés oxygénés du brome.

Il est très-probable qu'il existe autant de composés oxygénés du brome que de combinaisons oxygénées de l'iode ;
mais jusqu'ici on a trouvé seulement l'acide bromique, l'a-
nalogue de l'acide chlorique. **M. Balard** a observé qu'il se
formait quand le chlorure de brome était en présence de
l'eau de baryte. Il se produit alors du chlorure de barium et
du bromate de baryte que l'on peut traiter par l'acide sulfurique pour en obtenir l'acide bromique.

Composés oxygénés de l'iode.

Les composés oxygénés de l'iode, bien connus, sont :
l'acide iodique I^2O^5, et l'acide hyperiodique I^2O^7. Cepen-

dant il résulterait des expériences de MM. Sementini et Mitscherlich, qu'il existerait une troisième combinaison de l'iode et de l'oxygène, qu'ils ont appelée *acide iodeux*. Bien plus, M. Sementini a annoncé l'existence d'un oxyde d'iode.

Quoi qu'il en soit de ces composés, nous nous contenterons de dire que l'acide iodique s'obtient en traitant l'iode par un mélange d'acide azotique et d'acide hypoazotique. On chauffe jusqu'à ce qu'il ne se dégage plus de vapeurs rutilantes, on concentre l'acide, et on le fait dissoudre et cristalliser plusieurs fois dans de l'eau distillée pour le décolorer. Cet acide est solide, blanc, d'une odeur d'iode à peine sensible, capable de rougir le tournesol et de le détruire ensuite. Il est très-soluble dans l'eau; cette solution est troublée par l'alcool et les acides sulfurique, azotique et phosphorique, qui s'emparent de l'eau et rendent l'acide iodique presque insoluble. L'acide sulfureux liquide, versé dans la solution d'acide iodique, décompose ce dernier acide et en précipite l'iode : l'oxygène qui en provient s'unit à l'acide sulfureux. Le phosphore, le soufre, et en général tous les composés avides d'oxygène, produisent un effet analogue.

Combinaisons chlorurées, bromurées, iodurées des métalloïdes.

Le chlore, le brome et l'iode se combinent entre eux, et donnent des composés dont l'histoire n'offre aucun intérêt.

Le chlore et l'azote peuvent, lorsqu'on les met dans les circonstances convenables, se combiner et donner lieu à un composé, le chlorure d'azote, remarquable par son peu de stabilité. C'est Dulong qui, en 1811, en fit la découverte. Pour l'obtenir, on prend un entonnoir dont l'ex-

trémité est effilée à la lampe et n'a qu'une petite ouverture ;
on le place verticalement, la pointe en bas et plongeant dans
une capsule qui contient du mercure, puis on le remplit
presque entièrement d'une dissolution, dans 20 parties
d'eau, de 1 partie de chlorhydrate d'ammoniaque. Cela
fait, on plonge un tube au fond de l'entonnoir, et l'on
verse par ce tube une solution concentrée de sel marin,
qui, en raison de sa densité, déplace la solution de sel
ammoniacal, et vient occuper le fond de l'entonnoir, où
elle doit former une couche de 4 à 5 centimètres de hauteur. L'appareil étant convenablement disposé, on fait arriver du chlore par un tube effilé, qui doit s'enfoncer dans
l'entonnoir jusqu'à une très-petite distance au-dessus de la
ligne qui sépare la solution de chlorure de sodium et celle
de chlorhydrate d'ammoniaque. Peu à peu la réaction s'o-
père, il se dégage quelques bulles d'azote, et il se forme
de l'acide chlorhydrique, qui reste en solution dans le liquide, et de l'azoture de chlore, qui apparaît sous forme
de gouttelettes huileuses. A mesure que ce composé se
produit, il se soustrait à la solution ammoniacale qui le
décomposerait, et se précipite au fond de la solution de
sel marin, d'où l'on peut l'extraire en prenant de grandes
précautions, car il se décompose avec la plus grande facilité en produisant de fortes explosions.

Ce composé est un liquide oléagineux, d'une couleur
fauve, d'une odeur piquante. C'est en voulant déterminer
sa pesanteur spécifique que M. Dulong a été blessé deux
fois ; cependant Davy la porte à 1,153. Il est très-volatil,
détone avec la plus grande violence, à 30°, avec un fort
dégagement de chaleur et de lumière. La plus légère agitation produit le même effet. Le phosphore, le sélénium,

l'arsenic, le décomposent aussi avec une très-forte explosion; le soufre en opère également la décomposition, mais d'une manière tranquille. Il paraît avoir une composition représentée par $Az\,Ch^3$.

Azoture d'iode. On ne connaît pas encore le composé de brome et d'azote analogue au précédent; mais l'iodure d'azote a été découvert, et peut être préparé facilement. Il suffit d'agiter pendant quelque temps de l'iode pulvérisé avec 15 à 20 fois son poids d'ammoniaque liquide. Une partie de celle-ci est décomposée en hydrogène et en azote, qui tous deux se combinent à de l'iode pour former de l'acide iodhydrique soluble et de l'iodure d'azote insoluble. Ce dernier se présente sous forme d'une poudre noire qui, lorsqu'elle est desséchée, détone avec violence par le moindre frottement, par le contact des barbes d'une plume : aussi ne doit-on le toucher que lorsqu'il est humide. Aussitôt qu'il est préparé, il faut le laver et le diviser par petites masses sur du papier. L'instabilité de ses éléments le rapproche beaucoup du chlorure d'azote.

Chlorures de phosphore. On connaît trois chlorures de phosphore : un protochlorure que l'on obtient en faisant dissoudre, jusqu'à refus, du phosphore dans le bichlorure; un bichlorure $Ph\,Ch^3$, et un perchlorure $Ph\,Ch^5$. Le bichlorure, qui a été découvert par MM. Gay-Lussac et Thenard, s'obtient en faisant rendre du chlore bien desséché par du chlorure de calcium au fond d'une cornue (voyez *fig.* 42) tubulée, bien desséchée elle-même, et où se trouvent quelques fragments de phosphore essuyés avec du papier joseph : au col de la cornue se trouve adapté un tube communiquant avec l'extérieur du laboratoire pour conduire au dehors l'excès de chlore. Lorsque le chlore parvient au fond de la cornue, le phosphore s'enflamme, fond, se combine au chlore et produit un composé liquide, incolore, qui est le bichlorure de phosphore : si l'on continue à laisser arriver du chlore dans l'éprouvette, le bichlorure liquide se transforme en perchlorure qui est solide. Le bichlorure de phosphore est incolore, transparent, fumant au contact de l'air ; il ne rougit pas le papier de tournesol sec, mais possède une réaction acide lorsqu'il contient des traces d'humidité. L'eau le décompose en acides chlorhydrique et phosphoreux. Le perchlorure est d'un blanc de neige, très-volatil ; il rougit le papier de tournesol et se dissout dans l'eau avec sifflement : il se produit alors des acides phosphorique et chlorhydrique.

« Le brome et l'iode peuvent aussi se combiner au phosphore et donner des composés que nous passerons sous silence, à cause de leur peu d'importance. Nous ne nous occuperons pas aussi des composés formés par le carbone avec le chlore, l'iode et le brome.

Le soufre forme avec le chlore deux composés qui se pré-parent comme les chlorures de phosphore, c'est-à-dire en faisant passer du chlore sec sur de la fleur de soufre bien pure et placée au fond de l'éprouvette, représentée *fig.* 43. Il se forme d'abord un liquide jaune, c'est le protochlorure de soufre ; plus tard, quand le chlore est en excès, le liquide devient rouge-brun foncé, et n'est autre chose que le perchlorure de soufre.

Le protochlorure de soufre est liquide, jaune, légèrement visqueux, décomposable par l'eau et l'alcool en acide chlorhydrique et en un dépôt de soufre. Le bichlorure de soufre est liquide, rouge-grenat foncé, très-volatil à la température ordinaire, d'une odeur forte et désagréable. Il rougit fortement la teinture de tournesol, répand des vapeurs épaisses au contact de l'air, bout à 64°, est décomposé par l'eau avec effervescence, dégagement de chaleur et production d'acides sulfurique, sulfureux, chlorhydrique et d'un dépôt de soufre.

Combinaisons sulfurées des métalloïdes.

Carbure de soufre. Ce corps, désigné encore sous le nom de *liqueur de Lampadius*, l'auteur de sa découverte en 1796, s'obtient en mettant le soufre et le carbone en contact à une haute température. L'appareil dont on se sert, représenté *fig.* 44, se compose d'un tube en porcelaine que l'on place dans un fourneau à réverbère, en l'inclinant un peu, et à l'extrémité inférieure duquel on adapte une allonge qui va se rendre dans un flacon tubulé, à moitié rempli d'eau. L'extrémité la plus élevée du tube de porcelaine sort un peu du fourneau et doit être fermée par un bouchon de liége ; ce tube doit être presque entièrement rempli de petits morceaux de charbon. Lorsque la température du tube et du charbon est portée au rouge, on introduit de petits morceaux de soufre par l'ouverture supérieure que l'on bouche immédiatement après ; le soufre entre en fusion, se volatilise, passe à travers le charbon, se combine avec ce corps et forme le sulfure de carbone qui va se condenser dans le ballon qu'il est bon d'entourer de glace ; pendant l'opération il se dégage des gaz qui sont un mélange d'hydrogène sulfuré, d'oxyde de carbone et d'oxygène. On concevra facilement la formation de ces gaz, si l'on se rappelle que le charbon et le soufre contient toujours une petite quantité d'hydrogène : quant à l'oxygène, ou peut penser qu'il provient de la décomposition de l'eau des bouchons.

Le sulfure de carbone est liquide à la température ordinaire, transparent, incolore, d'une odeur pénétrante et fétide qui a un peu d'analogie avec celle du chou pourri, d'une saveur âcre et brûlante, d'une densité spécifique de 1,263. Il est très-volatil, entre en ébullition à |45° et donne des vapeurs d'une densité de 2,670. Il est indécomposable par la chaleur seule; il s'enflamme à l'approche d'une bougie allumée, et brûle avec une flamme bleue pâle en répandant l'odeur d'acide sulfureux et en laissant une très-petite quantité de soufre qui échappe à la combustion; il est très-peu soluble dans l'eau, soluble, au contraire, dans l'alcool, l'éther et les huiles fixes et volatiles. La vapeur de ce corps est décomposée avec une forte détonation par l'oxygène sous l'influence de la chaleur ou de l'étincelle électrique. Sa composition, d'après M. Berzelius, est telle qu'elle est représentée par CS.

Le phosphore et le soufre, comme on peut facilement le prévoir, peuvent se combiner en un grand nombre de proportions différentes, et former des composés dont les propriétés sont variables; on les prépare en combinant directement le phosphore et le soufre sous l'eau, à l'aide d'une chaleur modérée qui ne doit jamais dépasser 60° : on les obtient encore en faisant fondre un peu de phosphore dans un tube et y introduisant ensuite un peu de soufre; lorsque la combinaison est opérée, on y ajoute un nouveau fragment de soufre. Suivant le rapport du soufre et du phosphore, on obtient des composés plus ou moins fusibles; ainsi formé de parties égales de soufre et de phosphore, le composé est liquide à la température ordinaire et se solidifie à 5°. Douze parties de phosphore, unies à une de soufre, forment une combinaison solide au-dessous de 10°, et liquide au-dessus de cette température. Deux parties de phosphore contre une de soufre produisent un composé solide au-dessous de 15°, et liquide au-dessus. Enfin le sulfure de phosphore, qui est formé de huit parties de phosphore et d'une partie de soufre, est solide à la température ordinaire et ne se liquéfie qu'à 25°. Un dernier sulfure de phosphore, découvert par M. Faraday, offre une particularité très-remarquable : ce composé, formé de cinq parties de phosphore et de sept de soufre, est fluide à 0° et ne se solidifie pas à — 6°.

Ces différents composés sont insolubles dans l'eau, plus inflammables que le phosphore, ont une odeur alliacée et sont décomposés avec explosion quand on les met dans l'eau dont on élève la température à 80°.

Eau oxygénée ou bioxyde d'hydrogène.

L'oxygène, en se combinant avec l'hydrogène, produit non-seulement l'eau ordinaire, mais encore un nouveau composé qu'on appelle *eau oxygénée* ou *bioxyde d'hydrogène*, et dont la découverte, faite en 1818, est due à M. Thenard. La logique aurait exigé que nous fissions l'histoire de ce corps après celle de l'eau ; mais des considérations d'un autre ordre, toutes dépendantes de l'importance de ce corps singulier, nous ont déterminé à ne le placer qu'à la fin des composés des métalloïdes.

Préparation. Si l'on venait à traiter le bioxyde de barium BaO^2, qui est un oxyde singulier, par l'acide chlorhydrique H^2Ch^2, il se formerait un équivalent d'eau H^2O, un équivalent de chlorure de barium $BaCh^2$, et un équivalent d'oxygène, qui, à l'état naissant, peut se combiner avec l'équivalent d'eau aussi à l'état naissant, et former un composé nouveau H^2O^2, qui est le bioxyde d'hydrogène. C'est en partant de ces idées

que M. Thenard a été conduit à la découverte de ce corps.
Pour séparer le chlorure de barium, on traite la liqueur
par l'acide sulfurique, qui, par une réaction que nous con-
naissons déjà, produit de l'acide chlorhydrique et du sulfate de baryte insoluble : en filtrant, la liqueur ne sera
plus qu'une dissolution dans l'eau, d'eau oxygénée et d'acide
chlorhydrique. Si on la traite alors par le sulfate d'argent,
il se formera du chlorure d'argent insoluble que l'on
pourra séparer par la filtration, et de l'acide sulfurique qui
restera mélangé au bioxyde d'hydrogène. Pour séparer cet
acide, on projette peu à peu dans la liqueur de l'hydrate
de baryte, ou plutôt de la baryte cristallisée, desséchée
dans le vide par l'acide sulfurique : il se forme du sulfate
de baryte, et il ne reste plus que le bioxyde d'hydrogène
en dissolution dans l'eau. Comme on le voit, le procédé
de M. Thenard est long, dispendieux et minutieux ; aussi
y a-t-il avantage à préparer l'eau oxygénée en traitant le
bioxyde de barium, non pas par l'acide chlorhydrique,
mais par l'acide fluorhydrique. Il se forme alors du fluorure
de barium insoluble, et du bioxyde d'hydrogène qui reste
en solution dans l'eau de l'acide fluorhydrique et dans celle
qui sert à délayer l'oxyde barytique. L'expérience se fait
dans un flacon à large ouverture, placé dans un mélange
réfrigérant. On commence d'abord par délayer du bioxyde
de barium bien pur dans un peu d'eau distillée, puis on
verse l'acide fluorhydrique. Cet acide élèverait évidemment, par son action rapide sur l'oxyde, la température
du mélange, et par suite causerait la décomposition de
l'eau oxygénée, si l'on ne prenait pas la précaution de refroidir le vase dans lequel se fait la réaction. On filtre, et
la liqueur obtenue peut être considérée comme de l'eau

oxygénée étendue d'eau ordinaire. Pour enlever cette dernière, on la concentre sous le récipient de la machine pneumatique, à côté d'un vase qui contient de l'acide sulfurique concentré : l'eau pure, qui est plus volatile, se vaporise la première, de sorte qu'au bout de deux jours on obtient de l'eau oxygénée très-concentrée. On reconnaît que la liqueur est aussi concentrée que possible lorsque, chauffée à 14°, elle donne, à la pression ordinaire de 0^m,76, 475 fois son volume de gaz.

Propriétés du bioxyde d'hydrogène. Le bioxyde d'hydrogène, à l'état de pureté, est incolore, inodore, d'une saveur un peu styptique, d'une densité de 1,452. Il détruit en peu de temps la couleur des papiers de tournesol et de curcuma; il attaque promptement l'épiderme, le blanchit et produit des picotements; il blanchit aussi la langue et épaissit la salive. Il reste liquide à un froid de 30° au-dessous de zéro. La chaleur le décompose promptement en oxygène qui se dégage, et en eau ordinaire qui reste dans la liqueur. Cette facile décomposition de l'eau oxygénée par la chaleur est une cause qui empêchera les chimistes de la produire en faisant passer, d'après les idées de M. Kuhlmann, un courant de vapeur d'eau et d'oxygène sur de l'éponge de platine incandescente. Cependant il est bon de prévenir que cette décomposition de l'eau oxygénée par la chaleur est d'autant moins facile qu'elle est plus avancée. Ce corps est si peu stable, ou, en d'autres termes, ses éléments sont si faiblement réunis, qu'il se décompose de lui-même à la lumière et dans l'obscurité; mais cet effet se produit lentement, et demande plusieurs mois, à la température ordinaire, pour être achevé en grande partie : on le retarde en entourant de glace le bioxyde d'hydrogène.

Les métaux et les corps agissent différemment sur le bioxyde d'hydrogène. Sous ce rapport, on peut les classer en quatre groupes. Ainsi il y a des métaux, comme le fer, qui n'agissent pas sur l'eau oxygénée ; d'autres, comme le potassium, la décomposent en s'emparant de son oxygène ; plusieurs, comme le platine, l'or, l'argent, la décomposent sans que le métal soit altéré : il se dégage alors de l'oxygène, et il reste de l'eau pure et du métal, qui peut ainsi décomposer une quantité indéfinie d'eau oxygénée. Cependant, pour produire cet effet, le métal doit être divisé, car l'or et le platine en masses sont sans action, ou presque sans action sur l'eau oxygénée. Ici il y a une capillarité spéciale, particulière, dépendante de la nature du métal et de sa division. Il nous reste à examiner la quatrième manière d'agir des corps sur l'eau oxygénée : alors l'eau se décompose en décomposant ces corps eux-mêmes. Nous allons citer pour exemple l'action de plusieurs oxydes. Ainsi l'oxyde d'argent est instantanément décomposé par l'eau oxygénée ; il se forme du métal, de l'eau et de l'oxygène qui provient à la fois de l'oxyde et de l'eau oxygénée. On peut expliquer ce fait, en admettant que l'oxyde décompose l'eau avec une production de chaleur suffisante pour opérer sa décomposition. Examinons maintenant l'action de l'eau oxygénée sur l'oxyde de mercure, que l'on peut produire en traitant le chlorure de mercure par la potasse : il se forme un précipité jaune. Si l'on verse de l'eau oxygénée avant la potasse, dans la dissolution de chlorure, on obtient encore, comme précédemment, un précipité jaune ; mais, en abandonnant ces deux précipités à eux-mêmes, le premier n'est pas altéré, tandis que le second se transforme en une poussière grise de mercure métallique. Il faut admettre ici qu'il y a encore chaleur développée, qui, quoique insensible à nos instruments, est assez intense pour opérer la décomposition de l'oxyde. Le peroxyde de manganèse agit de même.

Le protoxyde de barium, la strontiane, la chaux, décomposent le bioxyde d'hydrogène, s'emparent de son oxygène pour produire des bioxydes de barium, de strontium et de calcium, qui apparaissent sous forme d'aiguilles brillantes et satinées. Il est à remarquer que les dissolutions doivent être étendues pour que les précipités soient sous forme nacrée. La potasse et la soude ne peuvent agir de même, car les peroxydes de potassium et de sodium décomposent l'eau en dégageant un équivalent d'oxygène; mais la potasse et la soude peuvent très-facilement décomposer l'eau oxygénée, en dégageant son excès d'oxygène.

Les acides retardent la décomposition de ce corps; on pourrait facilement expliquer un pareil fait en supposant que le bioxyde d'hydrogène joue, comme l'eau, le rôle d'une base vis-à-vis des acides. La fibrine, matière organique qui fait la base des tissus et du sang, a une action singulière sur le bioxyde d'hydrogène. L'expérience peut se faire, dans une cloche courbe, sur le mercure. On remarque alors qu'elle agit comme le platine, l'or, l'argent en limaille, c'est-à-dire qu'elle opère la décomposition de l'eau oxygénée sans s'emparer de l'oxygène. L'albumine, principe organique qui se trouve abondamment dans les animaux, est loin d'agir de la même manière (*). L'expé-

---

(*) Ceci démontre avec la dernière évidence que la fibrine et l'albumine sont des principes organiques essentiellement différents.

rience peut se faire avec un morceau de chair qui est composé en grande partie de fibrine, ou bien avec la fibrine, qui provient de l'agitation du sang par des verges : celle-ci, étant plus pure, doit être préférée.

Un centimètre cube d'eau oxygénée, pesant 1^{gr},452, donne, par sa décomposition complète, 475 centimètres cubes de gaz oxygène dont le poids équivaut à 0,680. Si l'on soustrait ce dernier poids de 1,452, poids du bioxyde d'hydrogène, il reste 0,772 pour le poids de l'eau ordinaire. Or celle-ci est composée de 0,092 d'hydrogène et de 0,680 d'oxygène, poids égal à celui de l'oxygène séparé. Par conséquent le bioxyde d'hydrogène est formé de volumes égaux d'oxygène et d'hydrogène, et en poids de 1,360 d'oxygène et de 0,092 d'hydrogène. Sa formule est donc H^2O^2.

Composition du bioxyde d'hydrogène.

Aussitôt après la découverte de l'eau oxygénée, M. Thenard, à cause des propriétés oxydantes de ce corps, eut l'heureuse idée de le faire servir à la restauration des anciens tableaux. On sait que la céruse, ou carbonate de plomb, est presque toujours employée par les peintres pour former les couleurs de leurs tableaux; mais comme des émanations d'acide sulfhydrique ont toujours lieu dans les appartements où ils sont exposés, il se forme sur ces tableaux du sulfure de plomb, qui les tache en noir, et qui rend peu vives leurs couleurs. Si alors, avec une barbe de plume ou un léger pinceau, on lave ce tableau avec de l'eau oxygénée, le sulfure noir sera transformé en sulfate, qui est blanc. Par suite, le tableau paraîtra tout-à-fait neuf et pourra être recherché par certains amateurs; car, pour d'autres artistes, l'air de vétusté d'un tableau d'un ancien maître est une qualité qu'on ne peut lui enlever sans nuire à sa beauté. Nous verrons aussi que le bioxyde d'hydrogène est employé dans

I.19

la préparation de certains oxydes métalliques qu'on ne pourrait préparer par d'autres moyens.

Polysulfure d'hydrogène.

L'analogie entre l'oxygène et le soufre, que nous avons déjà eu plusieurs fois l'occasion de signaler, se soutient ici; c'est-à-dire qu'il y a un second composé de soufre et d'hydrogène, dont les propriétés n'ont pas été bien reconnues, il est vrai, mais qui est probablement un bisulfure d'hydrogène. Ce composé, découvert par Scheele, a été étudié de nouveau par M. Thenard. On le prépare en versant de l'acide azotique affaibli dans un grand entonnoir dont le bec est fermé par un bouchon, et y ajoutant peu à peu du polysulfure de calcium; on agite longtemps la liqueur, et l'on voit bientôt le polysulfure d'hydrogène se former et se déposer sous forme d'un liquide huileux. La théorie de cette réaction est la même que celle de la préparation de l'eau oxygénée, c'est-à-dire que l'acide azotique met en liberté du soufre et de l'acide sulfhydrique, qui se trouvent en présence à l'état naissant, et se combinent pour former le polysulfure d'hydrogène. Nous observerons que ce composé ne se produirait pas et ne pourrait pas être obtenu si l'acide azotique était versé dans la solution de polysulfure de chaux, parce que le polysulfure d'hydrogène qui se formerait serait à l'instant décomposé par le sel.

Propriétés. Le polysulfure d'hydrogène est un liquide huileux, d'une odeur fétide d'œufs pourris, insoluble dans l'eau, décomposable à l'air en acide sulfhydrique et en soufre, et pouvant brûler quand on l'enflamme. Sa composition est variable, car M. Thenard en a analysé qui contenait 6 et 8 équivalents de soufre pour 1 équivalent d'acide sulfhydrique.

CHAPITRE VI.

COMBINAISONS OXYGÉNÉES DES MÉTAUX.

Les oxydes métalliques, désignés par les anciens sous le nom générique de chaux, sont des composés binaires formés par l'union de l'oxygène avec les métaux, et jouissant, par rapport aux acides, de propriétés électro-négatives, c'est-à-dire susceptibles de jouer à leur égard le rôle de bases salifiables.

Les oxydes sont généralement solides, ternes, pulvérulents, sans odeur, sans saveur, excepté ceux de la première section, qui ont au contraire une saveur très-âcre et très-désagréable. Quelques-uns d'entre eux jouissent de la singulière propriété de ramener au bleu la teinture de tournesol qui a été rougie par les acides, de verdir le sirop de violettes et de rougir la couleur jaune de curcuma. Ce sont les oxydes de la première section, comme la potasse, la soude, qui agissent ainsi. On les appelle alcalis, et on dit, dans le langage chimique, qu'ils ont une réaction alcaline. Mais il faut bien se garder de croire que cette action sur les matières colorantes végétales est générale pour les oxydes; car ceux des autres sections, qui forment le plus grand nombre, ne sont pas solubles ou ne le sont que très-peu, et par suite sont sans action sur les couleurs végétales. *Propriétés physiques et chimiques des oxydes.*

La chaleur n'agit pas de la même manière sur tous les oxydes. En vases clos, ceux de la première section se fondent sans éprouver la moindre altération dans leur com- *Action de la chaleur sur les oxydes.*

position. Les oxydes des deuxième, troisième et quatrième sections ne se fondent pas, mais restent encore inaltérables, à l'exception des peroxydes, qui passent à un degré inférieur d'oxydation. C'est ainsi que les bioxydes de barium, de strontium, les peroxydes de fer, de plomb, de manganèse, seraient ramenés, les quatre premiers à l'état de protoxydes, tandis que le dernier deviendrait, ainsi que nous l'avons déjà dit précédemment, l'oxyde Mn^3O^4. Les oxydes des deux autres sections perdent tout leur oxygène et passent à l'état métallique. Il est à remarquer qu'on aurait pu prévoir tous ces résultats, en se rappelant l'un des phénomènes qui a servi à classer les métaux. Car on a rangé dans les quatre premières sections les métaux qui pouvaient absorber l'oxygène à toutes les températures, et dans les deux autres ceux qui ne pouvaient l'absorber, au delà de certaines limites qui ont été indiquées. C'était évidemment dire implicitement que l'oxygène absorbé par les métaux des quatre premières sections ne pouvait pas en être dégagé par la chaleur, quelque intense qu'elle fût; qu'au contraire cela devait avoir lieu pour les métaux oxygénés des autres sections, quand la chaleur dépassait une certaine limite de température.

Action de la lumière du magnétisme et de la pile sur les oxydes. La lumière n'agit que sur les oxydes dont la décomposition est très-facile. La pile galvanique les décompose tous, en attirant l'oxygène au pôle positif et le métal au pôle négatif. Nous avons vu, en nous occupant du potassium, que c'était à l'aide de la pile que Davy était parvenu à décomposer la potasse ou protoxyde de potassium et les autres alcalis. Le magnétisme n'agit, au contraire, que sur le protoxyde et le peroxyde de fer.

L'oxygène et l'air n'exercent aucune action sur les oxydes qui sont à leur maximum d'oxygénation ; mais, lorsque Action des corps sim- ples sur les oxydes. les oxydes sont capables, à la température à laquelle on les expose, de passer à un degré supérieur d'oxydation, ils le font et deviennent des oxydes supérieurs.

L'hydrogène est sans action sur tous les oxydes à la température ordinaire. A une température élevée, il est également sans action sur les oxydes terreux ; mais il ramène à l'état de protoxydes tous les peroxydes de la première section, et réduit tous les oxydes des autres sections. Ces différentes réductions s'opèrent à des températures variables, et donnent toujours lieu à la formation d'une certaine quantité d'eau, tandis que le métal est mis en liberté sous forme de poussière, si la température produite par la combinaison n'a pas été assez élevée pour le fondre. On peut faire l'expérience sur l'oxyde de fer, l'un des plus difficiles à réduire, dans l'appareil représenté par la *fig.* 47. Il se compose d'un flacon A à deux tubulures pour produire de l'hydrogène ; ce gaz, une fois formé, passe dans un tube à chlorure de calcium B, où il se dessèche, puis passe sur l'oxyde métallique renfermé dans la boule C, que l'on chauffe avec la lampe à esprit-de-vin D, jusqu'au moment où la combinaison se détermine.

Le charbon, à une température plus ou moins élevée, réduit tous les oxydes qui peuvent l'être par l'oxygène, et passe à l'état d'oxyde de carbone et d'acide carbonique ; bien plus, à une température très-élevée, il réduit la potasse et la soude, qui sont deux oxydes de la première section. Cette action remarquable provient certainement de sa fixité à ces hautes températures, et non de son affinité pour l'oxygène, comme on semblerait d'abord le croire.

A une température élevée, le phosphore décompose

tous les oxydes, excepté ceux de la seconde section. On voit donc qu'il réduit la baryte, la strontiane et la chaux, qui ne peuvent être décomposées par le charbon; ce qui semblerait indiquer que le phosphore aurait pour l'oxygène une affinité très-grande, plus grande même que celle du charbon pour le même corps. Ces résultats paraissent contradictoires avec ceux énoncés à la page 269; car il y est dit que le charbon peut partiellement décomposer l'acide phosphorique. Pour expliquer l'action du phosphore sur les alcalis, il faut remarquer qu'il donne, avec l'oxygène, un acide fixe et puissant, qui formera un phosphate s'il se trouve en présence d'une base puissante. La base sera donc décomposée en partie par l'oxygène de cette base; une portion du phosphore passera à l'état d'acide phosphorique, qui s'unira à la base non décomposée, tandis que le reste du phosphore s'unira avec le métal devenu libre, pour former un phosphure. Si l'oxyde était facile à réduire, comme ceux des deux dernières sections, il ne se formerait alors qu'un phosphure et de l'acide phosphorique.

L'expérience se fait dans un tube ABC (*fig.* 48) effilé en A et recourbé en B. On introduit d'abord le phosphore dans la partie CB jusqu'en x, puis l'oxyde dans la partie droite AB, qui se trouve placée sur une grille et chauffée fortement avec des charbons ardents. Quand la température de l'oxyde est suffisamment élevée, on fait fondre le phosphore par le moyen d'une lampe placée en C, ou bien avec quelques charbons; il se réduit alors en vapeur, passe sur les fragments de potasse ou de baryte, et en opère la décomposition, avec une si grande production de chaleur que le tube peut être fondu.

Le soufre agit d'une manière absolument analogue, c'est-à-dire qu'il donne avec les oxydes de la première section un sulfure et un sulfate, tandis qu'avec les oxydes de la troisième, quatrième, cinquième et sixième sections, il donne un sulfure et de l'acide sulfureux.

Le chlore, le brome et l'iode secs ont sur les oxydes une action à peu près identique : ces corps, au degré de la chaleur rouge décomposent un grand nombre d'oxydes, en dégagent l'oxygène, et se combinent au métal en donnant naissance à un chlorure quand c'est le chlore qui agit, à un bromure quand c'est le brome, et à un iodure quand c'est l'iode. Le chlore parvient même à décomposer les oxydes de la deuxième section, que le charbon et l'hydrogène ne peuvent réduire.

Par la voie humide, l'action du chlore, du brome et de l'iode sur les alcalis est différente : elle ressemble à celle que le soufre, le sélénium et le phosphore exercent par la voie sèche sur les mêmes corps, c'est-à-dire que l'acide et l'oxyde sont décomposés en partie. L'oxyde fournit de l'oxygène au métalloïde pour l'acidifier ; quand l'acide est formé, il se combine à la portion d'oxyde non décomposée et donne un chlorate quand c'est le chlore qui agit, un bromate quand c'est le brome, et un iodate quand c'est l'iode : ces sels étant très-peu solubles se déposent. L'autre portion du métalloïde se combine avec le métal provenant de la portion d'oxyde décomposée pour donner, soit un chlorure, soit un bromure, soir un iodure qui reste en dissolution dans l'eau. On verra plus tard qu'en opérant convenablement il est possible d'obtenir des mélanges d'hypochlorites et de chlorures.

L'eau agit très-diversement sur les oxydes métalliques :

elle dissout tous ceux de la première section, mais à des degrés différents ; elle dissout aussi une très-petite quantité de bioxyde de mercure et de protoxyde de plomb. Trois protoxydes, ceux de fer, de manganèse et d'étain, décomposent ce liquide et passent à un degré supérieur d'oxydation en mettant l'hydrogène en liberté. Cinq peroxydes, ceux de potassium, de sodium, de barium, de strontium et de calcium sont décomposés par l'eau, à la température ordinaire pour les deux premiers, à 100° pour les autres, et sont ramenés à l'état de protoxydes.

Hydrates. Une chose digne de remarque, c'est la faculté que possèdent plusieurs oxydes, ceux même qui sont insolubles, de se combiner avec l'eau et de former des composés définis auxquels on a donné le nom d'*hydrates*. La composition de ces hydrates est telle, que la quantité d'oxygène contenue dans l'eau est égale à la quantité d'oxygène qui se trouve dans l'oxyde : ainsi un hydrate de protoxyde, représenté par RO, contient H^2O, c'est-à-dire un équivalent d'eau, tandis qu'un hydrate de bioxyde contient $2H^2O$, ou deux équivalents d'eau. Ces hydrates ont ordinairement une couleur différente de celle des oxydes : c'est ainsi que l'hydrate de bioxyde de cuivre est d'un beau bleu, tandis que l'oxyde de cuivre est noir lorsqu'il est sec. On peut mettre ce fait hors de doute en précipitant, avec la potasse, les oxydes de leurs dissolutions métalliques. Les sels de bioxyde de cuivre laissent alors précipiter un hydrate bleu qui devient noir lorsqu'on chauffe à la lampe le tube qui le contient.

Classification des oxydes. Les oxydes, considérés par rapport aux acides, et les uns par rapport aux autres, ont été divisés en plusieurs groupes. On a appelé *oxydes basiques* ceux qui ne pouvaient que jouer le rôle de bases vis-à-vis des acides et qui donnaient lieu à des sels. Les oxydes, qui par rapport à d'autres peuvent jouer le rôle d'acides, portent le nom d'*oxydes acides* : tels sont l'oxyde de chrome CrO^3, appelé *acide chromique*, et qui ne joue jamais le rôle de base ; l'oxyde de manganèse MnO^5, appelé *acide manganésique*, et qui joue toujours le rôle d'un acide vis-à-vis de la potasse, de la baryte et du protoxyde de plomb. D'autres oxydes peuvent indifféremment jouer le rôle de bases et d'acides. On les appelle alors *oxydes indifférents*. L'alumine est dans ce cas. On a, en effet, reconnu que cet oxyde fait fonction de base dans le sulfate d'alumine, et remplit le rôle d'un acide dans l'aluminate de potasse.

Les oxydes qui ne peuvent jouer, ni le rôle de bases, ni le rôle d'acides, sont appelés *oxydes singuliers* : tels sont le peroxyde de potassium, le bioxyde de barium, etc. Alors, en présence d'un acide, ces oxydes perdent ou gagnent de l'oxygène, afin de passer à l'état de bases.

Les oxydes métalliques se rencontrent rarement à l'état État naturel. de pureté dans la nature : presque toujours ils s'y trouvent combinés avec les acides, à l'état de sels. C'est ainsi que l'on trouve les carbonates de chaux, de fer, de magnésie, les azotates de potasse, de soude, etc.

Pour préparer les oxydes, il faut faire usage de diffé- Préparation. rents procédés : 1° On peut les obtenir directement par la calcination du métal dans l'air ou l'oxygène. 2° On peut les extraire d'un sel, en dissolvant ce sel et traitant sa solution par celle d'un oxyde qui ait plus d'affinité pour l'acide que celui-ci n'en a pour l'oxyde avec lequel il est combiné. Aucun des oxydes de la première section ne peut être obtenu ainsi ; mais ce procédé peut servir à la préparation d'un grand nombre d'oxydes des cinq dernières sections. 3° On peut obtenir certains oxydes en calcinant leurs carbonates ou leurs azotates. Dans le premier cas, l'acide est dégagé à l'état de gaz, tandis que l'oxyde reste seul, s'il n'est pas lui-même décomposable à la température à laquelle on opère. Il n'y a que les carbonates de potasse, de soude, de lithium et de baryte qui ne soient pas décomposables par le feu. Dans le second cas, l'acide azotique se décompose en oxygène et en acide hypo-azotique, et l'oxyde reste fixe s'il n'est pas lui-même décomposable. Ce dernier procédé n'est employé que pour la préparation de la baryte, de la strontiane et du bioxyde du mercure. 4° On peut préparer des oxydes en traitant des métaux par l'acide azotique, lorsque l'oxyde qui se forme ne peut être dissous par cet acide, comme cela arrive au bioxyde d'étain, connu encore sous le nom d'*acide stannique*. 5° Enfin, certains oxydes peuvent être peroxydés, suroxydés, quand on les met en présence de l'eau oxygénée ou bioxyde d'hydrogène. On peut, de cette manière, préparer les bioxydes de strontium, de calcium, de nickel et le quadroxyde de cuivre.

Composition. — Dans les oxydes, la quantité d'oxygène est très-variable. On observe qu'un métal ne se combine jamais qu'en un petit nombre de proportions avec l'oxygène, et que pour une même quantité de métal, les quantités d'oxygène sont généralement entre elles comme les nombres 1, $1\frac{1}{2}$, 2, 4.

Principaux oxydes métalliques.

Oxydes du potassium. — Le potassium peut s'unir avec l'oxygène en deux proportions et former avec lui, 1° un protoxyde formé d'un équivalent d'oxygène et d'un équivalent de potassium ;

2° un peroxyde contenant trois fois plus d'oxygène que le protoxyde. D'après ces compositions, leurs formules seront donc KO et KO³. Le premier existe dans la nature combiné à un grand nombre d'acides, et peut être obtenu en chauffant légèrement le potassium dans une petite cloche, remplie sur le mercure d'oxygène desséché. L'expérience ne peut être faite avec de l'air ordinaire ; car cet air contient toujours de la vapeur d'eau et de l'acide carbonique, corps qui tous deux rendraient l'action complexe, comme nous le verrons plus tard.

Cet oxyde est blanc, très-caustique, plus pesant que le potassium, verdit très-fortement le sirop de violettes, et ramène au bleu le tournesol qui a été rougi par les acides. Au contact de l'air, il en attire l'humidité et l'acide carbonique, et se transforme d'abord en hydrate, puis en carbonate déliquescent. Exposé à l'action du calorique, dans un vase ouvert à l'air, il entre en fusion à la température rouge ; il passe, à une plus haute température, à l'état de peroxyde qui ne tarde pas à être décomposé par l'acide carbonique de l'air. Le protoxyde de potassium se dissout promptement dans l'eau avec dégagement de chaleur, et en se transformant en hydrate connu sous le nom de potasse. Il a une très-grande affinité pour les acides, et joue toujours le rôle d'une base très-énergique.

Le peroxyde de potassium KO³ est un oxyde qui ne joue jamais le rôle des bases et des acides ; c'est donc un oxyde singulier. Il peut être obtenu, comme nous l'avons déjà indiqué, en chauffant, sur le mercure, le potassium dans un excès d'oxygène, ou bien en calcinant à l'air l'hydrate de protoxyde de potassium. Ce peroxyde est solide, jaune verdâtre, caustique, fusible au-dessus du rouge-brun, indécomposable par la chaleur seule, mais ramené à l'état de protoxyde par tous les corps avides d'oxygène. L'eau, à la température ordinaire, le décompose et le ramène à l'état de protoxyde, en donnant lieu à un dégagement d'oxygène.

Potasse.　Nous avons vu que le protoxyde de potassium, en s'unissant à l'eau, donnait un hydrate de potasse : nous allons, à cause de l'importance de ce corps dans la chimie et dans les arts, en faire l'histoire et en donner la préparation.

Pour préparer la potasse, on pulvérise 1 partie d'azotate de potasse et 3 parties de bitartrate de potasse (crème de tartre); puis on calcine le mélange en poussière dans une chaudière de fonte rougie au feu. Ces sels noircissent, se décomposent avec scintillation, et laissent dégager différents gaz avec une odeur de caramel. La composition de l'acide tartrique est représentée par la formule $C^8H^5O^1$, et celle de l'acide azotique par Az^2O^5; on voit alors qu'il se formera, par la réaction des deux sels, de l'acide carbonique, de l'oxyde de carbone, de l'acide hypoazotique et de l'eau. Mais l'acide carbonique se trouvant en présence de la potasse, qui est une base énergique, s'y combinera et donnera en définitive, pour produit de la réaction, du carbonate de potasse mêlé à l'excès de charbon. Le mélange est ensuite délayé dans dix ou douze fois son poids d'eau, avec son poids de chaux vive, et soumis, dans la même chaudière, à l'ébullition pendant une heure. La chaux se divise, décompose le carbonate de potasse, forme du carbonate de chaux, et met la potasse en liberté. La réaction est complète quand la liqueur n'est plus troublée par l'eau de chaux. On filtre le résidu sur une toile; on lave ce filtre avec de l'eau bouillante, afin de dissoudre la potasse que le carbonate aurait pu retenir, puis on évapore les eaux de filtrage dans une bassine bien propre. Lorsque, malgré l'élévation de température, la matière n'entre plus en ébullition et reste en fusion tranquille, on la fait refroidir subitement en plongeant l'extérieur de la bassine dans l'eau. La potasse se prend en masse solide qui se moule en plaques plus ou moins épaisses au fond de la bassine. On concasse cette masse et on l'introduit promptement dans des flacons à larges goulots bouchés à l'émeri. La potasse ainsi obtenue est connue sous le nom de *potasse caustique à la chaux;* elle n'est pas pure, et contient toujours un peu de chaux, et une petite quantité de carbonate de potasse qui s'est régénérée par l'évaporation à l'air libre. Pour purifier la potasse, on la traite par quatre fois son poids d'alcool à 33°, au lieu de la faire figer; puis, quand la matière est en consistance sirupeuse, on la verse dans des éprouvettes qu'on laisse refroidir dans des lieux tranquilles. L'alcool dissout seulement la potasse tandis que la chaux et le carbonate se précipitent. On décante la liqueur lorsque le dépôt est bien formé, et on la soumet à la distillation dans une cornue communiquant avec un récipient par une allonge. L'alcool distille peu à peu, se rend dans le récipient, où il se condense, tandis que la potasse parfaitement pure reste dans la cornue. On la verse dans une bassine d'argent, et on la fait évaporer promptement jusqu'à fusion tranquille, puis on termine comme précédemment. On l'appelle *potasse à l'alcool.* Les fabricants de produits chimiques, les pharmaciens surtout, préparent la potasse, pour les besoins des arts, en traitant par la chaux la *potasse du commerce,* qui est un mélange de carbonate de potasse, de sulfate de potasse et de chlorure de potassium.

On conçoit tout de suite qu'elle est moins pure que celle obtenue par l'azotate et le bitartrate de potasse. C'est à cette matière que l'on donne le nom de *pierre à cautère*.

Propriétés. L'hydrate de protoxyde de potassium est solide, blanc, très-caustique; il agit fortement sur les couleurs végétales et fond bien au-dessous de la chaleur rouge. A l'air, il en attire l'humidité et l'acide carbonique. A une température rouge, il perd seulement une partie de son eau, absorbe de l'oxygène et passe à l'état de peroxyde. Le carbone le décompose à l'aide de la chaleur; il forme, à une température rouge-cerise, avec les éléments de l'eau de cet hydrate, de l'acide carbonique, de l'hydrogène carboné, et laisse du carbonate de potasse pour résidu. Au degré de la chaleur blanche, la potasse elle-même est décomposée; et l'on obtient du gaz hydrogène carboné, de l'oxyde de carbone et du potassium. La potasse est très-avide d'eau; aussi se dissout-elle dans ce liquide avec dégagement de chaleur. C'est sous cet état qu'elle est employée ordinairement dans les laboratoires à titre de réactif. Cette solution ne peut cristalliser, et se prend toujours en masse sirupeuse lorsqu'elle est concentrée.

L'hydrate de protoxyde contient toujours, comme nous l'avons annoncé, un équivalent d'eau de combinaison. Pour le prouver, on fait réagir un poids p de potasse caustique sur un acide fixe en excès. Par exemple, prenons un poids P d'acide borique, et faisons agir l'acide borique sur la potasse dans un creuset fortement chauffé; alors tout le protoxyde de potassium de la potasse passe à l'état de borate, tandis que l'eau se dégage. Soit P$'$ le poids du résidu; $p + $ P $-$ P$'$ sera le poids de l'eau dégagée, c'est-à-dire le poids de l'eau contenue dans le poids p de potasse.

En faisant une proportion, on trouve alors que le poids de l'eau, combiné avec un équivalent KO = 589,91 de protoxyde de potassium, serait 112,47 ou un équivalent d'eau représenté par H²O.

Des deux oxydes formés par le potassium, le protoxyde peut seul, comme nous l'avons déjà dit, se combiner avec les acides; il donne alors des sels pouvant parfaitement cristalliser avec des formes qui permettent de les distinguer des sels de soude, qui, comme nous le verrons, se comportent, par rapport aux réactifs, à peu près comme les sels de potasse. Ces derniers sont tous incolores, à l'exception du chromate; ils sont généralement solubles dans l'eau, cristallisables, fixes, d'une saveur salée et amère. Leur solution concentrée n'est précipitée ni par la décoction de noix de galle, ni par les solutions de cyanure double de potassium et de fer, de sulfure de potassium, de potasse, de soude, d'ammoniaque caustique ou carbonatée. Elle est précipitée, 1° en jaune-serin par le chlorure de platine, qui forme un chlorure double de platine et de potassium; 2° en blanc demi transparent par le sulfate d'alumine, qui s'empare de la potasse pour former de l'alun, lequel ne tarde pas à cristalliser, surtout si les dissolutions sont très-concentrées et si l'on agite vivement, avec une spatule en verre, le mélange des deux sels; 3° en blanc par l'acide tartrique, qui donne naissance à du bitartrate de potasse peu soluble et cristallisé; 4° aussi en blanc par les acides perchlorique et fluosilicique, qui donnent des sels peu solubles et capables de cristalliser.

L'oxygène peut s'unir avec le sodium en deux proportions et former deux oxydes, dont l'un est un protoxyde NaO, et l'autre un sesquioxyde Na²O³. Leur histoire et

leurs propriétés sont à très-peu de choses près les mêmes
que celles des oxydes du potassium. Le protoxyde NaO
peut s'unir avec un atome d'eau H^2O, et donner un hydrate qu'on peut préparer en traitant par la chaux le carbonate de soude dissous dans l'eau. Cet hydrate a les mêmes
propriétés que la potasse; il n'en diffère que par son action
sur l'air : il commence d'abord par se liquéfier au contact
de ce gaz en absorbant son humidité; puis il se dessèche,
s'empare de l'acide carbonique et passe à l'état de carbonate efflorescent. C'est un corps dont les arts font une
énorme consommation, puisqu'il entre dans les savons, les
verres, les glaces, etc. On peut obtenir la composition du
protoxyde de sodium de la même manière que le protoxyde
de potassium; on trouve ainsi qu'il est formé de 100 parties d'oxygène et de 290,95 de sodium. L'équivalent de
soude NaO égale donc 390,95. C'est le seul des oxydes de
sodium qui soit salifiable.

Caractères des sels de soude.

Les sels de protoxyde de sodium sont généralement plus
solubles que les sels de potasse; ils sont incolores, d'une
saveur salée et amère. Le chlorure de platine, le sulfate
d'alumine, l'infusion de noix de galle, les carbonates solubles, les alcalis, etc., ne produisent aucun précipité
dans la solution concentrée des sels de soude, tandis que
l'acide fluosilicique y fait naître un précipité gélatineux.

Oxydes du barium.

Le barium, en s'unissant à l'oxygène, peut donner
deux oxydes, un protoxyde et un bioxyde, que nous allons examiner séparément.

Protoxyde.

Le protoxyde de barium s'obtient en calcinant dans un
creuset en terre l'azotate de baryte. Ce sel se fond d'abord,
puis se décompose, et dégage un mélange d'oxygène et
d'acide hypo-azotique, tandis qu'il reste au fond du creuset

une matière blanche, solide, poreuse, que l'on en retire, quand il est froid, pour le verser dans des flacons bouchés à l'émeri, et qui n'est autre que du protoxyde de barium, ou baryte.

Cet oxyde, quand il est bien pur, est blanc, poreux, très-friable, d'une saveur très-caustique; il verdit très-fortement le sirop de violettes, et n'entre en fusion qu'à la chaleur produite par le chalumeau d'hydrogène et d'oxygène. Exposé à l'air à la température ordinaire, le protoxyde de barium en attire d'abord l'humidité, se délite, puis absorbe l'acide carbonique, passe à l'état de carbonate, se dessèche et tombe en poussière. Calciné au contact de l'air, il se transforme partie en bioxyde et partie en carbonate. Chauffé au rouge dans le gaz oxygène, il se transforme seulement en bioxyde. L'eau a une très-grande affinité pour la baryte, et forme avec elle un hydrate; l'affinité est si grande, qu'il se manifeste du bruit lorsqu'on verse de l'eau sur un morceau de baryte, ou lorsqu'on plonge ce dernier dans l'eau. Ce liquide, à 100°, peut dissoudre la dixième partie de son poids d'oxyde, et la vingtième à la température ordinaire. Cette solution est l'eau de baryte qu'on emploie si fréquemment comme réactif dans les laboratoires, et qui absorbe facilement l'acide carbonique de l'air. L'acide sulfurique concentré agit avec une grande énergie sur la baryte; car si l'on verse quelques gouttes de l'acide sur l'oxyde, on aperçoit une incandescence tellement vive, que la baryte en devient rouge pendant quelques minutes, et que le vase serait brisé si cette expérience ne se faisait pas à l'air libre.

Cet oxyde n'existe pas dans la nature. On le prépare en chauffant le protoxyde avec du gaz oxygène sec dans une

Bioxyde de
barium.

I.									20

cloche courbe disposée sur la cuve à mercure. Ce bioxyde
est d'un gris-blanc, poreux, à peine sapide, décomposable
par la chaleur en protoxyde et en oxygène qui se dégage.
L'eau froide a peu d'action sur lui : elle le délite sans produire de bruit et sans l'échauffer ; l'eau bouillante le décompose en dégageant une partie de son oxygène. Tous
les acides dissous dans l'eau font passer le bioxyde de barium à l'état de protoxyde, et s'unissent à celui-ci en donnant lieu à un sel de baryte, tandis que l'oxygène, au lieu
de se dégager, reste combiné à l'eau, et transforme celle-ci
en bioxyde d'hydrogène H^2O^2, ou eau oxygénée. On peut
déterminer sa composition en faisant passer, au moyen
d'une cloche courbe remplie d'oxygène, un poids p de protoxyde de barium à l'état de bioxyde. L'augmentation de
poids donne celui de l'oxygène absorbé, que l'on trouve
double de l'oxygène du protoxyde. Si donc BaO est la
formule chimique du protoxyde, BaO^2 sera celle du
bioxyde.

Oxydes de strontium. L'oxygène peut se combiner en deux proportions avec
le strontium, et donner deux oxydes analogues aux oxydes
du barium. L'un est un protoxyde StO, qui s'obtient
comme la baryte, qui est légèrement soluble dans l'eau, et
produit, avec ce liquide, ce que l'on appelle de l'eau
de strontiane ; il produit de la chaleur avec l'acide sulfurique, sans production de flamme ; enfin, chauffé au chalumeau, il donne une belle flamme de couleur verte. Le
bioxyde StO^2 ne s'obtient pas en chauffant le protoxyde
dans l'oxygène desséché, mais en versant peu à peu de l'eau
de strontiane dans de l'eau oxygénée.

Le protoxyde seul joue le rôle de base salifiable : il
est formé de 100 d'oxygène et de 547,285 de strontium.

Les sels de protoxyde de strontium sont généralement Caractères des sels de strontiane. incolores, inodores, plus solubles que ceux de baryte; la saveur de ceux qui sont solubles est âcre et piquante. Leur solution se comporte avec les réactifs comme la solution des sels de baryte, à cette exception près, que l'acide sulfurique ou les sulfates solubles ne forment pas de précipité dans la solution très-étendue des sels de strontiane. Ceux-ci colorent en rouge la flamme d'une bougie, et communiquent une couleur rouge de pourpre à la flamme de l'alcool, ce que ne font point les sels de baryte.

Le calcium et l'oxygène peuvent donner deux combinaisons, qui sont un protoxyde et un bioxyde. Oxydes de calcium.

Le protoxyde, communément connu sous le nom de Chaux. *chaux*, se rencontre abondamment dans la nature, non libre, mais uni aux acides carbonique, sulfurique, phosphorique. Cette substance, qui a été comme le type des bases pendant longtemps, a cependant été considérée comme simple jusqu'au moment où Davy vint démontrer, avec la pile, que c'était un oxyde métallique, aussi bien que la soude et la potasse.

La chaux se prépare en grand, pour les besoins des arts, en calcinant, dans des fours construits à cet effet et connus sous le nom de *fours à chaux*, une pierre calcaire plus ou moins compacte. Dans les laboratoires, on opère sur du marbre blanc, à une haute température, dans un creuset de terre ou de platine.

Le protoxyde de calcium est blanc, inodore, d'une saveur âcre et brûlante, d'une complète inaltérabilité au feu, Propriétés. même en présence de l'air ou de l'oxygène; une très-haute température ne peut que le fondre et le réduire en globules de couleur jaune-pourpre. Soumis à l'action de l'air à la température ordinaire, il en absorbe l'humidité, se délite, augmente de volume, se réduit en poussière, et finit par absorber l'acide carbonique de l'air et par passer à l'état de carbonate. Si l'on verse quelques gouttes d'eau sur la chaux vive, ce liquide est d'abord absorbé, sans que la chaux paraisse mouillée; en continuant à verser de l'eau goutte à goutte, on voit bientôt la chaux se gonfler, s'échauffer, se fendiller, et se réduire en une poussière blanche très-fine, qui n'est autre chose que de l'hydrate de chaux. Dans cette opération, connue dans les arts sous le nom d'extinction de la chaux, la température s'élève jusqu'à 3oo°, et même un peu plus, puisqu'elle est suffisante pour enflammer la poudre; elle peut même enflammer le bois, car plusieurs bateaux chargés de chaux, qui laissaient filtrer l'eau sur la rivière, ont pu prendre feu. Sous l'influence de cette température, une partie de l'eau qui remplissait les porosités de la chaux s'est vaporisée avec violence et avec une assez grande force d'expansion pour diviser la chaux et la réduire en poussière. Dans les arts, on donne le nom de chaux éteinte à celle qui a été ainsi hydratée.

Lorsqu'on délaye la chaux hydratée dans l'eau, elle reste quelque temps en suspension dans ce liquide, et lui communique un aspect laiteux qui lui a fait donner le nom de *lait de chaux*. Abandonné à lui-même, ce lait laisse déposer la plus grande partie de la chaux, puis s'éclaircit et reste âcre, ce qui indique encore la présence de la chaux; il ne contient plus que $\frac{1}{770}$ de chaux à 15°. C'est à cette solution que l'on donne le nom d'*eau de chaux*. Cette eau est claire, a une saveur âcre et urineuse, et se trouble quand on la chauffe; ce phénomène provient de ce que la chaux est moins soluble à chaud qu'à froid. Exposée à l'air, elle se recouvre d'une mince pellicule de carbonate de chaux. Enfin cette solution, exposée dans le vide de la machine pneumatique à côté d'une capsule contenant de l'acide sulfurique, se concentre, et laisse déposer de petits cristaux hexaèdres coupés perpendiculairement à leur axe.

Le bioxyde de calcium peut s'obtenir par l'eau oxygénée, comme celui de strontium ; il est alors hydraté, et cristallise en paillettes très-fines.

Le protoxyde de calcium peut seul s'unir avec les acides, et former des sels.

Les sels de chaux sont généralement blancs ; leur saveur est âcre et piquante si le sel est soluble. Un grand nombre d'entre eux sont insolubles à l'état neutre, et plus ou moins solubles à l'état de sursels. L'acide sulfhydrique et les sulfhydrates, le cyanure jaune de potassium et de fer, l'infusion de noix de galle, ne troublent point la solution de ces sels. L'acide sulfurique et les sulfates solubles la précipitent en blanc, lorsque la solution est suffisamment concentrée, et donnent lieu à la formation de sulfate de chaux très-peu soluble. La solution très-étendue n'est pas troublée par ces réactifs. L'oxalate d'ammoniaque la précipite en blanc (oxalate de chaux), quelque étendue qu'elle soit. La potasse, la soude, précipitent les sels de chaux en blanc (chaux hydratée); les carbonates solubles les précipitent en blanc (carbonate de chaux); enfin la solution de savon forme, dans la solution de ces sels, des flocons blancs de margarate et d'oléate de chaux.

Caractères des sels de chaux.

OXYDES DE LA DEUXIÈME SECTION.

Oxyde de magnésium.

Le magnésium ne forme avec l'oxygène qu'un seul oxyde connu sous le nom de magnésie, qui ne se trouve dans la nature que combiné avec les acides sulfurique, azotique, borique, silicique et phosphorique. On le retire ordinairement du sulfate de magnésie en traitant ce sel par le carbonate de potasse ou de soude; une double décomposition a lieu, et il se forme du sulfate de potasse ou de soude soluble, et du carbonate de magnésie insoluble et qui se précipite. On recueille ce précipité sur un filtre, on le lave, on le dessèche, puis on le calcine au rouge dans un creuset de terre, pour faire dégager l'acide carbonique et obtenir la magnésie à l'état de pureté. On peut encore obtenir la magnésie en la précipitant par la potasse ou la soude d'un sel soluble de magnésie : elle se présente alors sous la forme d'une gelée blanche, qui est de l'hydrate de magnésie, lequel peut facilement perdre son eau et se réduire en poussière, quand on le chauffe dans un creuset.

Propriétés.

La magnésie est en poudre blanche, douce au toucher, insoluble, inodore, d'une saveur un peu âcre et alcaline; elle verdit le sirop de violettes, est infusible au feu de forge, inattaquable par le gaz oxygène, décomposable par le chlore à l'aide de la chaleur; enfin elle absorbe l'acide carbonique de l'air à la température ordinaire, ce qui fait qu'on ne peut la conserver que dans des flacons bouchés à l'émeri.

Caractères des sels de magnésie.

Les sels de magnésie sont généralement incolores, inodores, d'un saveur franche et amère lorsqu'ils sont solubles. Les sulfhydrates, l'infusion de noix de galle, le cyanure jaune de potassium et de fer, et les bicarbonates alcalins ne précipitent pas la solution des sels de magnésie ; cependant les bicarbonates la précipitent à chaud. La potasse et la soude y forment un précipité blanc gélatineux d'hydrate de magnésie, insoluble dans un excès d'alcali. L'ammoniaque n'agit pas sur les sels acides, mais seulement sur les sels neutres; il y a, dans ce dernier cas, décomposition de la moitié du sel, précipitation d'hydrate de magnésie insoluble et formation d'un sel double ammoniaco-magnésien soluble. Les carbonates de potasse et de soude précipitent les sels de magnésie en blanc, en formant un carbonate de magnésie insoluble.

L'oxygène ne forme, avec l'aluminium, qu'un seul composé connu sous le nom d'alumine, qui existe à l'état de pureté dans le saphir, et à l'état de combinaison, avec les acides sulfurique et phosphorique. Deux procédés peuvent être employés pour obtenir l'alumine. Le premier consiste à calciner dans un creuset l'alun à base d'ammoniaque (sulfate double d'alumine et d'ammoniaque); l'acide sulfurique et l'ammoniaque se dégagent, et il ne reste plus que l'alumine en poudre blanche. Le second procédé consiste à traiter l'alun, qui est un sulfate d'alumine et de potasse, ou bien un sulfate d'alumine et d'ammoniaque, par un excès de carbonate de potasse : il se forme un précipité de carbonate d'alumine, que l'on pourrait calciner comme celui de magnésie; mais on le dissout ordinairement dans l'acide chlorhydrique, ce qui le transforme en chlorure d'aluminium. C'est cette dissolution que l'on traite par l'ammoniaque; l'eau est décomposée, et il en résulte du chlorhydrate d'ammoniaque et de l'alumine en gelée qui se précipite.

On recueille l'alumine, on la lave sur un filtre pour la

priver du chlorhydrate qu'elle pourrait retenir, et on la fait sécher afin de l'obtenir en poussière.

Propriétés. L'alumine obtenue par le second procédé se présente sous la forme d'une gelée formée de 1 équivalent d'alumine et de 16 équivalents d'eau, et constitue un hydrate d'alumine très-riche en eau. Lorsqu'elle est desséchée, elle se présente sous la forme d'une poussière blanche, douce au toucher, happant à la langue, infusible au feu de forge, fusible à la température développée par le chalumeau à gaz, insoluble dans l'eau, et faisant pâte avec ce liquide, inattaquable par l'oxygène et les différents métalloïdes, capable de jouer le rôle debase et celui d'acide vis-à-vis de certaines bases, comme la potasse, la soude, la magnésie, l'oxyde de zinc, etc. L'alumine, chauffée avec l'azotate de cobalt et un peu d'eau, produit une belle couleur bleue connue sous le nom de *bleu Thenard.*

L'alumine a une composition qu'on suppose analogue à celle du sesquioxyde de fer; c'est-à-dire qu'on suppose ce corps formé de 3 équivalents d'oxygène et de 2 d'aluminium : sa formule chimique est alors Al^2O^3. Cette composition a été déduite des lois de l'isomorphisme énoncées par M. Mitscherlich.

Caractères des sels d'aluminium. Les sels à base d'alumine sont généralement incolores, inodores, et d'une saveur astringente. La solution de ces sels n'est pas précipitée par le cyanure jaune de potassium et de fer. Cette solution donne, 1° avec la potasse et la soude caustiques, un précipité blanc d'hydrate d'alumine soluble dans un excès d'alcali; 2° avec l'ammoniaque, un précipité blanc à peine soluble dans un excès d'ammoniaque; 3° avec le sulfate de potasse ou le sulfate d'ammoniaque en solution très-concentrée, des cristaux d'alun qui se forment promptement ; 4° avec le sulfhydrate d'ammoniaque ou le sulfure de potassium , un précipité blanc d'hydrate d'alumine et un dégagement d'acide sulfhydrique.

OXYDES DE LA TROISIÈME SECTION.

Le manganèse, en s'unissant à l'oxygène, donne cinq composés, qui sont : le protoxyde MnO, le bioxyde MnO², le sesquioxyde Mn²O³, l'oxyde salin Mn³O⁴ qui provient de la calcination du bioxyde , l'acide manganésique Mn²O⁵ et l'acide hypermanganésique Mn²O⁷.

Le protoxyde se rencontre dans la nature combiné avec les acides carbonique et silicique; on peut l'obtenir par la calcination du carbonate de protoxyde dans un tube de porcelaine, à travers lequel on fait passer, lorsqu'il est rouge, un courant d'hydrogène. Par l'effet de la chaleur, l'acide carbonique du carbonate se dégage et laisse le protoxyde , qui, entouré d'une atmosphère d'hydrogène, ne se suroxyde pas, ce qui arriverait sans la précaution dont il vient d'être parlé. MM. Wölher et Liebig ont annoncé une autre manière de le préparer, préférable à la précédente, parce que le protoxyde obtenu ne change pas subitement à l'air. Ce procédé consiste à traiter le carbonate de soude par le chlorure de manganèse; il se forme alors du chlorure de sodium , du protoxyde, et de l'acide carbonique qui se dégage. En dissolvant le résidu et jetant la liqueur sur un filtre, il reste sur celui-ci le protoxyde , qu'on peut laver et dessécher à une douce chaleur.

Le protoxyde de manganèse est solide, vert quand il est sec, blanc à l'état d'hydrate. Sous ce dernier état, il absorbe rapidement l'oxygène de l'air, et prend une couleur brune en passant à l'état de sesquioxyde.

Sesquioxyde de manganèse.

Il se rencontre dans la nature le plus souvent à l'état d'hydrate ; on le trouve aussi sous forme terreuse, ou en masses qui ressemblent à des choux-fleurs ; enfin, en morceaux brillants très-durs, et en cristaux rayonnés ou en octaèdres. Dans les laboratoires, on prépare cet oxyde à l'état de pureté en calcinant au rouge sombre l'azotate de protoxyde de manganèse ; il y a décomposition du sel, et par suite, de l'acide en oxygène et acide hypoazotique ; l'oxygène, au lieu de se dégager, se porte sur le protoxyde et le fait passer à l'état de sesquioxyde. Au rouge, le sesquioxyde Mn^2O^3 se transformerait, comme le bioxyde dans l'oxyde salin $Mn^3O^4 = 2MnO, MnO^2$, qui se présente sous la forme d'une poudre rouge-brun. Ce sesquioxyde est brun foncé, forme un hydrate brun avec l'eau, peut se dissoudre, avec difficulté cependant, dans quelques acides pour donner des sels. Avec l'acide sulfurique la dissolution a une teinte brunâtre et dégage, en élevant sa température à 100°, de l'oxygène, par sa transformation en sulfate de protoxyde.

Bioxyde de manganèse.

Cet oxyde existe abondamment dans la nature, qui nous le présente quelquefois cristallisé, à l'état de pureté, mais qui le plus souvent ne nous le donne que mélangé plus ou moins avec du sesquioxyde de fer hydraté, du carbonate de chaux, du carbonate de fer et du spath-fluor, etc. Voyez pour sa purification la page 38.

Propriétés.

Propriétés. Le bioxyde est d'une couleur brune rougeâtre, et dégage par la chaleur de très-grandes quantités d'oxygène. Traité par l'acide sulfurique à une douce chaleur, il perd la moitié de son oxygène et passe à l'état de protoxyde qui s'unit à l'acide ; c'est donc un oxyde singulier. L'acide chlorhydrique chauffé avec le bioxyde de manganèse donne de l'eau, du chlore et un protochlorure de manganèse. Nous étudierons les acides manganique et hypermanganique après les sels.

Le protoxyde et le sesquioxyde sont les seuls oxydes du manganèse qui jouent le rôle de bases salifiables.

Ces sels sont blancs lorsqu'ils sont purs, et légèrement colorés lorsqu'ils contiennent un peu de sesquioxyde. Ceux qui sont solubles sont précipités en blanc par le cyanure jaune de potassium et de fer, la potasse, la soude, les carbonates et les oxalates alcalins. Le précipité formé par le cyanure a une teinte plus ou moins bleue lorsque le sel contient du fer ; celui qui est produit par les alcalis ne tarde pas à changer de couleur et à prendre succcessivement les teintes jaunâtre, rouge-brun et noire ; celui qui est formé par les carbonates et les oxalates ne change pas à l'air. L'infusion de noix de galle et l'acide sulfhydrique ne troublent pas la solution de ces sels, tandis que les sulfhydrates la précipitent en blanc rosé. *[Caractères des sels de protoxyde de manganèse.]*

Ces sels sont très-peu connus et ont peu de stabilité. Plusieurs chimistes les considèrent comme des combinaisons de sels de protoxyde et de bioxyde. Ils ont généralement une couleur rouge vineuse plus ou moins foncée. Ils sont décolorés par l'acide sulfureux , qui agit comme désoxydant en les faisant passer à l'état de sels de protoxyde ; enfin ils sont précipités en brun par les alcalis. *[Caractères des sels de bioxyde.]*

L'oxygène peut se combiner en trois proportions avec le fer et donner un protoxyde FeO, un sesquioxyde Fe^2O^3 et un oxyde intermédiaire appelé *oxyde magnétique*. *[Oxydes du fer]*

Le protoxyde de fer ne se trouve dans la nature que combiné au sesquioxyde, ou bien avec différents acides. Il se produit toutes les fois que l'on traite le fer en limaille par l'acide sulfurique affaibli. Il ne peut pas être obtenu *[Protoxyde de fer.]*

à l'état de pureté complète ; en effet , aussitôt qu'on veut le précipiter, à l'aide des alcalis, des dissolutions salines qui le contiennent , il absorbe l'oxygène de l'air, en passant successivement de la couleur blanche qui lui est propre à l'état d'hydrate, aux nuances vertes, puis bleue noirâtre , puis jaune d'ocre ; il se trouve alors transformé en sesqui-oxyde hydraté. On ne connaît donc cet oxyde qu'à l'état d'hydrate, et encore ne le conserve-t-on pendant quelques secondes, sous cet état, qu'en employant des solutions privées d'air ; car, comme nous l'avons déjà dit, dès qu'il a le contact de ce gaz, il change d'état et devient vert.

Le protoxyde de fer forme, avec les acides, des sels très-stables. Pour déterminer sa composition, on dissout un poids p de fer dans l'acide sulfurique affaibli, et l'on recueille l'hydrogène qui se dégage : si p' représente la quantité d'oxygène en poids équivalente à cet hydrogène , on aura pour déterminer l'équivalent du fer ;

$$p : p' :: x : 100, \text{ d'où l'on conclut } x = 339,2.$$

Sesqui-oxyde.

Cet oxyde, désigné encore sous les noms de *colcothar* et de *rouge d'Angleterre,* existe très-abondamment dans la nature ; on le trouve en masses considérables, à structure plus ou moins feuilletée ou compacte. Cristallisé, on l'appelle *fer oligiste* ; en stalactites mamelonnées, il forme l'hématite. Enfin, en combinaison avec l'eau, il forme plu-sieurs minerais, souvent unis à la silice et mêlés avec de l'alumine et du carbonate de chaux. On le prépare, en calcinant dans une cornue en terre le sulfate de fer du commerce ; il reste alors sous la forme d'une matière rougeâtre qui porphyrisée , constitue le colcothar, qui est une poudre employée fréquemment sur les cuirs à rasoirs. On peut encore préparer le sesquioxyde en le précipitant à l'état d'hydrate de ses solutions salines, ou en calcinant à l'air du fer jusqu'à ce que le métal passe au rouge. Cet oxyde est rouge-violet, sans action sur l'oxygène, décomposable par la chaleur en oxygène et en un composé de protoxyde et de sesquioxyde. Le gaz hydrogène, à la chaleur de la lampe, le réduit en une matière poreuse spontanément inflammable au contact de l'air. Les acides sulfurique et chlorhydrique faibles le dissolvent assez facilement.

L'oxyde de fer magnétique est une combinaison de protoxyde et de sesquioxyde. On le trouve abondamment dans la nature, tantôt cristallisé en octaèdres ou en dodécaèdres rhomboïdaux ; tantôt sous forme de sables composés de petits cristaux et accumulés dans le lit des rivières ; quelquefois en couches considérables composées de masses granuleuses ou lamellaires qui font partie des terrains primitifs ou intermédiaires anciens ; d'autres fois, enfin, en masses compactes qui sont connues sous le nom d'*aimants naturels*. Il se forme lorsqu'on décompose l'eau par le fer à une haute température, ou bien lorsque l'on fait bouillir dans l'eau le protoxyde hydraté. Cet oxyde est noir, fusible, sensible au barreau aimanté ; il peut absorber l'oxygène à une haute température pour passer à l'état de sesquioxyde. Traité par les acides sulfurique et chlorhydrique, il se dissout et produit un liquide jaune qui, lorsque l'on y verse de l'ammoniaque, donne un précipité noir ; ce précipité ne s'altère pas au contact de l'air et jouit de la propriété d'être magnétique, même sous l'eau.

Oxyde de fer magnétique.

Les sels de protoxyde de fer sont d'un vert-émeraude, s'ils sont dissous ou cristallisés, et ont une saveur astrin-

Caractères des sels de protoxyde de fer.

gente. Leurs solutions sont précipitées : 1° en blanc légèrement verdâtre, par le cyanure jaune de potassium et de fer ; le précipité devient bleu par le contact de l'air, et acquiert immédiatement une belle couleur bleue quand on y verse un peu de chlore dissous, qui, en décomposant l'eau, fait passer le sel de protoxyde à l'état de sel de sesquioxyde ; 2° en blanc par la potasse, la soude et l'ammoniaque. Ce précipité (protoxyde hydraté) devient rapidement vert sombre, puis brunâtre par l'action de l'air ; cet effet est immédiatement produit par le chlore qui, en décomposant l'eau, transforme l'hydrate de protoxyde en sesquioxyde hydraté; 3° en noir par le sulfure de potassium et le sulfhydrate d'ammoniaque (protosulfure de fer). L'acide sulfhydrique et l'infusion de noix de galle ne troublent pas ces solutions ; mais si l'on ajoute quelques gouttes de solution de chlore dans le mélange de sel ferrugineux et d'infusion de noix de galle, il s'y manifeste aussitôt une couleur noir-bleu (encre) qui est facilement détruite par un excès de chlore.

Caractères des sels de peroxyde de fer. La solution des sels de peroxyde de fer est jaune rougeâtre, d'une saveur astringente et âpre. Cette solution est précipitée : 1° en beau bleu foncé par le cyanure jaune de potassium et de fer ; 2° en noir par l'infusion de noix de galle (encre ou gallate de sesquioxyde de fer); 4° en noir par le protosulfure de potassium (sulfure de fer hydraté) ; 5° l'acide sulfhydrique en sépare du soufre qui se précipite sous forme d'une poudre blanche jaunâtre ; il se forme en même temps de l'eau et un sel de protoxyde qui reste dissous. L'acide hydrosulfocyanique, ou le sulfocyanure de potassium, colore la solution des sesquisels de fer en rouge très-foncé sans précipitation.

Il est bon de remarquer que tous les sels insolubles de sesquioxyde se dissolvent dans l'acide chlorhydrique et se comportent alors avec les réactifs de la manière qui vient d'être indiquée.

Le zinc se combine à l'oxygène, et donne un protoxyde ZnO et un peroxyde.

Le protoxyde de zinc a été connu autrefois sous les noms de *fleur de zinc* et *lana philosophica*; il peut être obtenu par la calcination du métal, à l'air libre, dans de grands creusets que l'on recouvre de leurs couvercles, afin d'arrêter les vapeurs de zinc lorsqu'elles commencent à se former; de temps en temps on retire l'oxyde avec une cuillère de fer, afin de mettre de nouveau à découvert le sulfate du métal et pour entretenir l'oxydation. On peut aussi l'obtenir en dissolvant le zinc dans l'acide sulfurique affaibli, traitant le sulfate formé par le carbonate de potasse ou de soude, puis recueillant le précipité de carbonate formé et le calcinant.

Cet oxyde est solide, blanc, doux au toucher, fixe lorsqu'on le chauffe en vases clos; il peut prendre, sous l'influence de la chaleur, une couleur jaune qu'il perd par le refroidissement, en passant à l'état de carbonate quand il est hydraté. Cet oxyde se dissout très-bien dans la plupart des acides; il se dissout également dans la potasse et la soude.

Cet oxyde offre peu d'intérêt; il se prépare en traitant le protoxyde par l'eau oxygénée. Il ne se combine pas aux acides, et perd une partie de son oxygène quand on le met en contact avec eux.

Les sels de protoxyde de zinc sont incolores, et doués d'une saveur styptique et métallique très-prononcée. Leurs dissolutions produisent, avec le cyanure jaune de potassium et de fer, un précipité blanc de cyanure de fer et de zinc ; avec la potasse, la soude et l'ammoniaque, un précipité blanc de protoxyde de zinc hydraté, soluble dans un excès d'alcali ; avec le carbonate de potasse, un précipité blanc de carbonate de zinc ; avec le protosulfure de potassium, un précipité blanc de protosulfure de zinc hydraté ; avec l'acide sulfhydrique, un précipité blanc de sulfure, lorsque le sel est neutre ; car il n'y a pas de précipité lorsque le sel est acide. L'infusion de noix de galle et les lames métalliques n'y apportent aucun changement.

Oxydes d'étain.

L'oxygène peut se combiner avec l'étain en deux proportions et former un protoxyde SnO qui joue le rôle de base salifiable, et un bioxyde SnO^2 qui joue, tantôt le rôle de base très-faible, tantôt le rôle d'acide peu énergique.

Protoxyde d'étain.

Le protoxyde d'étain n'existe pas dans la nature. On l'obtient en dissolvant l'étain dans l'acide chlorhydrique, puis traitant la dissolution par l'ammoniaque. Le précipité, qui est de l'hydrate de protoxyde blanc, est recueilli et calciné jusqu'au rouge naissant, afin de le priver complétement d'eau, ce qui le rend gris noirâtre. Calciné au contact de l'air, le protoxyde d'étain prend feu et passe à l'état de bioxyde. Il se dissout dans la potasse liquide ; mais cette dissolution, abandonnée à elle-même dans un flacon bouché, laisse précipiter, au bout de quelques jours, l'étain métallique qui provient de la décomposition du protoxyde en métal et en bioxyde.

Bioxyde d'étain ou acide stannique.

Le bioxyde d'étain existe assez abondamment dans la nature, quelquefois en filons, d'autres fois disséminé dans des roches. L'Angleterre et l'Espagne en possèdent des mines très-riches. Pour l'obtenir dans les laboratoires, on calcine l'étain au contact de l'air, ou bien on traite l'étain par l'acide azotique, qui agit vivement sur lui en se décomposant, et en cédant une partie de son oxygène au métal.

Ce bioxyde est blanc à la température ordinaire ; il jaunit ou brunit par la chaleur, mais reprend sa couleur par le refroidissement. Il est infusible et indécomposable au feu ; insoluble dans les acides sulfurique et azotique ; soluble, au contraire, dans la potasse ou la soude qu'il sature. Avec ces bases, il forme des stannate cristallisables et considérés par les chimistes comme de véritables oxysels.

Les sels de protoxyde d'étain sont incolores ou légèrement jaunâtres, doués d'une saveur astringente métallique très-désagréable. Ils sont précipités, 1° en blanc par la potasse, la soude et l'ammoniaque : ce précipité, formé de protoxyde d'étain, se redissout dans un excès des deux premiers alcalis ; 2° en blanc par le cyanure jaune de potassium et de fer ; 3° en brun-chocolat par l'acide sulfhydrique ou le sulfhydrates (protosulfure hydraté) ; 4° en brun violacé ou pourpre par le chlorure d'or. Enfin, en plongeant une lame de zinc dans la solution des sels de protoxyde d'étain, on sépare ce métal qui se précipite sous forme de lames cristallisées. *

Caractères des sels de protoxyde d'étain.

Les sels de bioxyde d'étain sont incolores : leurs solutions sont précipitées, 1° en blanc par la potasse et la soude : ce précipité, formé de bioxyde d'étain, se redissout dans un excès de ces alcalis ; 2° en blanc par le cyanure jaune de potassium et de fer ; 3° en jaune pâle par l'acide

Caractères des sels de bioxyde d'étain.

sulfhydrique et les sulfhydrates; ce précipité, formé de sulfure d'étain hydraté, est soluble dans l'ammoniaque. Lorsqu'il contient un peu de bioxyde d'étain, la solution ammoniacale perd sa couleur jaune et prend une légère teinte d'un blanc laiteux. Le chlorure d'or n'apporte pas de changement dans la solution des sels de bioxyde d'étain.

Le chrome et l'oxygène, en se combinant, peuvent former un protoxyde Cr^2O^2; et un peroxyde CrO^3 nous étudierons ce dernier en même temps que les acides du manganèse, puisqu'il a, comme eux, des propriétés acides très-prononcées.

Protoxyde de chrome. L'oxyde de chrome se trouve quelquefois à la surface de quelques échantillons de chromate de potasse. Deux procédés peuvent être employés pour le préparer : le premier consiste à traiter le chromate de potasse par le soufre; il se forme alors du sulfate de potasse, du sulfure de potassium et du protoxyde de chrome, comme on peut le voir par l'équation

$$12\,CrO^3KO + 12\,S = 9\,SO^3\,KO + 6\,Cr^2O^2 + 3KS.$$

Le deuxième procédé consiste à calciner le chromate de mercure, ce qui donne du mercure, de l'oxygène et du protoxyde de chrome. Ce protoxyde est vert, inodore, insipide, très-difficile à fondre, inaltérable par le feu, l'oxygène et l'air; il ne peut se dissoudre qu'avec difficulté dans les acides, lorsqu'il a été calciné. Ajouté en petite quantité aux verres et aux émaux en fusion, il les colore en vert ; l'émeraude lui doit sa couleur.

Caractères des sels de protoxyde de chrome. Les sels de protoxyde de chrome, peu connus, sont d'un vert émeraude, ont une saveur douce et styptique. Leurs solutions sont précipitées : 1° en vert par le cyanure jaune de potassium et de fer ; 2° en gris-verdâtre par les alcalis (oxyde de chrome hydraté) : ce précipité est soluble dans un excès de potasse et de soude; 3° en gris-verdâtre avec dégagement d'acide sulfhydrique avec les sulfhydrates (oxyde de chrome hydraté); 4° en brun par l'infusion de noix de galle hydratée.

L'antimoine, par sa combinaison avec l'oxygène, donne lieu à quatre composés, qui sont : le sous-oxyde d'antimoine, le protoxyde Sb^2O^3, l'acide antimonieux SbO^2, et l'acide antimonique Sb^2O^5. Comme le sous-oxyde offre peu d'intérêt, nous allons examiner ici le protoxyde. Les deux autres composés seront étudiés plus tard. *Oxydes d'antimoine.*

L'oxyde d'antimoine se trouve dans la Bohême, sous forme de cristaux blancs. Il peut être préparé en calcinant l'antimoine, au rouge-cerise, dans un creuset surmonté d'un creuset plus large qui est percé à son fond, afin de produire un courant d'air ; l'oxygène de cet air ne tarde pas à oxyder l'antimoine et à le convertir en protoxyde qui se vaporise et vient se rendre, sous forme de fumées blanches, dans le creuset supérieur où il se dépose en cristaux ou en poussière. On peut encore précipiter le protoxyde d'antimoine du protochlorure d'antimoine par la potasse ou le carbonate de potasse. *Protoxyde d'antimoine*

Cet oxyde est blanc, insoluble dans l'eau, facilement décomposable par l'hydrogène, le charbon, le soufre, etc.; la chaleur rouge obscure le fait fondre, et le transforme en fumées blanches, au contact de l'air, qui sont des vapeurs d'acide antimonieux. C'est le seul des composés d'oxygène et d'antimoine qui puisse s'unir aux acides. *Propriétés.*

Caractères des sels de protoxyde d'antimoine.

Les sels de protoxyde d'antimoine sont blancs ou légèrement jaunâtres : l'eau les décompose pour la plupart en sur-sels solubles et en sous-sels insolubles. La solution de ces sels est précipitée : 1° en blanc par les alcalis (protoxyde d'antimoine hydraté); 2° en blanc, par le cyanure jaune de potassium et de fer; 3° en jaune orangé (protosulfure d'antimoine), par l'acide sulfhydrique et les sulfhydrates ; 4° en blanc jaunâtre par l'infusion de noix de galle; 5° enfin, en plongeant une lame de fer ou de zinc dans la solution rendue acide, l'antimoine est précipité à l'état métallique, sous forme d'une poudre noire qui s'attache en partie à la lame de métal.

Le bismuth, par sa combinaison avec l'oxygène, donne un protoxyde et un peroxyde.

Protoxyde.

Le protoxyde s'obtient en calcinant à l'air le métal, ou bien en traitant par la potasse le sous-azotate insoluble de bismuth, qui est le résultat de l'action de l'eau sur l'azotate de bismuth. Il est évident, d'après son mode de préparation, qu'il est insoluble dans les alcalis. Des deux oxydes de bismuth, le protoxyde peut seul s'unir aux acides.

Caractères des sels de protoxyde de bismuth.

Les sels de protoxyde de bismuth sont incolores et doués d'une saveur métallique. Leur solution, lorsqu'elle est traitée par une grande quantité d'eau, est décomposée en sel acide qui reste dissous, et en sous-sel qui se précipite sous forme de flocons blancs. Cette solution est encore précipitée, 1° en blanc, par la potasse, la soude et l'ammoniaque; 2° en blanc, par le cyanure jaune de potassium et de fer; 3° en blanc, par les carbonates alcalins ; 4° en noir, par l'acide sulfhydrique et les sulfhydrates (sulfure de bismuth); 5° en brun-marron (iodure hydraté), par l'iodure de potassium ; 6° en jaune orangé, par l'infusion de noix de galle. Enfin les lames de fer, de zinc, d'étain, plongées dans cette solution, ramènent le bismuth à l'état métallique.

L'oxygène, en se combinant avec le plomb, donne lieu à quatre oxydes, qui sont : 1° un sous-oxyde Pb^2O découvert par M. Dulong, et que l'on obtient en calcinant au rouge le sous-oxalate de plomb ; 2° un protoxyde PbO ; 3° un bioxyde PbO^2 ; 4° une combinaison de ces deux derniers $2PbO, PbO^2$.

Oxydes de plomb.

Le protoxyde de plomb peut se préparer, dans les laboratoires, en dissolvant le plomb dans l'acide nitrique, puis calcinant l'azotate obtenu. On peut encore traiter ce sel, très-étendu d'eau, par l'ammoniaque en excès, qui fait précipiter le protoxyde hydraté avec l'apparence de flocons blancs qui deviennent jaunes par la dessiccation. Il est préparé en grand, dans les arts, par la calcination au contact de l'air du plomb métallique; la surface du métal se recouvre de pellicules grisâtres qui finissent par se transformer en une poussière jaune, qui est du protoxyde de plomb connu sous le nom de *massicot*.

Protoxyde de plomb.

Le protoxyde de plomb est solide, jaune, fusible au-dessous du rouge-brun, cristallisable par un refroidissement lent en lames brillantes, jaunes ou jaunes rougeâtres ; sous cet état, il est désigné sous le nom de *litharge*, et se trouve abondamment dans le commerce : elle provient presque toute de l'extraction de l'argent des plombs argentifères. Le protoxyde est sans action sur l'oxygène à la température ordinaire; mais il l'absorbe à une température peu élevée, pour passer à l'état de minium. A froid, il absorbe peu à peu l'acide carbonique de l'air, et le laisse dégager par une légère calcination. L'eau le dissout, mais en

Propriétés du protoxyde dd plomb.

quantité très-petite. La potasse et la soude caustiques le dissolvent avec facilité, et forment avec lui des composés que l'on peut obtenir cristallisés. Le protoxyde de plomb se combine, à l'aide de la chaleur, avec la silice et l'alumine, et forme alors des composés très-fusibles ; aussi doit-on bien se garder de le faire fondre dans des creusets en terre, qui seraient bien vite attaqués et troués par cet oxyde.

Bioxyde de plomb. Le bioxyde de plomb, qui est encore connu sous le nom d'*oxyde puce*, se prépare en traitant le minium par six fois son poids d'acide azotique étendu d'eau distillée. Le minium, qui est formé de 2 équivalents de protoxyde de plomb et d'un équivalent de bioxyde se décompose ; le protoxyde, qui est seul salifiable, s'unit à l'acide azotique tandis que le bioxide, mis en liberté, se précipite et peut être recueilli sur un filtre, puis lavé et renfermé dans des flacons.

Cet oxyde est solide et possède une couleur puce ; il passe, à une chaleur rouge obscure, à l'état de minium, en abandonnant une partie de son oxygène, et se transforme vers le rouge cerise en protoxyde indécomposable au feu. Traité avec du soufre, il donne du gaz sulfureux et du sulfure de plomb. Enfin il se transforme par l'acide chlorhydrique en chlorure de plomb ; il se produit en même temps de l'eau et un dégagement de chlore.

Minium. Le minium s'obtient par la calcination du plomb dans un four à réverbère, jusqu'à ce qu'il soit transformé en protoxyde : mais la température ne doit pas être élevée jusqu'au point de fusion de cet oxyde. On triture celui-ci entre deux meules, et on l'agite dans des tonneaux avec une certaine quantité d'eau, afin d'en séparer les portions de plomb non oxydées; le massicot ainsi obtenu est placé dans des cuvettes en tôle de fer peu profondes, qui sont disposées dans un four dont on élève la température jusqu'au rouge brun ; le protoxyde absorbe alors l'oxygène de l'air, et passe à l'état de minium au bout de deux jours.

Ce composé, que l'on nomme quelquefois oxyde rouge de plomb, est une combinaison de 2 équivalents de protoxyde de plomb et de 1 équivalent de bioxyde. Celui du commerce est presque toujours falsifié avec du protoxyde, ce qu'on peut vérifier par l'acide acétique faible, qui dissout le protoxyde mélangé, sans attaquer le protoxyde du minium. L'acide azotique peut être employé dans le même cas, mais il dissout à la fois le protoxyde libre et celui du minium ; la proportion de bioxyde obtenue fait connaître la quantité de minium réel du mélange essayé. Quelquefois le minium contient aussi de l'oxyde de cuivre, qui nuit à sa qualité, en lui donnant la faculté de colorer le verre en vert ; cet oxyde de cuivre peut encore lui être enlevé par l'acide acétique. Le minium est d'une belle couleur rouge, fusible, très-peu soluble dans l'eau, plus soluble dans les alcalis ; il est employé dans la fabrication du cristal, des vernis à poterie, et dans la peinture.

Le protoxyde de plomb peut seul s'unir aux acides, et former des sels très-stables, dont les caractères sont très-tranchés. Ils sont blancs, à l'exception du chromate, et presque tous insolubles ; ceux qui se dissolvent ont une saveur astringente et sucrée. Ils fournissent des solutions incolores qui sont précipitées : 1° en blanc, par le cyanure jaune du potassium et de fer (cyanure de plomb ferrugineux); 2° en blanc par les carbonates alcalins (carbonate de plomb); 3° en blanc par la potasse, la soude, l'ammoniaque : ce précipité de protoxyde hydraté de plomb peut être redissous dans un excès des deux alcalis ; 4° en noir, par l'acide sulfhydrique et les sulfhydrates (sulfure de plomb) ; 5° en beau jaune orangé par le chromate de potasse (chromate de plomb) ; 6° en jaune-serin par l'iodure de potassium (iodure de plomb) ; 7° en blanc par l'acide chlorhydrique et les chlorures solubles (pourvu que les liqueurs ne soient pas trop étendues) ; 8° en blanc par l'infusion de noix de galle ; 9° enfin, lorsqu'on plonge une lame de fer ou de zinc dans la solution d'un sel de plomb, le métal se précipite sur la lame sous forme de cristaux lamelleux très-brillants.

Le cuivre, en s'unissant avec l'oxygène, donne trois oxydes qui sont : un protoxyde CuO, un bioxyde CuO^2, et un quadroxyde CuO^4.

Protoxyde de cuivre. Le protoxyde de cuivre se rencontre dans la nature, mélangé avec de l'oxyde de fer. On peut le préparer en traitant le protochlorure de cuivre par la potasse caustique. Il se précipite alors des flocons jaunes de protoxyde hydraté qui deviennent rouges par la dessiccation. On peut encore le préparer en chauffant au rouge un mélange de cuivre métallique et de bioxyde de cuivre. Ce protoxyde est fusible sans décomposition au-dessus de la chaleur rouge ; il peut alors passer à l'état de bioxyde, en absorbant l'oxygène de l'air. L'acide chlorhydrique le dissout et le fait passer à l'état de protochlorure ; l'acide sulfurique le décompose en bioxyde dont cet acide s'empare, et en cuivre métallique qui se dépose ; l'acide azotique le dissout également, en le transformant en bioxyde ; mais ici il n'y a pas précipitation du métal, car une partie de l'acide est décomposée en oxygène qui suroxyde le protoxyde et en bioxyde d'azote qui se dégage. L'ammoniaque dissout très-bien le protoxyde de cuivre, et donne une liqueur incolore tant qu'elle est à l'abri du contact de l'air, mais qui, dans le cas contraire, devient bleue par l'oxygène qu'elle absorbe, et qui fait passer le protoxyde à l'état de bioxyde.

Le bioxyde de cuivre existe dans la nature à l'état de liberté, mais surtout combiné aux acides carbonique, sulfurique, phosphorique. Ce bioxyde, si fréquemment employé dans les analyses de chimie organique, s'obtient par la calcination du métal à l'air libre. On le prépare encore en traitant par la potasse un sel de bioxyde de cuivre : il se précipite alors en beaux flocons bleus hydratés, qui deviennent noirâtres lorsqu'on les lave avec de l'eau bouillante, et qui sont transformés en bioxyde anhydre par la dessiccation. Un troisième moyen, fréquemment employé, consiste à chauffer dans une cornue de grès de l'azotate de bioxyde desséché qui se décompose et laisse pour résidu le bioxyde de cuivre pur.

Bioxyde de cuivre.

Le bioxyde de cuivre est ramené à l'état de protoxyde par une température élevée, et à l'état métallique par le carbone, l'hydrogène et par toutes les substances organiques, lorsque la température est vers le rouge obscur, l'ammoniaque le dissout facilement, et forme alors une belle couleur bleue, tandis qu'il est insoluble dans la potasse et la soude. Le bioxyde de cuivre est employé avec succès dans la coloration du verre et des émaux. et dans les analyses des principes immédiats, végétaux et animaux.

Propriétés.

Le quadroxyde de cuivre s'obtient en faisant agir l'eau oxygénée sur l'hydrate de bioxyde. Il se décompose facilement par la chaleur, et n'est pas salifiable.

Comme nous l'avons déjà remarqué, le protoxyde de cui-

Caractères des sels de protoxyde de cuivre.

vre ne s'unit que difficilement aux acides : dans ces circonstances il se décompose le plus souvent en bioxyde et en
cuivre. Les sels qu'il donne sont peu stables et se transforment aisément en sels de bioxyde, surtout en présence
de l'eau. La potasse et la soude en séparent du protoxyde
hydraté.

Caractères des sels de bioxyde de cuivre. Ces sels sont généralement d'une couleur bleue, et verte
lorsqu'ils sont dissous ou hydratés; ils ont une saveur mé-
tallique très-désagréable; leurs solutions sont précipitées,
1° en rouge-marron par le cyanure jaune de potassium et
de fer (cyanure de cuivre ferrugineux); 2° en blanc bleuâtre
par les carbonates alcalins; 3° en bleu par la potasse, la soude
et l'ammoniaque : le précipité de bioxyde hydraté formé par
l'ammoniaque se dissout très-bien dans un excès de cet alcali, et la liqueur acquiert alors de la transparence et une
belle couleur céleste; 4° en brun-noir par l'acide sulfhydrique, les sulfures alcalins et les sulfhydrates (bisulfure de
cuivre): ce précipité prend une couleur plus foncée par
l'addition de quelques gouttes de solution de potasse;
6° une lame de fer ou de zinc plongée dans la solution des
sels de bioxyde de cuivre opère la réduction de la base : le
cuivre métallique se précipite sur la lame, et lui donne
immédiatement une apparence cuivreuse.

Oxydes de mercure. Le mercure s'unit en deux proportions avec l'oxygène,
et donne deux oxydes capables de jouer le rôle de bases salifiables; cependant le bioxyde est une base plus forte que
le protoxyde.

Protoxyde de mercure. Le protoxyde de mercure n'existe qu'à l'état de combinaison avec les acides, dans les sels de mercure au mini-
mum. Aussitôt qu'on veut le précipiter de ses combinaisons, il se présente sous forme d'une poussière noire, dans

laquelle le microscope dénote la présence d'une multitude de petits globules de mercure. Cette poussière n'est donc qu'un mélange de mercure et de bioxyde. En se précipitant, le protoxyde s'est partagé en deux parties, dont l'une a passé à l'état métallique en cédant son oxygène à l'autre.

Le bioxyde de mercure peut, comme nous l'avons déjà vu (page 92), se former en chauffant le mercure au contact de l'air pendant plusieurs jours; mais on le prépare plus promptement en chauffant au rouge naissant dans un matras l'azotate de protoxyde de mercure. Le sel et ensuite son acide se décomposent; il en résulte de l'acide hypoazotique qui se dégage, et de l'oxygène qui transforme le protoxyde en bioxyde, lequel reste au fond du matras. Il est alors en paillettes violacées qui deviennent rouges par le refroidissement. Enfin, en traitant un sel de mercure au maximum par la potasse caustique, le bioxyde se précipite en flocons jaunes hydratés.

Bioxyde de mercure.

Le bioxyde est très-peu soluble dans l'eau, et possède une légère saveur; dissous dans l'eau, il communique à ce liquide la propriété de verdir le sirop de violettes, et peut de plus noircir par l'acide sulfhydrique.

Les sels de protoxyde de mercure sont blancs à l'état neutre; leur saveur, qui est très-métallique, est désagréable. La solution de ces sels est précipitée, 1° en blanc par le cyanure jaune de potassium et de fer; 2° en noir par la potasse, la soude et l'ammoniaque; 3° en blanc par l'acide chlorhydrique et les chlorures alcalins (protochlorure de mercure); 4° en blanc par l'acide sulfurique et les sulfates alcalins (sulfate de protoxyde); 5° en noir par l'acide sulfhydrique et les sulfures alcalins (sulfure de mercure);

Caractères des sels de protoxyde de mercure.

6° en rouge par le chromate de potasse (chromate de protoxyde); 7° en jaune verdâtre par l'iodure de potassium
(mélange de protoiodure et de sesquiiodure de mercure);
8° les carbonates alcalins y forment un précipité blanchâtre
qui noircit par l'ébullition ; 9° enfin une lame de cuivre en
sépare du mercure, qui se précipite sur la lame et la
blanchit.

Caractères des sels de bioxyde de mercure. Les sels de bioxyde de mercure sont blancs lorsqu'ils
sont neutres ou acides, jaunâtres quand ils sont basiques;
leur saveur est âcre, styptique, métallique et très-désagréable. La solution de ces sels est précipitée, 1° en blanc
par le cyanure jaune de potassium et de fer; 2° en jaune
par la potasse et la soude (bioxyde hydraté); 3° en blanc
par l'ammoniaque (oxychlorure ammoniacal); 4° en jaune
orangé par l'acide sulfhydrique et les sulfures alcalins : ce
précipité, qui est du bisulfure de mercure, devient blanc
très-promptement si le réactif est employé en petite quantité, et noir dans le cas contraire; 5° en jaune rougeâtre par
le chromate de potasse (chromate de bioxyde); 6° en rouge
par l'iodure de potassium (biiodure de mercure); 7° les
carbonates de potasse et de soude y forment un précipité
rougeâtre, et le carbonate d'ammoniaque un précipité
blanc; 8° un excès de protochlorure d'étain non acide occasionne dans cette solution un précipité de mercure métallique et de bioxyde d'étain; 9° enfin une lame de cuivre
plongée dans cette solution est immédiatement blanchie
par du mercure métallique.

Oxydes d'argent. L'argent donne avec l'oxygène deux oxydes, un protoxyde et un peroxyde : ce dernier, qui n'est pas salifiable, n'offre que très-peu d'intérêt.

Protoxyde d'argent. On obtient le protoxyde d'argent en dissolvant l'argent dans l'acide azotique, puis traitant la solution obtenue par la potasse caustique; il se forme un précipité olivâtre de protoxyde hydraté qui, par la dessiccation, devient pulvérulent et prend une légère couleur brune. Cet oxyde est insoluble dans l'eau, mais soluble dans l'ammoniaque et l'acide azotique. L'eau oxygénée, acidulée par un peu d'acide azotique, le décompose en partie avec une vive effervescence et un dégagement d'oxygène : une partie de cet oxyde se dissout.

Les sels d'argent sont généralement blancs lorsqu'ils sont neutres, et jaunâtres lorsqu'ils sont basiques; ils sont insolubles ou peu solubles; leur saveur est métallique, âcre ou acerbe; ils brunissent presque tous quand ils sont exposés à la lumière. Lorsqu'on les chauffe au chalumeau, ils sont décomposés, et le métal est mis à nu.

Les sels solubles d'argent sont précipités, 1° en blanc par le cyanure jaune de potassium et de fer; 2° en blanc par les carbonates alcalins (carbonate d'argent); 3° en brun clair ou olive par la potasse ou la soude (protoxyde hydraté); 4° en blanc par l'acide chlorhydrique, les chlorures solubles et le chlore dissous : ce précipité, qui est du chlorure d'argent, est insoluble dans l'eau et dans les acides, tandis qu'il est au contraire soluble dans l'ammoniaque; il devient violet, puis noirâtre, par une exposition prolongée à l'air; 5° en noir par l'acide sulfhydrique et les sulfures solubles qui produisent du sulfure noir d'argent; 6° en rouge pourpre par le chromate de potasse, qui produit du chromate d'argent; 7° en jaune-serin par les phosphates et les arsénites solubles (phosphate et arsénite d'argent); 8° en rouge briqueté par l'arséniate de potasse (arséniate d'argent); 9° enfin, en plongeant une lame de cuivre dans la solution des sels d'argent, ce métal est réduit, et se précipite sur la lame cuivreuse en petites aiguilles fines disposées en houppes légères.

L'ammoniaque n'occasionne aucun trouble dans les sels d'argent, ce qui dépend de ce que ce réactif dissout immédiatement l'oxyde d'argent, qu'il sépare de sa combinaison.

Oxydes d'or. On connaît deux oxydes d'or. Le protoxyde s'obtient en traitant par la potasse caustique le protochlorure d'or. Il est en flocons verdâtres si peu stables, qu'ils se décomposent au bout de peu de temps en or métallique et en peroxyde.

Le peroxyde d'or s'obtient en traitant le perchlorure d'or par la baryte; il est jaune rougeâtre quand il est hydraté, et pulvérulent lorsqu'il est sec. Il est décomposable, par la lumière et par la chaleur, en oxygène et en or métallique; il est peu soluble dans l'acide azotique, tout à fait insoluble dans l'acide sulfurique, très-soluble au contraire dans l'acide chlorhydrique, avec lequel il forme un perchlorure d'or. Il s'unit facilement à la potasse et à la soude, et paraît jouer à leur égard le rôle d'un acide : de là le nom d'aurates que l'on donne à ces combinaisons. Les aurates sont précipités par les acides, qui, à l'exception de l'acide chlorhydrique, en précipitent l'oxyde d'or.

Caractères des sels d'or. On ne connaît pas réellement d'oxysels d'or, car les dissolutions de peroxyde d'or dans les acides sulfurique et azotique concentrés laissent déposer cet oxyde, lorsqu'on les étend d'eau. La dissolution d'or dans l'eau régale, qui est colorée en jaune plus ou moins foncé, est précipitée, 1° en blanc par le cyanure jaune de potassium et de fer; 2° en jaune foncé par l'eau de baryte; 3° en jaune orangé par l'ammoniaque ; 4° en rose ou en violet par la solution de protochlorure d'étain étendue ; 5° en vert sale par le sulfate de protoxyde de fer.

Le platine forme deux oxydes qui peuvent tous deux jouer le rôle de bases faibles. Comme le protoxyde et ses sels sont peu connus, nous ne nous occuperons que du bioxyde et des sels de bioxyde. Oxydes de platine.

On obtient le bioxyde de platine en versant de la soude caustique dans une solution d'azotate de bioxyde de platine, jusqu'à ce que la moitié seulement de ce sel soit décomposée ; si l'on versait un peu plus de soude, il se formerait du sous-azotate de bioxyde de platine qui se précipiterait en même temps que le bioxyde. Ce composé se combine avec les acides, les alcalis, et généralement avec les oxydes basiques.

Les sels de bioxyde de platine sont jaunes ou jaunes rougeâtres. La solution de ces sels est précipitée, 1° en jaune par la potasse et le chlorure de potassium (chlorure double de platine et de potassium); 2° en jaune par le chlorhydrate d'ammoniaque (chlorhydrate double de platine et d'ammoniaque); 3° en noir par l'acide sulfhydrique et les sulfures alcalins (bisulfure de platine); 4° en jaune par le cyanure de potassium et de fer; 5° le fer, le zinc, le cuivre, etc., réduisent le métal de ces sels et précipitent le platine en poudre noire. Caractères des sels de bioxyde de platine.

La soude et les sels de soude forment des sels doubles solubles avec les sels de bioxyde de platine. Le protochlorure d'étain communique à ces sels une couleur rouge très-intense si les solutions sont très-concentrées ; il les précipite en jaune lorsque les dissolutions sont neutres. Comme dernier caractère, nous dirons que l'iodure de potassium, en solution très-étendue, communique aux sels de platine une teinte jaune qui passe au rouge vineux au bout de quinze à vingt minutes; enfin tous les sels de bioxyde de platine sont réduits à une haute température, et le platine est mis en liberté.

COMBINAISONS SULFURÉES DES MÉTAUX OU SULFURES MÉTALLIQUES.

Le soufre a une très-grande tendance à se combiner avec les métaux, et à produire avec ces corps des composés très-stables, très-bien définis, et qui ont pour cette double raison une grande importance théorique. De plus, les sulfures se trouvant avec abondance dans la nature, et fournissant aux arts et à l'industrie la plus grande partie des métaux dont ils ont besoin, offrent aussi aux chimistes un grand intérêt pratique.

Formation des sulfures. Lorsque le soufre se trouve en présence d'un métal à une température convenable, une action très-vive se manifeste; les deux corps se combinent et produisent un sulfure du métal. Presque toujours il y a production d'une grande quantité de chaleur, quelquefois même d'une lumière intense. Nous allons citer quelques faits.

Mettons dans un petit matras en verre du soufre et de la limaille de cuivre, puis chauffons ce mélange en tenant le ballon sur des charbons ardents au moyen d'une pincette : bientôt le soufre se fondra et se combinera promptement au cuivre en produisant de la chaleur et de la lumière. Dans cette expérience, la division du cuivre était nécessaire pour qu'il fût facilement attaqué par de nouvelles portions de soufre, et par suite, pour qu'il pût se produire un grand dégagement de chaleur. Ce grand développement de chaleur, dans la combinaison du soufre et du cuivre, peut expliquer cette curieuse expérience des charlatans qui fondent devant le peuple étonné, dans une coque de noix, du cuivre qu'ils mélangent avec du soufre et du salpètre. Le plomb donne des résultats analogues à ceux du cuivre. La température produite est alors assez considérable pour fondre le verre du ballon. L'expérience suivante démontre que le fer développe également une très-grande chaleur dans sa combinaison avec le soufre : on prend une lame de fer chauffée au rouge blanc, et on la met en contact avec un bâton de soufre; la masse est alors percée, et il se forme un sulfure de fer fusible, très-dur, puisque les bords de l'orifice formé dans la plaque ne sont pas attaquables à la lime. On peut encore prendre une idée de la grande tendance du fer à se combiner avec le soufre, en plongeant du fer chauffé au rouge blanc dans un ballon rempli de vapeurs de soufre : alors la combustion est semblable à celle du fer dans l'oxygène; si elle est très-vive, cela est dû à la formation d'un sulfure de fer qui se fond à mesure qu'il se produit.

Les métaux ne se combinent pas au soufre dans le même ordre qu'avec l'oxygène. Parmi les métaux usuels, c'est le cuivre qui possède la plus grande affinité pour le souffre; puis viennent le fer, l'étain, le zinc. Ce dernier ne s'y unit que très-difficilement, quoique le sulfure produit résiste très-bien aux actions décomposantes. Le plomb vient après, car le sulfure de plomb est décomposé par le zinc; puis l'argent.

On a mis à profit l'action du soufre sur l'argent, afin

de séparer ce métal de l'or ; le soufre, en agissant sur le minerai qui contient ces deux métaux , sulfure seulement l'argent, puisque l'or n'est attaqué par lui ni à froid ni à chaud. L'antimoine et l'arsenic se trouvent après l'argent, puis le platine, qui n'a qu'une très-faible action sur le soufre.

Cependant il ne faudrait pas conclure de la classification que nous venons de donner que le sulfure d'or n'existe pas , car on peut le produire par la voie humide en traitant le sulfure de potassium par le chlorure d'or. Il se produit alors du chlorure de potassium soluble et du sulfure d'or qui se précipite sous forme d'une poudre brune : c'est ce sulfure qui, délayé avec de l'essence de térébenthine, donne un produit dont on se sert pour dorer certaines porcelaines. Il est à remarquer qu'en ajoutant un excès de sulfure de potassium, le sulfure d'or se redissout dans le sulfure alcalin, pour donner un sulfure double dans lequel l'un joue le rôle de base et l'autre celui d'acide.

Propriétés physiques et chimiques des sulfures. Tous les sulfures sont solides et cassants ; plusieurs ont un éclat métallique, comme le bisulfure de mercure, tandis que d'autres en sont dépourvus. Le bisulfure de mercure donne, par la trituration, une poussière très-ténue d'un rouge éclatant ; mais les autres sulfures, traités de la même manière, donnent une poussière lamelleuse, cristalline et ne pouvant se porphyriser. Les sulfures sont plus ou moins durs ; le bisulfure de fer ou pyrite l'est beaucoup, car il peut faire feu au briquet. Les sulfures alcalins sont seuls solubles dans l'eau ; de plus ils sont vénéneux et laissent dégager une odeur d'acide sulfhydrique.

Action de la chaleur sur les sulfures. Les sulfures sont généralement plus fusibles que les métaux dont ils sont composés, lorsque ceux-ci sont difficiles à fondre, et moins fusibles quand ces métaux fondent avec facilité. Chauffés en vases fermés, quelques-uns peuvent même se volatiliser : tels sont, par exemple, les sulfures de mercure et d'argent. Un grand nombre de sulfures fixes peuvent être décomposés, en totalité ou du moins en partie, par l'action de la chaleur lorsqu'ils ne sont pas exposés à l'air. Les sulfures qui se décomposent complétement sont généralement ceux dont les métaux ont peu d'affinité pour l'oxygène. Le bisulfure de fer offre un exemple de ceux qui peuvent perdre seulement une partie de leur soufre ; car, chauffé au rouge dans une cornue, il passe à l'état de protosulfure en perdant un équivalent de soufre.

Chauffés en présence de l'oxygène ou de l'air, les sulfures donnent des produits variables. Plusieurs, comme ceux de la première section, se changent en sulfates ; d'autres se transforment en oxyde et en acide sulfureux qui se dégagent, ou en acide sulfureux et en métal, ou bien encore (c'est le plus petit nombre) en oxysulfures. Quand ce cas se présente, il se forme, pendant un certain temps, un oxyde qui s'unit avec le sulfure non décomposé, et forme un oxysulfure dans lequel le sulfure joue le rôle basique, tandis que l'oxyde joue le rôle d'un acide. Le chlore décompose les sulfures dissous, s'empare du métal pour former un chlorure, et précipite le soufre. Si l'on expérimentait convenablement, il est probable que l'iode et le brôme agiraient semblablement. Le charbon à une haute température décompose plusieurs sulfures en donnant naissance à du sulfure de carbone.

Ainsi que nous l'avons déjà dit, l'eau dissout tous les sulfures de la première section ; elle dissout aussi ceux de magnésium et de glucinium, qui appartiennent à la seconde; mais tous les autres sulfures sont insolubles.

Quand on traite un sulfure dissous dans l'eau par un oxacide, il y a décomposition de l'eau et du sulfure, formation d'acide sulfhydrique, d'un oxyde, et par suite d'un sel. Cela a encore lieu quand le sulfure est insoluble; mais alors il doit être en suspension dans l'eau. Dans la préparation de l'acide sulfhydrique par l'acide sulfurique et le sulfure de fer, nous avons été obligé, en effet, de prendre cette précaution. En représentant par M l'équivalent d'un métal, la réaction est indiquée par l'équation

$$MS + SO^3, H^2O = SO^3MO + H^2S.$$

Comme il y a dégagement d'acide sulfhydrique dans la réaction des acides oxygénés sur les sulfures, on avait été porté autrefois à penser que ces corps étaient des sels véritables, formés d'un oxyde et d'acide sulfhydrique, lequel était chassé par un oxacide plus puissant que lui. Les hydracides donnent des chlorures, des bromures et des iodures en agissant sur les sulfures. Supposons qu'il s'agisse de l'acide chlorhydrique et du sulfure MS, la réaction se fera comme l'équation suivante l'indique :

$$MS + H^2Ch^2 = Ch^2M + H^2S.$$

Dans l'une et l'autre réaction, il ne se précipite point de soufre, et le sulfure correspond par sa composition à l'oxyde qui se forme.

La composition des sulfures a beaucoup d'analogie avec celle des oxydes métalliques. Nous allons citer une réaction qui conduit à cette importante conclusion. Quand on traite un oxyde métallique dissous ou en suspension dans

l'eau par l'acide sulfhydrique, il y a double décomposition, formation d'eau et d'un sulfure, sans précipitation de
soufre et sans dégagement de gaz : c'est qu'alors l'équivalent d'oxygène de l'oxyde se combine avec l'équivalent
d'hydrogène de l'acide pour former de l'eau, tandis que
le soufre se combine avec le métal et forme un sulfure correspondant. En d'autres termes, l'oxygène de l'oxyde a été
remplacé par une quantité équivalente de soufre. On trouve
ainsi, par l'analyse des sulfures, que $201,16$ représente l'é-
quivalent du soufre, celui de l'oxygène étant représenté
par 100. Si un métal formait deux ou plusieurs combinaisons oxygénées, MO, MO^2, MO^3, M^2O^3, il en résulterait
que le même métal aurait pour formules de ses combinaisons sulfurées, MS, MS^2, MS^3, M^2S^3. Nous ne voulons
pas dire qu'à chaque combinaison oxygénée il en correspond nécessairement une sulfurée, et réciproquement ;
cela, arrive souvent, il est vrai ; mais il serait faux de pré-
tendre que cette loi est générale.

On donne le nom de polysulfure à des composés dans Polysulfures.
lesquels plusieurs équivalents de soufre sont combinés avec
un équivalent de métal. Ils sont solides, d'une couleur
rouge ou jaune ; l'air et le chlore agissent sur eux comme
sur les sulfures simples. Les acides les décomposent avec
effervescence, dégagement de gaz acide sulfhydrique et
précipitation de soufre. C'est principalement ce dernier
caractère qui les distingue des sulfures simples, qui
ne donnent pas une précipitation de soufre. On peut encore se fonder, pour les différentier des sulfures simples,
sur la coloration très-foncée des précipités que les dissolutions métalliques y produisent. Lorsque, au lieu de verser
l'acide dans la dissolution de polysulfure, on verse peu à

peu celle-ci dans l'acide, il ne se précipite pas de soufre, mais il se forme un polysulfure d'hydrogène par la combinaison du soufre et du sulfure d'hydrogène à l'état naissant.

Puisque les polysulfures en dissolution peuvent, lorsqu'ils sont traités par un acide, donner lieu à un sel, à un dégagement d'acide sulfhydrique et à une précipitation de soufre, on conçoit très-bien qu'on ait pu les considérer comme des sulfhydrates sulfurés, c'est-à-dire comme des sulfhydrates tenant en dissolution un ou plusieurs équivalents de soufre. La réaction s'explique, en effet, aussi bien quand on les considère comme des polysulfures en dissolution dans l'eau, ou comme des sulfhydrates sulfurés représentés par les formules H^2SMO,S, $H^2SMO,2S$.

Sulfhydrates de sulfures. De même que l'on peut combiner plusieurs équivalents de soufre avec un équivalent de métal, et constituer des polysulfures anhydres, de même aussi il est possible de démontrer l'existence de sulfhydrates de sulfure où le sulfure joue le rôle de base et l'hydrogène sulfuré celui d'acide. Il suffit de faire chauffer du sulfure de potassium bien sec dans une éprouvette recourbée et contenant de l'acide sulfhydrique : on verra le gaz diminuer de volume, diminuer de plus en plus jusqu'à ce que la quantité de soufre du gaz absorbé soit égale à celle qui se trouve dans le sulfure du potassium. Il se sera évidemment formé dans cette réaction un sulfhydrate de sulfure dont la formule sera $H^2S\ MS$.

Préparation des sulfures. Nous avons déjà vu, page 336, qu'un très-grand nombre de sulfures peuvent être préparés directement en chauffant au rouge un mélange de soufre et de métal fondu. Un deuxième procédé consisterait à calciner avec le soufre l'oxyde du métal qu'on veut combiner avec ce corps : mais alors il faut une plus grande proportion de soufre que précédemment, puisqu'une partie doit se combiner avec l'oxygène de l'acide et former de l'acide sulfureux qui se dégage pendant le cours de l'opération. Un troisième procédé, qui est employé pour se procurer les sulfures de barium et de strontium, consiste à calciner dans un creuset les sulfates neutres avec du charbon qui s'empare de l'oxygène de l'acide et de celui de la base, et qui permet à l'équivalent de soufre de l'acide de se combiner avec l'équivalent de métal. On peut encore décomposer les oxydes par l'acide sulfhydrique : il y a alors formation d'eau et d'un sulfure. Mais, au lieu de traiter directement l'oxyde par l'acide, ce qui ne serait pas sans inconvénient, il vaut mieux traiter un sel soluble de cet oxyde, soit par l'acide sulfhydrique, soit par un sulfhydrate ou sulfure soluble.

Les sulfures traités par les acides sulfurique, phosphorique ou chlorhydrique font généralement effervescence, et laissent dégager du gaz acide sulfhydrique, reconnaissable à son odeur fétide d'œufs pourris. Leur solution est incolore ou peu colorée, et donne la même odeur d'œufs pourris, sans que la transparence de la liqueur soit troublée ; mais, traitée par le chlore ou l'iode, elle est immédiatement troublée par du soufre qui est mis en liberté et qui se précipite sous forme d'une poudre blanche sale. Enfin la solution des sulfures précipite les dissolutions de plomb, de mercure et d'argent en noir, celles de zinc en blanc, et celles d'antimoine en rouge orangé foncé. Avec les polysulfures, ces précipités sont plus foncés. *(Caractères distinctifs des sulfures.)*

Principaux sulfures.

D'après M. Berzélius, il existe au moins cinq sulfures de potassium, dans lesquels, pour une même quantité de *(Sulfures du potassium.)*

métal, les quantités de soufre sont entre elles comme les nombres 1, 2, 3, 4, 5.

Protosulfure. Le protosulfure s'obtient, soit en traitant directement le métal par le soufre, soit en calcinant le sulfate de potasse par le charbon, ou bien encore en faisant passer de l'acide sulfhydrique dans une solution de potasse caustique jusqu'à refus ; alors elle est transformée en eau et en sulfhydrate de sulfure H^2S, KS, qui, traité par une quantité de potasse égale à celle employée précédemment, se transformera en protosulfure, comme cela se voit par l'équation

$$H^2S\ KS + KO = 2KS + H^2O.$$

Ce composé, qui est fréquemment employé comme réactif, est solide, cristallisé, translucide, d'un beau rouge de chair. Il est soluble dans l'eau et l'alcool, facilement inflammable dans l'air humide, et peut, comme on l'a déjà vu, jouer le rôle de base vis à vis l'acide sulfhydrique, former un sulfosel qu'on appelait autrefois improprement hydrosulfate de potasse, et dont le véritable nom est hydrosulfate de sulfure de potassium.

Bisulfure. Le bisulfure se prépare en exposant à l'air la solution alcoolique de sulfhydrate de sulfure jusqu'à ce qu'elle se trouble, puis en achevant l'évaporation dans le vide. L'oxygène de l'air s'empare de l'hydrogène de l'acide sulfhydrique, tandis que le soufre de cet acide s'unit au sulfure pour le faire passer à l'état de bisulfure.

Pentesulfure de potassium ou foie de soufre. Le pentesulfure du potassium est administré souvent en médecine comme stimulant énergique ; mais il agit aussi comme poison lorsqu'on le prend à hautes doses. Il est solide, d'une couleur brune, déliquescent, très-soluble dans

l'eau et capable de colorer ce liquide en jaune rougeâtre ;
la solution de ce corps, exposée à l'air, laisse déposer les
quatre cinquièmes du soufre qu'elle contient, absorbe peu
à peu l'oxygène de l'air, et passe à l'état d'hyposulfite,
puis de sulfite et enfin de sulfate de potasse, en laissant déposer du soufre. Ce foie de soufre se prépare ordinairement en faisant chauffer le carbonate de potasse avec un
excès de soufre. Alors il n'est pas pur, car il contient une
assez forte proportion de sulfate de potasse. Si l'on veut se
procurer un foie de soufre exempt de sulfate de potasse,
il faut chauffer soit le protosulfure, soit le bisulfure avec
un excès de soufre.

Le sodium peut, de même que le potassium, se com- *Sulfures de sodium.*
biner au soufre en plusieurs proportions et former des
sulfures qui ont la plus grande analogie avec les sulfures
de potassium.

Il en est de même de plusieurs autres sulfures qui n'ont
aucun usage soit dans les arts, soit dans la médecine.

Le fer et le soufre, comme nous avons déjà eu l'occa- *Sulfures de fer.*
sion de le remarquer, peuvent s'unir avec la plus grande
facilité quand la température est élevée. On connaît cinq
sulfures de fer.

Le protosulfure existe dans la nature cristallisé en hexa- *Protosulfure de fer.*
èdres, mais en petite quantité, et sert à préparer l'acide
sulfhydrique dans les laboratoires. Pour se le procurer artificiellement, il suffit de calciner à une température élevée
le protosulfate de fer par le charbon, ou de combiner directement le fer avec le soufre, en chauffant ces deux corps
dans un creuset, à l'abri du contact de l'air, jusqu'à ce
que la masse soit en fusion. Le protosulfure est noirâtre
lorsqu'il est en masse, tandis que sa poussière et sa cassure

sont jaunâtres. Il n'est pas attirable à l'aimant comme le sesquisulfure, est inaltérable à l'air sec, mais se transforme lentement en sulfate quand il est exposé à l'air humide.

Volcan de Lémery.

Quand on mêle deux parties de fleur de soufre avec trois parties de limaille de fer, et que l'on réduit ce mélange en pâte avec un peu d'eau, le mélange s'échauffe considérablement; au bout de vingt à trente minutes, le soufre et le fer entrent en combinaison à l'état de protosulfure hydraté. Si l'on expose cet hydrate à l'air, lorsqu'il est complétement refroidi, il s'empare très-rapidement de l'oxygène de l'air, donne lieu à la formation de sesquisulfure de fer, abandonne une certaine quantité de soufre et prend une couleur grise blanchâtre. Il est probable que c'est un oxysulfure de fer. Dans cette réaction il se manifeste un dégagement de chaleur assez considérable pour rendre la masse incandescente. Lémery, qui le premier a remarqué ce fait, a donné à ce mélange le nom de volcan artificiel; après sa mort, ce nom a été changé en celui de *volcan de Lémery*.

Sesquisulfure de fer.

Le sesquisulfure de fer S^2Fe^3 se trouve, dans la nature, uni au sulfure de cuivre dans un minéral connu sous le nom de *pyrite cuivreuse*. On peut le préparer artificiellement en faisant passer un courant d'acide sulfhydrique sur du sesquioxyde de fer bien sec, et à l'abri du contact de l'air. Ce sesquisulfure n'est pas magnétique, mais le devient quand on le chauffe assez pour lui faire perdre les $\frac{2}{9}$ de son soufre.

Bisulfure de fer.

Le bisulfure de fer, connu encore sous les noms de persulfure de fer, de pyrite de fer, se rencontre abondamment dans la nature. Le plus souvent la pyrite est jaune; quelquefois elle est blanche. Comme nous l'avons déjà indiqué précédemment, ce corps peut se décomposer en partie par la chaleur, et laisser dégager à l'état de vapeur un équivalent de soufre. Dans les laboratoires, l'expérience peut se faire dans des cornues en grès qui communiquent avec une allonge ; mais dans les arts on se sert de grands cylindres en fonte qui communiquent par des tuyaux avec des chambres où le soufre va se condenser. Pendant les grandes guerres continentales qui eurent lieu sous l'empire, la France se procurait par ce moyen la plus grande partie du soufre dont elle avait besoin. Le bisulfure est jaune, doué d'un brillant métallique, et non attirable à l'aimant. Quand le sulfure est chauffé au rouge naissant, l'oxygène et l'air le transforment en sulfate, en acide sulfureux, et en sesquioxyde de fer quand la température est plus élevée.

Il y a encore deux sulfures de fer : l'un $S\,Fe^2$ porte le nom de sulfure bibasique, et l'autre SFe^8, de sulfure octobasique.

Le sulfure de zinc, que l'on peut obtenir directement en combinant le zinc avec le soufre, et que l'on peut préparer par les autres procédés indiqués dans l'histoire générale des sulfures, existe abondamment dans la nature : mêlé ordinairement à des matières ferrugineuses, il est connu des minéralogistes sous le nom de blende. Les blendes sont tantôt jaunes ou brunes, tantôt roussâtres ou noirâtres, suivant la quantité et la nature des matières qui les accompagnent. La blende sert à la préparation du sulfate de zinc que l'on trouve dans le commerce.

A Rosiers, il existe un composé d'oxysulfure formé de 1 équivalent d'oxyde pour 4 de sulfure. En décomposant à la chaleur rouge obscure le sulfate de zinc par l'hydrogène, on obtient aussi un oxysulfure, mais il est formé de 1 équivalent d'oxyde et de 1 équivalent de sulfure.

Sulfures d'é-
tain.

L'étain et le soufre peuvent se combiner en trois proportions et donner lieu à un protosulfure, à un sesquisulfure et à un bisulfure.

Protosulf re
d'étain.

Le protosulfure d'étain, que l'on peut préparer par plusieurs procédés, existe dans la nature, mais mêlé ou combiné avec le sulfure de cuivre. Il est solide, d'un gris bleuâtre, et peut cristalliser en larges lames brillantes. Ce corps est indécomposable par la chaleur seule, mais il se décompose très-bien par l'air ou l'oxygène à une température élevée, en donnant naissance à du gaz acide sulfureux et à du bioxyde d'étain.

Sesquisul-
fure d'étain.

Le sesquisulfure, qui est d'un jaune grisâtre, qui peut se décomposer en soufre et en protosulfure, s'obtient en chauffant au rouge obscur le protosulfure avec le tiers de son poids de soufre.

Bisulfure d'é-
tain ou or
mussif.

Le bisulfure ou persulfure d'étain était appelé autrefois or *mussif*, or *mosaïque*, or *de Judée*. Il se prépare en chauffant des parties égales d'étain et de cinabre, qui est un sulfure de mercure. L'étain s'empare du soufre et le mercure est mis en liberté. L'or mussif peut encore se préparer à l'état d'hydrate en faisant passer un courant d'acide sulfhydrique à travers du bichlorure d'étain exempt d'acide, ou bien en versant une solution de protosulfure de potassium dans une solution de bichlorure d'étain. Le bisulfure se précipite alors en flocons d'un jaune pâle, que l'on peut facilement dessécher. Ce bisulfure ou or mussif, qui sert à frotter les coussins des machines électriques, à imiter les tons du bronze sur les statues de plâtre et le bois peint, est un corps solide d'un jaune doré, formé par un amas de petites écailles hexagonales; il est doux au toucher, décomposable en soufre et en protosulfure par la chaleur en vases clos. Il est insoluble dans l'eau, inattaquable par les acides azotique et chlorhydrique, tandis que l'eau régale le transforme en sulfate d'étain peu soluble.

Le soufre peut se combiner avec l'antimoine en plusieurs proportions et donner lieu à des composés très-importants. *Sulfures d'antimoine.*

Le protosulfure d'antimoine, dont la composition est représentée par $Sb^2 S^3$, et qui sert ordinairement à préparer l'acide sulfhydrique dans les laboratoires, existe abondamment dans la nature et particulièrement en France. Pour le purifier, il suffit de le séparer de la gangue qui l'accompagne presque toujours. Il est solide, brillant, d'un gris bleuâtre, et se trouve plus fusible que l'antimoine. Il peut cristalliser par la fusion et le refroidissement en longues aiguilles ; il est inaltérable à l'air sec ou humide à la température ordinaire ; mais, sous l'influence d'une légère chaleur, il absorbe l'oxygène et produit de l'oxyde d'antimoine. *Protosulfure d'antimoine.*

Il existe deux autres sulfures d'antimoine, dont les compositions sont représentées par les formules Sb^2S^4, Sb^2S^5, et qui correspondent aux acides antimonieux et antimonique ; mais ils n'offrent aucun intérêt.

Quand on grille le protosulfure d'antimoine pulvérisé, jusqu'à ce qu'il ait perdu son éclat métallique, il se trouve en partie transformé, par l'oxygène de l'air, en acide sulfureux qui se dégage, et en protoxyde d'antimoine, qui reste mêlé ou combiné à la portion de sulfure indécomposée. Si alors la matière est fondue, puis coulée, il en résulte une masse qui prend différents noms, suivant la quantité relative de ses éléments. *Oxysulfure d'antimoine.*

On donne les noms de safran d'antimoine, d'oxyde *Safran d'antimoine.*

d'antimoine sulfuré demi-vitreux , de *crocus metallorum,* à un composé obtenu comme nous venons de l'indiquer, et qui, d'après le chimiste anglais Thomson, contiendrait la cinquième partie de sulfure. Il est opaque, d'une couleur rouge-marron, très-friable , à cassure vitreuse, et contient une petite quantité de silice qu'il a enlevée au creuset.

Verre d'anti-moine. Quand le grillage dure plus longtemps, la quantité de sulfure diminue et celle de l'oxyde augmente. Après avoir suffisamment prolongé le grillage, fondons la masse et maintenons-la pendant plusieurs heures en fusion dans un creuset de terre : l'oxysulfure s'empare alors d'une partie de la silice et de l'oxyde de fer du creuset, et il peut être coulé en plaques minces qui, par le refroidissement, forment une espèce de verre jaune-hyacinthe. C'est à ce composé qu'on a donné les noms de *verre d'antimoine, d'oxyde d'antimoine demi-vitreux.*

Foie d'anti-moine. Le foie d'antimoine est encore un oxysulfure qui contiendrait le tiers de son poids d'oxyde d'antimoine, d'après Thomson. On donne aussi le nom de foie d'antimoine à un composé brun-marron que l'on obtient en chauffant jusqu'au rouge des parties égales d'azotate de potasse et de sulfure d'antimoine pulvérisé. Le résidu est un mélange de sulfate de potasse, de sulfure de potassium et d'oxyde d'antimoine.

Kermès. Le kermès est un composé médicinal célèbre et très-important, dont la nature n'est pas encore bien déterminée ; car certains chimistes le considèrent comme un protosulfure d'antimoine hydraté , tandis que d'autres, en grand nombre, le considèrent comme un véritable oxysulfure d'antimoine hydraté. Le kermès fut longtemps connu sous le nom de *poudre des Chartreux,* parce que ce fut un char-

treux nommé Simon qui en préconisa le premier les propriétés médicinales. Ce fut en 1720 que le gouvernement
français acheta le secret de sa préparation d'un médecin
nommé la Ligerie. Depuis cette époque, on l'a préparé
par plusieurs procédés.

On peut préparer le kermès soit par la voie humide, soit
par la voie sèche. Par la voie humide, on fait bouillir pendant trente minutes du sulfure d'antimoine pulvérisé, du
carbonate de soude et de l'eau de rivière : puis on filtre
la liqueur et on la laisse refroidir lentement dans des ter-
rines à l'abri du contact de l'air. Au bout de vingt-quatre
heures le kermès est déposé : on le recueille, on le lave
sur un filtre avec de l'eau bouillie et refroidie à l'abri du
contact de l'air, puis on le dessèche à l'étuve. En admettant que le kermès soit un oxysulfure d'antimoine, comme
les expériences de M. Henry semblent le prouver, on
peut facilement expliquer sa formation. Il faut admettre
que le sulfure et le carbonate se partagent chacun en deux
parties; que la première partie du protosulfure réagit sur
une portion de la soude de la première partie de carbonate,
de manière à donner du sulfure de sodium et du protoxyde
d'antimoine, et que la portion du carbonate qui se trouve
ainsi privée d'une partie de sa base passe à l'état de sesquicarbonate : alors la seconde moitié du protosulfure d'antimoine se dissout à chaud à la faveur du sulfure de sodium,
tandis que le protoxyde d'antimoine se dissout également à
chaud, à l'aide de la seconde moitié du carbonate de soude;
c'est ce sulfure et cet oxyde qui, par le refroidissement de
la liqueur, se précipitent et se combinent à l'état naissant
pour former un oxysulfure hydraté, ou le kermès.

Les eaux-mères contenant le sesquicarbonate de soude

et le sulfure de sodium retiennent encore une petite quantité de kermès en dissolution. Versons dans ces eaux un acide,
et nous verrons se former un nouveau précipité jaune
orangé, que l'on connaît sous le nom de soufre doré, et
qui, comme le kermès, jouit de propriétés médicinales
très-importantes ; il est même préféré au kermès dans certains pays, et particulièrement en Angleterre. La formation de ce nouveau composé peut très-bien s'expliquer en
remarquant que l'air fait passer le sulfure de sodium à
l'état de polysulfure, qui peut se décomposer, par les acides,
en acide sulfhydrique et en soufre : mais comme ce soufre
se dépose privé de son dissolvant, en même temps que le
kermès, il s'y unit et forme le soufre doré, qui serait alors
un oxysulfure d'antimoine hydraté et sulfuré.

Préparation
du kermès
par la voie
sèche. Le kermès peut s'obtenir par la voie sèche en broyant
ensemble 2 parties de sulfure d'antimoine et 1 partie
de potasse, faisant fondre le mélange dans un creuset à
une chaleur rouge, puis traitant la masse par l'eau bouillante, qui dissout le kermès et le laisse précipiter en grande
quantité par le refroidissement. Le kermès obtenu par les
deux procédés que nous venons d'indiquer, et par d'autres,
n'est pas toujours identique dans sa composition.

Il est cependant toujours solide, rouge-brun, léger et
velouté. Chauffé dans une cornue, il laisse dégager de l'eau,
du gaz sulfureux, et donne pour résidu un oxyde d'antimoine retenant du soufre. Exposé à l'air, il se décolore et
se décompose. Il est insoluble dans l'eau, soluble à chaud,
surtout dans quelques polysulfures, et dans six ou sept fois
son poids de solution bouillante de potasse caustique. On
met à profit cette dernière propriété du kermès pour distinguer celui qui est pur de celui qui a été mélangé avec

de la brique pilée ou de l'oxyde rouge de fer, etc., matières qui toutes ne sont pas solubles dans la potasse.

Le protosulfure de plomb, qui existe abondamment dans la nature, est connu sous le nom de *galène* dans le commerce. On le trouve cristallisé en cubes ou en lames ; mais le plus souvent il est mêlé à d'autres sulfures tels que ceux d'argent, d'antimoine, de zinc, etc. On sait même que le sulfure de plomb, cristallisé en petites facettes, contient assez d'argent pour qu'on puisse en extraire avantageusement ce dernier métal. Le protosulfure est brillant, moins fusible que le plomb, indécomposable par la chaleur seule ; mais, calciné au contact de l'air, il est transformé en acide sulfureux, en protoxyde et en sulfate de plomb. L'hydrogène et le charbon peuvent le désulfurer à une haute température. On exploite ce sulfure naturel pour en extraire le plomb ; on s'en sert aussi pour vernir les poteries communes ; les ouvriers en poteries saupoudrent de ce corps, qu'ils appellent *alquifoux,* les pièces qu'ils veulent vernir, puis les exposent au feu : le soufre se brûle, tandis que le plomb s'oxyde et forme avec la silice de la terre un silicate de plomb fusible, un véritable verre qui forme vernis sur la surface des vases.

Le plomb peut former avec le soufre un polysulfure qui s'obtient en traitant le polysulfure de potassium par la solution d'un sel de plomb. Il se forme un précipité rouge de polysulfure qui ne tarde pas à se décomposer en soufre ou en protosulfure.

Le cuivre peut se combiner avec le soufre en trois proportions, et donner lieu à un protosulfure CuS, à un bisulfure CuS^2, et à un polysulfure que l'on obtient en

Protosulfure de plomb.

Sulfures de cuivre.

I.23

traitant une dissolution d'un sel de cuivre par le polysulfure de potassium.

Protosulfure de cuivre. Le protosulfure de cuivre existe dans la nature, tantôt
en cristaux dans les mines de cuivre pyriteux, tantôt en
masses assez considérables, pour qu'on puisse l'exploiter
avec avantage ; d'autres fois enfin à l'état de combinaison
avec le sesquisulfure de fer ou avec des arséniures métalliques. On peut le préparer directement en faisant fondre
ensemble le cuivre et le soufre dans un ballon ou un creuset. Ce sulfure est gris de plomb, plus fusible que le cuivre, indécomposable par la chaleur seule, cristallisable en
prismes hexaèdres réguliers, sans action sur l'air et l'oxygène
à la température ordinaire, mais absorbant facilement ce
dernier gaz à l'aide d'une douce chaleur, et se transformant alors en acide sulfureux et sous-sulfate ; si la température est plus élevée, tout le soufre est brûlé, et le résidu
est entièrement formé d'oxyde de cuivre.

Bisulfure de cuivre. Le bisulfure n'existe pas dans la nature comme le précédent. On peut l'obtenir en faisant passer un courant
d'acide sulfhydrique à travers la dissolution d'un sel de
cuivre. Il est noir à l'état d'hydrate, noir verdâtre lorsqu'il est anhydre, et peut perdre une partie de son soufre
lorsqu'on le chauffe dans une cornue.

Sulfures de mercure. Jusque dans ces derniers temps on a cru qu'il existait
deux sulfures de mercure, un protosulfure et un bisul-
fure. Le corps que l'on considérait comme un protosulfure,
et qui porte aussi le nom d'*étiops minéral*, paraît n'être,
d'après les observations récentes d'un pharmacien distingué, de M. Guibourt, qu'un mélange de bisulfure et de
mercure métallique. Une pareille opinion paraît en effet
confirmée par l'expérience suivante : on fait passer un cou-

rant d'acide sulfhydrique dans un sel de protoxyde de mercure ; on obtient alors un protosulfure noir, dont on peut
séparer des globules de mercure par la simple compression.
Mais le sulfure qu'on retire par le même procédé des sels de
mercure bioxydés est homogène, et se trouve dans un état
parfait de combinaison.

Le cinabre existe abondamment dans la nature : ainsi on
le trouve dans la Hongrie, à Idria dans la Carniole, à Almaden en Espagne, au Pérou, au Mexique et surtout en Chine.
C'est de ce dernier pays que nous viennent les plus beaux
cristaux de cinabre; ils ont ordinairement la forme de prismes
hexaèdres réguliers, tandis que presque tous ceux d'Europe
sont rhomboédriques. Nous avons vu, dans l'étude que nous
avons faite du mercure, que c'est du cinabre natif que l'on
retire tout le mercure qui se trouve dans le commerce.

Le cinabre artificiel peut se préparer en faisant fondre une
partie de soufre dans une bassine de fonte, ajoutant peu à
peu quatre parties de mercure et agitant bien la masse ; il y
a combinaison, formation d'un produit violacé qui n'est
autre chose qu'un mélange de soufre et de bisulfure de
mercure. On chauffe ensuite ce produit dans un matras
de verre à long col ; l'excès de soufre brûle ou se dégage,
et le cinabre se sublime et cristallise en aiguilles violettes
dans le fond du matras. En le sublimant de nouveau, on
lui communique une teinte plus belle. Ce composé acquiert une belle couleur rouge lorsqu'il est pulvérisé ; on
le connaît alors sous le nom de *vermillon*.

Le vermillon le plus estimé nous vient de la Chine. Cependant on est parvenu depuis plusieurs années à en fabriquer de très-beau en France ; en combinant cinq parties
de mercure avec une de soufre par le moyen d'une petite

23..

quantité de potasse caustique en dissolution. Le mélange doit être trituré dans une terrine de grès chauffée. Lorsque la combinaison est opérée, on ajoute à la masse deux parties de potasse dissoutes dans deux parties d'eau, et on chauffe doucement en remuant sans cesse et en ajoutant de l'eau à mesure qu'elle s'évapore. Au bout de deux heures, la masse devient rouge; on cesse alors d'ajouter de l'eau, mais on continue à chauffer et à remuer jusqu'à ce que la masse se prenne en gelée. Il ne reste alors plus qu'à laver le vermillon par décantation.

Le bisulfure de mercure est noir à l'état anhydre, lorsqu'on l'a précipité d'un bisel de mercure; il est rouge-violet lorsqu'il a été préparé par sublimation et qu'il est en masse, et rouge éclatant lorsqu'il est réduit en poudre très-fine. Lorsqu'on le chauffe jusqu'au rouge-brun en vases clos, il se sublime sans décomposition en aiguilles cristallines; mais il se décompose à une température plus élevée. Chauffé au contact de l'air, il donne de l'acide sulfureux et du mercure métallique. Le fer, les alcalis et la plupart des métaux le décomposent à une température suffisamment élevée, et s'emparent du soufre.

Sulfure d'argent. L'argent a une très-grande tendance à se combiner avec le soufre, surtout à l'état humide. On sait en effet qu'il s'y combine toutes les fois qu'il est en contact avec des émanations sulfureuses : ainsi il noircit dans les fosses d'aisance ou près des eaux sulfureuses. Dans ces circonstances, l'argent décompose le gaz acide sulfhydrique, et donne naissance à du sulfure d'argent. Le même effet se produit lorsqu'on fait cuire des œufs dans des plats d'argent, ou lorsqu'on met ces œufs en contact avec des cuillères ou des fourchettes de ce métal. Le soufre, qui fait partie constituante de ces œufs, se combine à l'argent, et forme un sulfure qui noircit la surface du métal.

On conçoit très-bien, d'après ces remarques, que l'on puisse facilement allier directement l'argent au soufre et produire du sulfure d'argent ; il peut aussi très-bien se pré- parer en faisant passer un courant de gaz sulfhydrique dans une solution d'azotate d'argent. Le sulfure se précipite alors en flocons noirs. Mais le sulfure naturel ou celui qui est préparé par la fusion du soufre et de l'argent est gris noirâtre, ductile, plus fusible que l'argent, décomposable à une température élevée en soufre et en argent, sans ac- tion sur l'oxygène à la température ordinaire, absorbant ce gaz à l'aide de la chaleur, et se transformant alors en gaz acide sulfureux et en argent métallique.

Le sulfure d'argent existe assez abondamment dans la nature, et c'est de ce composé que l'on extrait la plus grande partie de l'argent qui est en circulation ; mais il est presque toujours mélangé au sulfure de plomb.

Dans l'histoire des corps simples non métalliques, nous n'avons pas étudié le sélénium, parce qu'il offre peu d'intérêt par lui-même, et ensuite parce qu'il est sans application dans les arts. Cependant, si on le considère sous le point de vue théorique, il acquiert quelque impor- tance, car les combinaisons qu'il forme avec les autres corps ont une grande analogie avec les composés corres- pondants du soufre ; c'est ainsi qu'il existe un acide sélén- hydrique analogue à l'acide sulfhydrique, qui a une odeur fétide, qui est très-délétère, qui a la même composition que l'acide sulfhydrique et qui se prépare d'une manière analogue, c'est-à-dire en traitant un séléniure par l'acide sulfurique étendu d'eau. Les séléniures eux-mêmes ressem-

Séléniures.

blent tellement aux sulfures, qu'il serait possible de leur faire l'application de ce qui a été dit au sujet des sulfures. Les séléniures connus ne sont pas aussi nombreux que les sulfures. Comme l'acide sélenhydrique contient, de même que l'acide sulfhydrique, un volume d'hydrogène égal au sien; comme d'ailleurs les séléniures ont une très-grande analogie avec les sulfures, on a été conduit à représenter l'acide sélenhydrique par la formule H^2Se, et les séléniures par des formules analogues à celles des sulfures.

CHLORURES, BROMURES ET IODURES MÉTALLIQUES.

Chlorures.

La nature nous offre les chlorures avec presque autant d'abondance que les oxydes et les sulfures, car on compte huit chlorures naturels, qui sont : les chlorures de sodium, de potassium, de calcium, de magnésium, de plomb, le bichlorure de cuivre, le protochlorure de mercure et celui d'arsenic, si l'on veut placer ce corps au nombre des métaux. Leurs propriétés physiques sont assez variables ; ainsi, les uns sont liquides à la température ordinaire : tels sont les perchlorures d'étain, de manganèse, de chrome, d'antimoine, etc., et le protochlorure d'arsenic ; tous les autres sont solides.

Action de la chaleur sur les chlorures. Quand on soumet les chlorures à l'action de la chaleur, ils ne se comportent pas tous de la même manière, ce que l'on peut facilement concevoir, puisque les uns sont solides à la température ordinaire, tandis que les autres sont liquides.

Parmi les chlorures solides, il y en a un certain nombre qui peuvent se liquéfier par la chaleur ; les autres restent infusibles. Quelques-uns de ceux qui sont fusibles peuvent même se volatiliser par une température suffisamment élevée. Il y a des chlorures liquides qui sont tellement volatils que, lorsqu'on les prépare, on est obligé de les recueillir dans des récipients entourés de glace ; les perchlorures de manganèse et de chrome sont dans ce cas.

Dans l'étude du chlore, nous avons démontré que ce corps avait une très-grande affinité pour les métaux ; nous avons vu que presque tous les métaux faiblement chauffés pouvaient brûler dans le chlore, avec un grand dégagement de chaleur et de lumière, et que l'antimoine pouvait même y brûler à la température ordinaire. L'action du chlore sur les oxydes nous montre que ce métalloïde a une affinité du même ordre de grandeur pour les métaux que celle de l'oxygène, puisqu'il parvient à décomposer, sans l'intervention de l'eau, plusieurs oxydes, et les oxydes alcalins, en favorisant son action par celle de l'eau. De tout ce qui vient d'être rappelé, on doit conclure qu'il n'y a qu'un petit nombre de chlorures capables d'être décomposés complétement par l'action de la chaleur : ce sont les chlorures d'or, de platine, de rhodium. Mais quelques autres peuvent perdre une partie de leur chlore et passer à un degré inférieur de chloruration.

L'eau dissout, à la température ordinaire, tous les chlorures, excepté les protochlorures de cuivre, d'argent, de mercure, d'or et de platine. Celui d'argent est tellement insoluble, que l'on met avantageusement cette propriété à profit pour découvrir soit le chlore libre ou combiné, soit l'argent, dans des liqueurs qui n'en renferment que des traces. Ainsi, avec l'azotate d'argent on peut constater la présence de $\frac{1}{5000}$ d'acide chlorhydrique dans une liqueur incolore.

Action de l'eau sur les chlorures.

Quelques chlorures, comme le sesquichlorure de manganèse, peuvent perdre du chlore par l'action de l'eau, et passer à l'état de protochlorure ; plusieurs décomposent l'eau à la température ordinaire en se décomposant eux-mêmes ; tels sont les perchlorures de manganèse, de chrome, le protochlorure d'arsenic, qui donnent naissance à de l'acide chlorhydrique et à un acide métallique. Les chlorures d'antimoine, de bismuth, de tellure, décomposent aussi l'eau et forment des oxychlorures insolubles et des chlorhydrates de chlorures solubles.

Action des alcalis et des acides sur les chlorures. La potasse et la soude en solution décomposent généralement tous les chlorures des cinq dernières sections, ainsi que ceux de barium, de strontium et de calcium ; il se produit un chlorure de potassium ou de sodium soluble, et un nouvel oxyde presque toujours insoluble. La chaux, la baryte, la strontiane, la magnésie et l'ammoniaque exercent une action semblable sur les chlorures des cinq dernières sections. L'acide sulfurique concentré décompose, à la température ordinaire, les chlorures des trois premières sections, et en dégage de l'acide chlorhydrique par suite de la décomposition de l'eau que contient l'acide.

La formule suivante indique la réaction de l'acide sulfurique sur un chlorure quelconque dont le radical métallique est représenté par R :

$$\mathrm{Ch^2R + SO^3, H^2O = SO^3RO + H^2Ch^2.}$$

Les acides phosphorique et arsénique agissent de la même manière, à l'aide de la chaleur. L'acide azotique dégage aussi l'acide chlorhydrique des chlorures dont les métaux peuvent décomposer l'eau ; mais, à mesure que l'acide chlorhydrique se dégage , il réagit sur l'acide azotique , le décompose en se décomposant lui-même , et donne naissance à de l'eau , à de l'acide hypoazotique et à du chlore qui reste en solution; en un mot, l'acide azotique produit ici un effet semblable à celui qui survient pendant la préparation de l'eau régale.

Il n'y a pas encore un bien grand nombre d'années que les chlorures étaient considérés comme des chlorhydrates. On était évidemment porté à adopter une pareille théorie quand on voyait l'acide sulfurique et d'autres acides dégager l'acide chlorhydrique de ces chlorures, qui d'ailleurs jouissent au suprême degré des propriétés des sels.

Mais depuis que les chlorures ont pu être formés directement par la combinaison du métal et de l'oxygène et qu'il a été reconnu que ces chlorures avaient des propriétés identiques à celles des chlorures naturels ou obtenus par l'action de l'acide chlorhydrique sur les oxydes, on a dû revenir sur l'idée des chlorhydrates et adopter celle des chlorures, comme plus en rapport avec les faits. Ainsi, d'après la théorie nouvelle généralement adoptée aujourd'hui par les chimistes, l'acide chlorhydrique n'existerait pas tout formé dans les chlorures dissous ou hydratés, mais serait le résultat de la décomposition de l'eau quand ces chlorures se trouvent en présence d'un acide.

Lorsque l'acide chlorhydrique est mis en présence d'un oxyde, il résulte aussi de cette théorie que ces deux composés binaires ne s'unissent pas de toutes pièces, mais qu'ils se décomposent mutuellement pour donner naissance, sans dégagement gazeux, à un chlorure et à de l'eau, comme cela est indiqué par l'équation

$$H^2 Ch^2 + RO = Ch^2 R + H^2O.$$

On voit très-bien par cette réaction que l'équivalent du radical métallique qui était combiné avec l'équivalent d'oxygène O, l'a abandonné pour s'emparer de l'équivalent Ch^2 de chlore. Connaissant alors la composition des oxydes métalliques, il est possible d'en déduire celle des chlorures correspondants; il suffira seulement de remplacer les équivalents d'oxygène par un même nombre d'équivalents de chlore.

Préparation des chlorures. Les chlorures peuvent être préparés par plusieurs procédés faciles à concevoir, d'après l'histoire générale que nous venons de faire de ces corps. D'abord on peut les préparer directement en unissant le chlore gazeux au métal, ou bien en faisant agir l'acide chlorhydrique sur les oxydes métalliques. Par ces deux procédés tous les chlorures peuvent être préparés. Quelquefois on fait simplement agir l'acide chlorhydrique sur le métal : l'acide est décomposé; son chlore s'unit au métal, tandis que l'hydrogène se dégage. On peut ainsi obtenir les protochlorures d'étain, de fer et le chlorure de zinc. Quelques autres, tels que les chlorures d'or, de platine, de palladium, de bismuth, le bichlorure d'étain, le protochlorure d'antimoine, s'obtiennent en dissolvant le métal dans l'eau régale. Le procédé suivant est particulièrement applicable aux chlorures volatils : on traite le métal par le bichlorure de mercure, qui est un très-bon chlorurant, dans un petit appareil distillatoire; ou bien on fait passer un courant de chlore sur les oxydes de ces métaux mêlés avec un peu de charbon, et chauffés dans un tube de porcelaine muni d'une allonge et d'un récipient. Enfin nous dirons que les chlorures d'argent et de mercure peuvent s'obtenir par voie de double décomposition, et que les chlorures de barium, de strontium et le protochlorure d'antimoine peuvent s'obtenir en traitant les sulfures de ces métaux par l'acide chlorhydrique ; il se forme alors de l'acide sulfhydrique en même temps que le chlorure.

Tous les chlorures solubles précipitent la solution d'azotate d'argent en flocons blancs, caillebottés, insolubles dans tous les acides, mais solubles dans l'ammoniaque. On peut encore ajouter à ce caractère, que les chlorures des trois premières sections sont décomposés avec effervescence par l'acide sulfurique concentré , qui produit un sulfate et de l'acide chlorhydrique reconnaissable à son odeur. *Caractères distinctifs des chlorures.*

Le chlorure de potassium est presque sans usage aujourd'hui ; il existe dans les matériaux salpêtrés, dans les végétaux, et se trouve aussi dans les potasses et les soudes du commerce. On peut le préparer avec le carbonate de potasse, en traitant ce sel par l'acide chlorhydrique ; on peut aussi unir le chlore au métal. Il est solide, blanc, d'une saveur piquante et amère, très-soluble dans l'eau froide, et décrépite quand on chauffe ses cristaux. *Chlorure de potassium.*

Si l'histoire du chlorure de potassium offre peu d'intérêt, il n'en est pas de même de celle du chlorure de sodium ; car c'est un composé que la nature nous offre en abondance, et dont la consommation, comme matière de première nécessité, est considérable dans les deux mondes. Ce chlorure, au lieu d'avoir une saveur amère comme le précédent, en possède une au contraire très-agréable, qui plaît non-seulement à l'homme, mais à presque tous les animaux. Voilà pourquoi il est employé dans nos cuisines pour donner de la sapidité à nos mets, et pourquoi aussi l'agriculture réclame vivement la diminution du prix de cette matière, afin de pouvoir en donner aux bêtes à cornes, qui en sont très-friandes, et dont la digestion est *Chlorure de sodium ou sel marin.*

singulièrement facilitée par ce sel. Il est encore employé dans les arts pour saler et conserver les viandes, pour fabriquer la soude artificielle, le sel ammoniac, le chlore et l'acide chlorhydrique.

Propriétés du chlorure de sodium. — Le sel marin est, comme tout le monde le sait, inaltérable à l'air. Quand on l'expose à l'action de la chaleur, il commence par décrépiter avec violence, puis entre en fusion au-dessus de la chaleur rouge, sans éprouver de décomposition : mais si la fusion s'opère en vases ouverts, on pourra remarquer qu'il répand, à une haute température, des vapeurs épaisses, par suite de sa volatilisation. Il est assez soluble dans l'eau, car 100 parties d'eau froide à 15° en dissolvent 35 parties ; dans l'eau bouillante il se dissout un peu plus. Les cristaux que l'on peut obtenir par le refroidissement d'une solution concentrée de sel marin ne contiennent pas d'eau de cristallisation, mais simplement de l'eau interposée entre les molécules.

État naturel et préparation du chlorure de sodium. — Le chlorure de sodium existe, comme nous l'avons déjà dit, abondamment dans la nature ; on le trouve tantôt à l'état solide sous forme de couches considérables, tantôt à l'état liquide et dissous dans certaines eaux. Sous le premier état, il porte le nom de sel gemme et constitue des mines abondantes en Europe, dont les principales sont celles de Pologne, de Hongrie, de Transylvanie, d'Angleterre, d'Espagne et celles du Vic en France. A l'état liquide, il se rencontre pour la trentième partie dans l'eau de la mer, et dans un grand nombre de sources salées, qui en contiennent des proportions beaucoup plus grandes.

Extraction du sel marin des eaux de la mer. — Dans une industrie, dans une exploitation quelconque, il faut toujours adapter les procédés aux lieux et aux circonstances, afin de tirer parti des ressources qui peuvent venir de ces lieux et de ces circonstances. Aussi ne suit-on pas les mêmes procédés pour extraire le sel dans les contrées méridionales dont le sol est fortement chauffé, et dans les pays dont la température est plus basse. Dans le midi de l'Europe, on creuse sur le rivage de la mer des bassins très-larges et peu profonds, qui portent le nom de *marais salants* et que l'on tapisse d'argile : on fait arriver l'eau de la mer dans ces marais salants, et on l'abandonne à elle-même. Par suite de l'évaporation lente qui a lieu, le sel cristallise et se précipite au fond des bassins. Lorsque le sel est cristallisé, on le retire, et on en forme des tas que l'on abandonne plusieurs mois, à peu de distance des bassins, afin de les laisser égoutter et de les priver des sels déliquescents qu'ils peuvent contenir. Le sel obtenu par ce procédé est ordinairement coloré en gris par un peu d'argile qui est interposé entre ses cristaux, et dont on peut le débarrasser par dissolution, filtration, évaporation et cristallisation.

Sur les bords de l'Océan, on forme avec du sable une espèce d'aire bien unie qui est baignée par l'eau de la mer pendant les hautes marées. Lorsque l'eau se retire, le sable se dessèche et se trouve recouvert d'efflorescences salines qui sont recueillies, et que l'on fait ensuite dissoudre dans de l'eau salée puisée à la mer. Par ce moyen, cette dernière eau se trouve plus concentrée, et fournit facilement des cristaux de sel blanc, quand on la fait évaporer dans des bassins de plomb que l'on chauffe avec précaution. Dans certains pays, et particulièrement en Russie, on profite du froid pour concentrer les eaux de la mer. On se fonde sur cette propriété, que l'eau chargée de sel ne peut se congeler que bien au-dessous de zéro. Si donc

Extraction du sel sur les bords de l'Océan.

on expose à l'action du froid une eau chargée de sel, les portions qui se congèlent les premières abandonnent les sels qu'elles contiennent à celles qui restent liquides, et qui, de cette façon, se trouvent plus concentrées. Il suffit alors de chauffer celles-ci pour obtenir du sel cristallisé.

Extraction du sel des sources salées peu riches en sel. Dans les climats tempérés, où les eaux sont peu riches en sel, on suit un procédé plus compliqué et très-curieux. On construit de grands et longs bâtiments orientés de telle sorte qu'ils offrent leurs flancs aux vents régnants du pays où ils se trouvent : ces bâtiments, auxquels on ménage le plus grand nombre d'ouvertures pour que l'air puisse s'y engouffrer facilement, ont leurs faces recouvertes de fagots d'épines dans toute leur étendue, et c'est sur ces fagots, formant des couches verticales, qu'on fait tomber l'eau salée par le moyen de rigoles placées à la partie supérieure du bâtiment. L'eau de la source est amenée dans ces rigoles par un système de pompes mues par un courant d'eau, ou par une machine à vapeur. L'eau salée, en passant à travers ces fagots, se divise en gouttelettes, en une pluie fine qui se concentre par l'évaporation dans l'air d'une partie de l'eau, et qui arrive petit à petit dans un réservoir situé à la partie inférieure ; comme cette eau n'est pas suffisamment concentrée, on la fait passer de nouveau plusieurs fois, jusqu'à ce qu'elle contienne 25 centièmes de sel. Cette eau est de nouveau concentrée dans des chaudières de fer, puis on la laisse refroidir pour faire cristalliser le sel.

Nous terminerons ce que nous avons à dire sur le sel marin en remarquant que l'exploitation du sel gemme est très-facile, car il suffit, dans les mines où il se trouve, de le retirer de la mine en blocs, et de le broyer pour le

verser dans le commerce. Lorsqu'il est impur, on le ré-
serve pour les arts chimiques, ou bien on le purifie par
dissolution et cristallisation.

Le chlorure de calcium est fréquemment employé dans
les laboratoires afin de dessécher les gaz. Il est solide,
demi-transparent, d'une saveur âcre, piquante et amère,
fusible à la température rouge; il tombe rapidement en
deliquium quand on l'abandonne à l'air : il est soluble
dans la moitié de son poids d'eau à o°, et dans le quart de
son poids à 15°. Ce chlorure existe naturellement dans les
eaux de certaines fontaines, et surtout dans les matériaux
salpêtrés; on le prépare en traitant la chaux, ou, plus
économiquement encore, le carbonate de chaux par l'acide
chlorhydrique, faisant évaporer la liqueur et exposant le
résidu solide à une chaleur rouge : quand il est fondu, on
le coule en plaques, que l'on casse en petits morceaux qui
doivent être conservés dans des flacons bien bouchés.

Chlorure de calcium.

La nature du composé qu'on appelle chlorure de chaux
n'est pas encore bien déterminée. Depuis les travaux de
M. Balard sur l'acide hypochloreux et les hypochlorites,
il a été généralement considéré comme un mélange d'hypochlorite de chaux et de chlorure de chaux; mais il
paraîtrait que telle n'est pas sa composition véritable,
d'après des expériences entreprises dans ces derniers temps.
Sans vouloir nous prononcer pour l'une ou l'autre opinion,
nous allons indiquer ses principales propriétés et les
moyens de le préparer. Quand on veut l'obtenir à l'état
liquide, il suffit de faire arriver le chlore dans un lait de
chaux. Mais c'est ordinairement à l'état solide qu'il est
préparé en grand pour les besoins du commerce. On place
de la chaux hydratée sur des planches percées de trous et

Chlorure de chaux.

placées les unes au-dessus des autres dans de grandes
caisses en bois; le chlore est amené à la partie inférieure de ces caisses, déplace peu à peu l'air qui se dégage
par une ouverture ménagée à la partie supérieure, et se
combine promptement avec la chaux. L'opération est
terminée lorsque l'odeur du chlore se fait sentir à l'orifice
supérieur de la caisse. Si l'on admet que le produit formé
soit un mélange de chlorure et d'hypochlorite, on peut
facilement expliquer ce qui se passe dans cette opération,
en imaginant qu'une partie de la chaux soit décomposée
de manière que son calcium forme du chlorure avec une
partie du chlore, tandis que son oxygène acidifierait une
autre portion de chlore, et produirait de l'acide hypochloreux qui s'unirait à la chaux non décomposée.

Dans le commerce et les arts, on reconnaît que la chaux
a été convenablement saturée de chlore lorsqu'une partie
du chlorure de chaux en solution dans 130 parties d'eau
décolore quatre parties et demie de sulfate d'indigo.

Propriétés
du chlorure
de chaux.

Le composé que l'on désigne sous le nom de chlorure
de chaux sert principalement dans le blanchiment des
toiles ; il est aussi employé pour détruire les miasmes putrides qui peuvent exister dans l'air, pour désinfecter les
fosses d'aisance, et pour une foule d'autres usages. Il est
solide, blanc, pulvérulent et soluble dans l'eau; il a une
odeur qui est celle du chlore exposé à l'air ; il attire l'humidité de l'air, et finit par tomber en deliquium, en se transformant en chlorure de calcium. La solution de ce composé répand aussi une odeur de chlore; exposée à l'air,
elle en absorbe l'acide carbonique, laisse dégager du chlore,
et finit par se décomposer. Enfin son action sur les matières colorantes est analogue à celle du chlore.

On distingue trois chlorures de manganèse : un proto- Chlorures de manganèse. chlorure qui est blanc, d'une saveur styptique, très-soluble dans l'eau et l'alcool, déliquescent, que l'on peut facilement préparer, et qui correspond au protoxyde de manganèse ; puis un sesquichlorure et un perchlorure Mn^2O^4 correspondant à l'acide manganésique. Le sesquichlorure se décompose, par l'ébullition, en chlore qui se dégage et en protochlorure. Le perchlorure de manganèse se prépare en traitant un mélange de manganésiate de potasse, d'acide sulfurique et de sel marin dans une cornue qui correspond par un allonge à un ballon tubulé et entouré de glace. L'acide sulfurique dégage les acides des deux sels, et de la réaction de ces acides il résulte de l'eau et du chlorure de manganèse qui se volatilisent sous forme de vapeurs violacées, lesquelles viennent se condenser dans le récipient en un liquide olivâtre. Cependant M. Persoz et d'autres chimistes prétendent que ce liquide ne constitue pas du perchlorure de manganèse.

Le fer et le chlore peuvent se combiner en deux proportions et former un protochlorure Ch^2Fe, et un sesquichlorure Ch^6Fe^2, l'un correspondant au protoxyde de fer, et l'autre au sesquioxyde. Le protochlorure peut s'obtenir directement, ou bien encore en traitant la limaille de fer par l'acide chlorhydrique. Ce chlorure est solide, d'un vert pâle, d'une saveur styptique, très-soluble dans l'eau, plus à chaud qu'à froid, et peut cristalliser en octaèdres d'un vert pâle. Ce qui le caractérise, c'est qu'abandonné à l'air, il en absorbe lentement l'oxygène pour former un composé de chlorure et de sesquioxyde de fer rougeâtre et insoluble. Chauffé au contact de l'air, il est complétement décomposé, laisse dégager son chlore et se transforme en sesquioxyde ; mais si on le chauffe dans une cornue, à l'abri de l'air, il ne se décomposera pas, quelqu'intense que sera la chaleur, et se sublimera en petites paillettes blanches.

Sesquichlorure.

Le sesquichlorure de fer anhydre peut se préparer en faisant passer un excès de chlore sec sur de la tournure de fer portée à une température inférieure au rouge dans un tube à porcelaine. Les vapeurs de sesquichlorure qui sont alors formées se condensent dans la partie froide du tube en paillettes d'un bleu violet. On peut encore l'obtenir, mais anhydre, en dissolvant le sesquioxyde de fer dans l'acide chlorhydrique, puis évaporant la liqueur jusqu'en consistance sirupeuse : par le refroidissement de beaux cristaux rouges et très-déliquescents se déposent. Ce composé est très-soluble dans l'eau, un peu dans l'éther et l'alcool. Il peut s'unir au sesquioxyde de fer et former un composé rougeâtre presque insoluble. Lorsqu'on calcine le sesquichlorure hydraté, l'eau se décompose en partie, et de cette décomposition il résulte de l'acide chlorhydrique qui se dégage et du sesquioxyde de fer qui peut cristalliser. Une partie de sesquichlorure échappe à la décomposition, et se sublime en paillettes violacées.

Chlorure de zinc.

Le chlorure de zinc, qui est employé dans la médecine, et qu'on désignait autrefois sous le nom de *beurre de zinc*, est blanc, styptique, fusible, volatil au-dessus de la chaleur rouge, déliquescent et très-soluble dans l'eau. On peut l'obtenir directement en faisant brûler le métal chauffé dans le chlore, ou bien en traitant le zinc par l'acide chlorhydrique dans une cornue qui correspond avec un récipient où le chlorure en vapeur va se condenser.

Protochlorure d'étain.

On connaît deux chlorures d'étain : un protochlorure et

un bichlorure. L'histoire du protochlorure est très-importante, car ce corps est employé comme mordant dans la
fabrication des toiles peintes; de plus il sert dans les ma-
nufactures de porcelaine, pour la préparation du pourpre
de *Cassius*, qui n'est autre chose que du chlorure d'or.

On peut préparer le protochlorure d'étain en traitant la
grenaille d'étain par l'acide chlorhydrique, et laissant refroidir la liqueur dans un flacon bouché; elle laisse alors
déposer des cristaux aiguillés en prismes incolores qui doivent être conservés à l'abri de l'air. Si l'on veut les priver
d'eau, il faut les chauffer dans une cornue; l'eau se dégage d'abord, puis le protochlorure se volatilise à la chaleur rouge. Il y a toujours une portion d'eau et de chlorure
décomposée, et par suite formation d'acide chlorhydrique
et de bioxyde d'étain. Ce chlorure anhydre peut aussi
s'obtenir en faisant passer du gaz chlorhydrique sur de la
grenaille d'étain, ou bien encore en chlorurant l'étain à la
température rouge, dans une cornue de verre, par un poids
égal de bichlorure de mercure que l'on peut considérer
comme une source de chlore. Il reste un amalgame d'où
le mercure peut toujours être retiré. A une température
plus basse, et avec une plus grande proportion de bichlorure de mercure, il se serait formé du bichlorure d'étain.

Le protochlorure d'étain est cristallisable, très-styptique et très-soluble dans l'eau. La solution de chlorure
d'étain offre une circonstance remarquable lorsqu'elle est
abandonnée à l'air; elle se trouble peu à peu par suite de
la formation d'un oxychlorure, formé de bioxyde d'étain
et de bichlorure du même métal. L'acide azotique produit
le même effet, mais plus rapidement, lorsqu'on le verse
dans la solution de protochlorure; il se forme en même

temps du bioxyde d'azote. L'acide sulfureux agit encore de la même manière par son oxygène ; son soufre se précipite. On voit par ces réactions que le protochlorure agit comme un énergique désoxydant ; en général il est capable de désoxyder plus ou moins complétement la plupart des corps qui sont à leur maximum d'oxygénation ou qui sont très-oxygénés, en se transformant en un oxychlorure d'étain. Ç'est ainsi qu'il transforme le bioxyde de plomb en minium, le bioxyde de cuivre en protoxyde ; c'est ainsi qu'il ramène les sels de fer et de cuivre au maximum, à l'état de sels au minimum, l'acide arsénique à l'état d'acide arsénieux. Il réduit aussi les oxydes d'or, d'argent, de platine, de mercure.

Action déchlorurante du protochlorure. Le chlore fait promptement passer le protochlorure à l'état de bichlorure ; aussi ce protochlorure d'étain en dissolution jouit-il de la propriété d'enlever le chlore à plusieurs chlorures, comme les chlorures d'or, d'argent, de mercure, etc. ; il agit alors comme déchlorurant. L'explication de l'action désoxygénante de ce composé est très-simple : lorsqu'il agit sur des corps très-oxydés, il abandonne la moitié de son étain et passe à l'état de bichlorure ; alors la portion d'étain mise à nu se combine elle-même avec l'oxygène des corps oxydés, et passe à l'état de bioxyde qui s'unit au bichlorure. Cet effet est donc dû tout à la fois à la grande tendance du protochlorure à se transformer en bichlorure, à l'affinité de l'oxygène pour l'étain et à l'insolubilité du composé qui tend à se produire.

Bichlorure d'étain ou liqueur fumante de Libavius. Dans l'histoire du protochlorure d'étain, nous avons vu le bichlorure prendre naissance quand on faisait passer du chlore à travers une dissolution de protochlorure. Pour l'avoir anhydre, il faut pulvériser un amalgame d'étain,

formé d'une partie de mercure et de trois parties d'é-
tain, puis mélanger cet amalgame avec trois parties de bichlorure de mercure, et le distiller dans une cornue munie
d'un ballon que l'on a soin de refroidir. L'étain s'empare
du chlore et forme un bichlorure qui se volatilise en produisant des vapeurs épaisses, tandis que le mercure se
trouve dans la cornue amalgamé avec le reste de l'étain.

Le bichlorure d'étain hydraté est blanc, cristallisé en
aiguilles, ne fume pas, peut facilement se décomposer,
sous l'influence de la chaleur, en eau, en acide chlorhydrique, en chlorure anhydre et en bioxyde d'étain. Quand
le bichlorure est anhydre, il est liquide, transparent, très-
volatil et répand à l'air des vapeurs épaisses qui s'unissent
à la vapeur d'eau et produisent une fumée piquante et
caustique. Versé dans une petite quantité d'eau, il s'y
combine avec bruit, cristallise en passant à l'état d'hydrate, et perd la propriété de fumer à l'air; si la quantité
d'eau est plus grande, il s'y dissout entièrement.

Le protochlorure d'antimoine Sb^2Ch^6, nommé encore *Protochlo-*
beurre d'antimoine, est un caustique très-énergique qui *rure d'anti-*
agit promptement, et qu'on emploie surtout pour cauté- *moine.*
riser les plaies étroites et sinueuses, comme celles qui résultent de la morsure des animaux enragés et des serpents.
On peut le préparer en traitant le sulfure d'antimoine par
l'acide chlorhydrique, évaporant la liqueur dans une
cornue jusqu'à ce qu'elle ne distille plus d'eau, puis élevant la chaleur pour volatiliser le chlorure, qu'on peut recueillir dans un ballon qui communique avec la cornue.
On peut aussi, dans un appareil semblable, chlorurer
l'antimoine au moyen d'un poids triple de bichlorure de
mercure ou sublimé corrosif.

Le protochlorure d'antimoine est blanc, demi-transparent, solide à la température ordinaire, fusible au-dessous de 100°, et susceptible de prendre, avant de fondre, un aspect butyrique. Il est soluble dans l'acide chlorhydrique et se volatilise sans décomposition quand on le chauffe au-dessous du rouge. Abandonné au contact de l'air, il en attire l'humidité et se résout en un liquide très-caustique, qui, traité par une suffisante quantité d'eau, se décompose et laisse précipiter une poudre blanche que l'on employait autrefois en médecine sous le nom de poudre d'*Algaroth,* et qui n'est que de l'oxychlorure d'antimoine.

Perchlorure d'antimoine. Il existe un perchlorure d'antimoine Sb^2Ch^{10} sans usages, qui est liquide, jaunâtre, volatil, d'une odeur piquante et désagréable, qui répand d'abondantes vapeurs blanches au contact de l'air, et qui fait entendre un petit sifflement lorsqu'on le verse dans l'eau; il résulte de l'acide chlorhydrique et de l'acide antimonique par suite de sa décomposition et de celle de l'eau.

Protochlorure de plomb. Le protochlorure de plomb peut s'obtenir en traitant la litharge pulvérisée par l'acide chlorhydrique, ou l'azotate de plomb par une dissolution de chlorure de sodium. On le désignait autrefois sous le nom de *plomb corné.* Il est blanc, demi-transparent, inaltérable à l'air, fusible et volatil.

Oxychlorure de plomb. On peut obtenir un oxychlorure de plomb........ $2PbO$, $PbCh^2$, $3H^2O$, en traitant par l'ammoniaque la solution bouillante de chlorure de plomb. On peut encore obtenir un oxychlorure employé en peinture, et connu dans cet art sous les noms de *jaune de Naples, jaune de Cassel, jaune minéral, jaune de Paris,* en fondant du chlorhydrate d'ammoniaque avec quatre fois au moins, et onze fois au plus, son poids de minium. La nature nous offre aussi un minéral formé de 1 équivalent d'oxyde et de 1 équivalent de chlorure qui est cristallisé, incolore et très-fusible.

Il existe un oxychlorure de cuivre et deux chlorures, qui sont un protochlorure et un bichlorure. — Chlorures de cuivre

Le protochlorure de cuivre peut s'obtenir en chauffant à l'abri du contact de l'air le bichlorure du même métal, ou bien en chlorurant le métal par le bichlorure de cuivre, ou bien encore en faisant dissoudre le cuivre en limaille dans le bichlorure de cuivre. Ce protochlorure est solide, d'une couleur jaune clair, facilement fusible au-dessous de la chaleur rouge. Exposé au contact de l'air, il prend la couleur verte et se transforme en oxychlorure. Il est insoluble dans l'eau pure et soluble au contraire dans l'acide chlorhydrique et l'ammoniaque. La dissolution acide est décomposée par l'eau, qui en précipite le protochlorure en poudre blanche. Sa dissolution ammoniacale est incolore, tant qu'elle est à l'abri du contact de l'air ; mais elle bleuit rapidement dans le cas contraire, par suite de la formation d'une certaine quantité de bichlorure. Lorsqu'on lave ce corps à plusieurs reprises, il est décomposé en acide chlorhydrique et en protoxyde de cuivre. La potasse le décompose aussi et le transforme en protoxyde de cuivre et en chlorure de potassium.

Le bichlorure de cuivre, que l'on peut obtenir en faisant dissoudre le bioxyde de cuivre dans l'acide chlorhydrique, ou bien en traitant la limaille de cuivre par l'eau régale bouillante, est solide, jaune brunâtre et très-soluble dans l'eau ; il est capable de communiquer à ce — Bichlorure de cuivre.

liquide une couleur bleue ou verte, suivant la concentration de la solution. Le feu le décompose en chlore qui se dégage et en protochlorure.

Bioxychlorure de cuivre.

On rencontre dans la nature de l'oxychlorure de cuivre qui est pulvérulent, d'un beau vert, qui porte le nom de *sable vert du Pérou*, et dont la composition est représentée par la formule $CuCh^2, 3CuO + 4H^2O$. Lorsqu'on l'expose à une légère calcination, il devient anhydre et prend une couleur brune. L'oxychlorure qu'on emploie dans la peinture se prépare en humectant de temps en temps avec de l'acide chlorhydrique ou avec une dissolution de sel ammoniac des planures minces de cuivre, puis les abandonnant au contact de l'air, et enlevant l'oxychlorure dès qu'il s'est formé en quantité suffisante.

Protochlorure de mercure.

Le mercure peut s'unir au chlore en deux proportions, et former deux composés dont l'étude est très-importante, car la médecine en fait un très-grand usage. Le protochlorure a été et se trouve encore désigné sous les noms de *calomel, calomelas, sublimé doux, mercure doux, panacée mercurielle; précipité blanc*. On peut le préparer en versant une solution de chlorure de sodium dans une solution faible d'azotate de mercure; il en résulte, par une double décomposition, de l'azotate de soude et du protochlorure de mercure qui se précipite en flocons blancs. Quand il a été ainsi préparé, il porte le nom de précipité blanc. Un second procédé consiste à broyer dans un mortier 17 parties de bichlorure de mercure et 13 de mercure métallique, puis à sublimer le mélange dans un matras. L'un des équivalents de chlore du bichlorure se porte sur le mercure métallique et le chlorure, de telle sorte que toute la masse est transformée en protochlorure.

Afin que la réaction soit complète, on pulvérise le résidu et on le sublime une seconde fois. Mais, pour que
le sublimé doux, qui est insoluble, ne soit pas souillé
par une petite quantité de bichlorure qui pourrait en
rendre l'usage dangereux, on lave la masse, ce qui enlève le bichlorure soluble. Un troisième procédé est
encore souvent employé; il consiste à mélanger le sulfate de protoxyde de mercure avec les $\frac{3}{5}$ de son poids de
sel marin décrépité et pulvérisé, et à sublimer le tout
dans un matras. Il résulte de la réaction qui s'opère du
sulfate de soude fixe au feu et du protochlorure de mercure.

Le protochlorure de mercure est blanc, insipide, volatil sans décomposition, insoluble dans l'eau; il devient
jaune et finit même par noircir au contact de la lumière.
L'air ne le décompose pas; l'acide chlorhydrique ne parvient pas à le dissoudre, tandis qu'il est soluble dans la
solution de chlore, qui le fait passer à l'état de bichlorure.
L'acide sulfurique bouillant le décompose, en donnant du
gaz sulfureux, du sulfate de bioxyde de mercure et du bichlorure, comme cela peut se voir par l'équation

$$2\,\mathrm{Hg\,Ch^2} + 3\,\mathrm{SO^3} = 2\,\mathrm{SO^2} + \mathrm{SO^3\,Hg\,O^2} + \mathrm{Hg\,Ch^4}.$$

Les acides sulfhydrique et iodhydrique le convertissent
en sulfure et en protoiodure. Les solutions de potasse, de
soude, de chaux, etc., en opèrent la décomposition, et en
séparent du protoxyde de mercure, qui lui-même se décompose en bioxyde et en mercure métallique. Le phosphore lui enlève du chlore à l'aide de la chaleur, et se
transforme en protochlorure de phosphore. L'iode s'em-

pare d'une portion de son métal, et le transforme en bichlorure, en passant lui-même à l'état de biiodure.

Le bichlorure de mercure est employé avec succès pour
conserver les pièces anatomiques, pour détruire les ver-
mines et conserver les bois. Mais ce composé remarquable
doit surtout sa célébrité à son emploi dans la médecine pour
combattre les maladies vénériennes constitutionnelles, soit
à l'intérieur, soit à l'extérieur. On le prépare en faisant sublimer dans un matras un mélange de sel marin, de sulfate
de bioxyde de mercure et de bioxyde de manganèse. Le
matras est chauffé dans un bain de sable pendant quinze
heures au moins. Il se passe une réaction semblable à celle
qui a lieu dans la préparation du calomel ; il y a double
décomposition, formation de sulfate de soude et de bichlorure de mercure. Le bioxyde de manganèse ne sert,
dans cette opération, qu'à transformer, par une partie de
son oxygène, en sulfate de bioxyde de mercure les petites
portions de sulfate de protoxyde qui pourraient exister
dans la masse sur laquelle on opère. Le bichlorure se sublime à la partie supérieure du ballon en petits cristaux,
et peut être recueilli en brisant le ballon. La réaction est
écrite dans l'équation

$$S^2 O^6 \, Hg O^2 \; + \; 2\,Na\,Ch^2 \; = \; 2\,SO^3\,NaO \; + \; Hg\,Ch^4.$$

Le bichlorure de mercure est blanc, satiné et cristallisable en prismes aplatis ; il peut fondre à une température peu élevée et se volatiliser ; il se dissout dans 16 parties d'eau froide, 3 d'eau bouillante, et 2 parties d'alcool
froid. Les acides augmentent sa solubilité dans l'eau, sans
l'altérer. L'acide chlorhydrique en dissout beaucoup, et
forme une solution qu'on peut considérer comme un chlor-

hydrate de bichlorure. L'acide sulfhydrique en excès le transforme en bisulfure. Exposé pendant longtemps à l'action de l'air, il devient opaque et pulvérulent à sa surface. La plupart des corps simples qui ont de l'action sur le protochlorure décomposent aussi le bichlorure.

Comme on peut le prévoir facilement, la potasse, la soude et la chaux en solution doivent donner, avec le bichlorure, un précipité de bioxyde de mercure; l'ammoniaque produit un précipité blanc qui est un *oxychlorure ammoniacal*. Presque toutes les substances organiques peuvent à la longue décomposer le sublimé corrosif et le transformer en protochlorure. La présence des chlorures alcalins prévient cet effet et donne de la stabilité au bichlorure par la formation d'un chlorure double. Mis en contact avec du blanc d'œuf, le sublimé corrosif s'y combine immédiatement, et forme un composé insoluble, tout à fait sans action sur l'économie animale. Voilà pourquoi le blanc d'œuf est employé comme antidote de l'empoisonnement par le sublimé corrosif.

Le chlorure d'argent existe dans certaines mines de ce métal, et peut être produit en faisant agir le chlore sur l'argent à l'aide de la chaleur, ou bien en traitant un sel soluble d'argent par le chlorure de sodium. Il y a une double décomposition qui donne naissance à des flocons blancs caillebottés, insipides, insolubles dans l'eau et les acides, mais solubles dans l'ammoniaque, et qui, exposés à la lumière, passent rapidement au violet. Ce changement de couleur est dû à une déperdition de chlore du chlorure, perte qui est sensible, d'après M. Gay-Lussac, par la décomposition d'une certaine quantité d'eau de la solution et la formation d'une certaine quantité d'acide chlorique et d'acide chlorhydrique, qui restent dans la liqueur. Il faudrait alors admettre l'existence d'un sous-chlorure, chose peu probable : il est peut-être plus juste d'attribuer ee changement de couleur à un nouvel état moléculaire du chlorure déterminé par la lumière, de telle sorte qu'il se produirait dans cette circonstance un véritable phénomène de dimorphisme.

Le chlorure d'argent est peu soluble dans les acides puissants, si ce n'est dans l'acide chlorhydrique concentré, qui en dissout beaucoup. Quand on le chauffe jusqu'à 360°, il entre en fusion, et se prend par le refroidissement en une masse grise demi-transparente, ayant la consistance et l'aspect de la corne, et désignée autrefois sous le nom d'*argent corné*. Le fer et le zinc le décomposent à une température peu élevée, même sous l'eau, absorbent le chlore et se transforment en chlorures solubles. Le plomb et l'antimoine le décomposent aussi, mais à une température plus élevée. L'hydrogène le réduit avec facilité, et donne de l'argent qu'on obtient ainsi très-pur. Les alcalis le décomposent aussi à une température élevée, donnent un dégagement d'oxygène et un chlorure alcalin, tandis que l'argent est mis en liberté.

Chlorures d'or. Il existe deux chlorures d'or : un protochlorure $AuCh^2$, que l'on obtient en chauffant le perchlorure vers 200° seulement, et un perchlorure $AuCh^6$. Ce perchlorure d'or peut être obtenu en mettant de l'or en feuilles en contact avec une solution de chlore, ou bien en dissolvant, à l'aide de la chaleur, 1 partie d'or dans 4 parties d'eau régale. Le perchlorure d'or ainsi obtenu est rouge brunâtre, déliquescent, très-fusible, soluble dans l'eau, et capable de communiquer à ce liquide une couleur rouge jaunâtre plus ou moins foncée, suivant la concentration de la liqueur. Ce perchlorure est d'abord transformé par la chaleur en protochlorure, puis en or spongieux et mat. Sa solution tache la peau en pourpre, par suite de la décomposition de ce corps au contact de la substance organique.

En général, l'or est précipité de la solution du perchlorure par beaucoup de corps qui le ramènent à l'état métallique : c'est ainsi qu'agissent l'hydrogène, le charbon, le phosphore, certains métaux, les sels de protoxyde de fer, de protoxyde d'étain, de protoxyde de mercure, etc. Lorsqu'on verse une solution de sulfate de protoxyde de fer dans une dissolution de perchlorure d'or, il se forme un précipité vert brunâtre d'or métallique très-divisé, mat, qui ne tarde pas à se déposer sous forme d'une poudre ressemblant à de l'ocre brune. Dans les arts, on emploie ce moyen pour obtenir l'or très-divisé qui sert à faire les dorures sur porcelaine.

Quand on verse la dissolution de protochlorure d'étain dans celle de perchlorure d'or, il se forme un précipité qui est brun lorsque les liqueurs sont concentrées, et violet, pourpre ou rose lorsque les solutions sont étendues : c'est à ce précipité que l'on donne le nom de pourpre de *Cassius*. On l'emploie dans les arts, pour former les fonds roses ou pourpres sur les porcelaines, et pour colorer les émaux en pourpre.

Les chimistes sont loin d'être d'accord sur la nature du pourpre de Cassius ; on sait seulement qu'il est composé d'or, d'oxygène et d'étain dans des proportions telles que 100 parties de pourpre renfermeraient 30 parties d'or, puis de l'oxygène et de l'étain dans le rapport convenable pour faire 70 parties d'acide stannique. On serait porté à penser que le pourpre serait un composé d'acide stannique et d'or; cette opinion paraît peu probable d'après les phénomènes ordinaires de la chimie. M. Dumas le considère comme un composé d'aurate et de stannate de protoxyde d'étain, ou comme un stannate double de protoxyde d'étain et d'un oxyde d'or particulier. A cette dernière hypothèse on peut objecter que les oxydes d'or étant facilement décomposables par la chaleur, le pourpre de Cassius serait détruit par une haute température, tandis qu'il résiste parfaitement à la chaleur des fourneaux dans lesquels se cuit la porcelaine.

Bromures, iodures et fluorures métalliques.

Il existe une très-grande analogie entre les bromures, les iodures, les fluorures métalliques et les chlorures; l'analogie est même si grande, que, connaissant l'histoire des chlorures, l'on peut prévoir les propriétés générales des bromures, iodures et fluorures. Si nous considérons seulement les bromures, on reconnaît qu'un chlorure volatil a pour correspondant un bromure volatil, qu'à un chlorure soluble correspond un bromure soluble, et que la composition des bromures est analogue à celle des chlorures.

Caractères distinctifs des bromures.

Nous ne nous occuperons pas à décrire les modes de préparation de ces corps; nous dirons seulement qu'ils sont analogues à ceux employés pour les chlorures. Mais nous allons donner les caractères qui peuvent servir à les faire distinguer des chlorures et des autres corps.

Caractères des bromures.

La solution des bromures est décomposée par le chlore, qui s'empare du métal et met le brome en liberté. Traités par l'acide sulfurique concentré, ces composés font effervescence, et laissent dégager des vapeurs blanches jaunâtres, formées d'acide bromhydrique et de brome; leur solution forme avec l'azotate d'argent un précipité jaune-

serin insoluble dans les acides et soluble dans l'ammoniaque.

Les iodures connus sont presque tous le produit de l'art, Iodures mé-
car on ne rencontre que deux iodures naturels, qui sont talliques.
ceux de potassium et d'argent. Les iodures sont généralement solides, cassants, inodores, diversement colorés, fusibles et même volatils : cependant un certain nombre se
décomposent avant de se volatiliser. Tous les iodures
sont décomposés par le chlore et par le brome, qui s'emparent du métal et mettent l'iode en liberté. L'eau dissout
un grand nombre d'iodures, et les laisse cristalliser par une
évaporation lente : elle décompose le biiodure d'étain et le
protoiodure d'antimoine, et les transforme en acide iodhydrique et en oxyde d'étain et d'antimoine. Les alcalis
et les acides se comportent avec les iodures comme avec les
chlorures et les bromures.

Les iodures, traités par l'acide sulfurique, font effer- Caractères
vescence et laissent dégager des vapeurs blanches jaunâtres distinctifs
et ensuite violettes; leur solution est décomposée par le des iodures.
chlore, qui s'empare du métal et met l'iode en liberté; celui-ci colore d'abord la liqueur en jaune, et ensuite en
jaune rougeâtre, en se combinant à la portion d'iodure
non décomposée et en la transformant en iodure ioduré;
mais lorsque tout l'iode est séparé de sa combinaison, il se
précipite sous forme d'une poudre noire qui peut donner
des vapeurs violettes quand on chauffe la liqueur. Un très-
bon caractère des iodures est celui que donne l'amidon; car
une dissolution d'amidon, versée avec un peu de chlore dans
la solution d'un iodure, donne une belle couleur bleue. La
solution des iodures est précipitée en jaune doré par les
sels de plomb dissous, en jaune verdâtre par ceux de prot-

oxyde de mercure, en jaune écarlate par les sels de bioxyde du même métal, et en blanc légèrement jaunâtre par l'azotate d'argent : ce dernier précipité est insoluble dans les acides et même dans l'ammoniaque.

Iodures iodurés. Dans l'action du chlore sur les iodures solubles il se forme des iodures contenant une plus forte proportion d'iode que l'iodure sur lequel on a expérimenté ; ils sont appelés iodures iodurés. On admet que l'excès d'iode est dissous dans l'iodure. Ils ne sont pas stables, car l'excès d'iode les abandonne par la dessiccation ou par la simple exposition du composé à l'air. Ils sont liquides et colorés en rouge-brun. Les iodures iodurés se comportent avec les réactifs absolument comme les iodures simples.

Iodures de mercure. Le mercure forme avec l'iode des composés qui ont acquis dans ces dernières années une assez grande importance, car des médecins les administrent avec avantage dans les maladies vénériennes et scrofuleuses. Le protoïodure, que l'on peut obtenir en traitant une dissolution d'azotate de protoxyde de mercure par l'iodure de potassium, est solide, vert, insoluble dans l'eau ; il est décomposable par l'acide iodhydrique et les iodures alcalins, en mercure métallique très-divisé et en biiodure qui se dissout.

Le biiodure de mercure peut se préparer en traitant une dissolution de bichlorure de mercure par l'iodure de potassium en excès. Il se forme un précipité d'un beau rouge, qui est du biiodure. Ce composé est fusible et volatil ; ses vapeurs se condensent en paillettes jaunâtres qui reprennent leur couleur rouge au bout de quelque temps. Il n'est pas sensiblement soluble dans l'eau, mais se dissout bien dans les acides chlorhydrique, iodhydrique, dans l'alcool, les chlorures et iodures solubles : à l'aide de ces dissolvants on peut l'obtenir en cristaux plus ou moins volumineux. Il existe encore un sesquiiodure de mercure, qui est rouge, et que l'on peut obtenir en traitant la dissolution d'azotate de mercure par un sesquiiodure de potassium.

Le fluorure de calcium est certainement le fluorure qui est le plus abondant dans la nature. Presque tous les fluorures sont solides à la température ordinaire ; deux seulement sont liquides : ce sont ceux d'arsenic et de titane. Deux autres paraissent gazeux : ce sont les perfluorures de manganèse et de chrome. Quand les fluorures sont chauffés, ils se liquéfient lorsqu'ils sont solides, et se volatilisent lorsqu'ils sont liquides. Comme le fluor n'a pu être isolé jusqu'ici, on conçoit très-bien que le seul moyen qui puisse être employé pour préparer les fluorures qui ne se trouvent pas dans la nature, consiste à traiter les oxydes métalliques par l'acide fluorhydrique. L'eau dissout plusieurs fluorures et en décompose plusieurs autres. *Fluorures métalliques.*

Les fluorures sont décomposés avec effervescence par l'acide sulfurique : il se dégage alors des vapeurs blanches d'acide fluorhydrique, reconnaissables par leur action corrodante sur le verre. *Caractères distinctifs.*

DES CYANURES.

Le rôle que joue le cyanogène nous a permis de faire l'histoire de ce corps et de l'acide cyanhydrique après celle des acides hydrogénés. Des considérations analogues nous conduisent à nous occuper maintenant des cyanures.

Ces composés sont tous des produits de l'art, car aucun ne se trouve dans la nature. Ils sont généralement solides, *Propriétés des cyanures.*

facilement décomposables au feu, peu solubles ou insolubles dans l'eau, à l'exception des cyanures alcalins et terreux et de celui de mercure. Les cyanures solubles ont une forte réaction alcaline sur les papiers, mais jamais ils ne se comportent comme les acides. Ils ont une odeur manifeste, caractéristique, connue sous le nom d'odeur prussique; ils sont peu stables, car ils sont décomposés par les acides faibles et l'air ordinaire, qui agit par l'acide carbonique qu'il renferme; il en résulte alors des carbonates et de l'acide cyanhydrique, dont l'odeur est celle que l'on remarque dans les cyanures. C'est une raison semblable qui fait que bien des sulfures sont odorants, et ont l'odeur du gaz sulfhydrique. Les causes qui rendent odorants les sulfures et les cyanures ne peuvent agir sur les chlorures, les bromures, les iodures et les fluorures, qui sont des sels très-stables.

Action de la chaleur et de l'eau sur les cyanures.

Les cyanures alcalins et terreux résistent à l'action de la chaleur quand ils sont secs; mais les cyanures métalliques, lorsqu'ils sont chauffés, donnent un résidu métallique après avoir laissé dégager leur cyanogène. L'intervention de l'eau active la décomposition des cyanures par la chaleur : c'est ainsi que les cyanures alcalins, quand on les chauffe dans l'eau bouillante, se décomposent totalement en même temps que l'eau, et donnent un formiate et de l'ammoniaque qui se dégage, comme on peut s'en convaincre par l'équation

$$KC^4Az^2 + 4H^2O = Az^2H^6 + C^4O^3H^2KO.$$

Action de l'acide chlorhydrique.

Traités par l'acide chlorhydrique, la plupart des cyanures, surtout les cyanures solubles, donnent de l'ammoniaque et de l'acide cyanhydrique ou de l'acide formique, suivant les quantités de matières qui réagissent. Dans le cas où l'acide est prédominant, il se forme de l'acide formique,

$$C^4Az^2K + 3H^2O + 2H^2Ch^2 = C^4O^3H^2 + Az^2H^6H^2Ch^2 + Ch^2K;$$

dans le cas contraire il se formerait de l'acide cyanhydrique, mais l'eau serait encore décomposée.

Les cyanures, comme nous l'avons dit, ne se trouvent pas dans la nature; on les obtient, soit en faisant réagir l'acide cyanhydrique sur les oxydes libres ou unis aux acides, soit en précipitant les dissolutions salines par le cyanure de potassium, soit encore en calcinant les cyanures doubles. Ce dernier procédé s'applique particulièrement aux cyanures alcalins. Quelquefois on combine le cyanogène aux métaux.

Le protocyanure de potassium Cy^2K peut s'obtenir directement, en chauffant le potassium dans une petite cloche courbe remplie de cyanogène; mais quand on veut l'avoir en plus grande quantité et à plus bas prix, il faut calciner au rouge, dans une cornue de porcelaine, un cyanure double formé de cyanure de potassium et de protocyanure de fer. Le cyanure de fer se décompose; l'azote du cyanogène se dégage, tandis que le carbone s'unit au fer et forme un carbure qui reste mélangé au cyanure de potassium. On traite ce mélange par une très-petite quantité d'eau qui dissout le cyanure et forme une liqueur qu'on doit évaporer dans le vide, pour qu'il ne se forme pas de carbonate par l'acide carbonique de l'air. Ce cyanure de potassium est jaune, très-soluble dans l'eau et peu soluble dans l'alcool.

Il s'unit au protocyanure et au sesquicyanure de fer,

25..

avec lesquels il forme des cyanures doubles qui ont beaucoup de stabilité. Le protoxyde de fer hydraté agit sur lui
comme le protocyanure de ce métal, et donne lieu à un
cyanure double : ici une partie du cyanure est décomposée par l'oxyde de fer, et il en résulte évidemment de la
potasse et du protocyanure de fer. Le cyanure de potassium
ne trouble pas les dissolutions alcalines, mais il précipite
au contraire un assez grand nombre de sels appartenant
aux quatre dernières sections.

Protocya-
nure de fer.

C'est ainsi qu'en traitant un excès de sulfate de protoxyde de fer par le cyanure de potassium, on obtient un
précipité orangé très-abondant de protocyanure de fer,
qui, par le contact de l'air, devient d'abord d'un vert
sale, puis d'un bleu foncé. Ce cyanure, Cy^2Fe, est surtout
remarquable par la faculté qu'il possède de se combiner
avec les autres cyanures simples, et de former des cyanures
doubles qui ont beaucoup de stabilité; tels sont surtout les
cyanures doubles alcalins.

Il existe encore un sesquicyanure de fer, que l'on peut
obtenir en traitant le sulfate de sesquioxyde de fer par le
cyanure de potassium, comme on le voit par l'équation

$$Fe^2O^3\,3SO^3 + 3Cy^2K = 3SO^3KO + Cy^6Fe^2\,;$$

c'est ce cyanure qui, en s'unissant au protocyanure de fer,
forme ce beau composé bleu connu sous le nom de bleu de
Prusse.

Bicyanure de
mercure.

Ce composé, d'une si grande importance, puisqu'il a
conduit Scheel à la découverte de l'acide cyanhydrique et
M. Gay-Lussac à celle du cyanogène, s'obtient en faisant
bouillir dans un matras de l'eau, du bleu de Prusse pur et
en poudre, et du bioxyde de mercure. Ce bioxyde, qui a

une très-grande tendance à décomposer tous les cyanures, agit à la fois sur les deux cyanures de fer dont est composé le bleu de Prusse, produit du bicyanure de mercure très-soluble, et des protoxyde et sesquioxyde de fer insolubles qui se précipitent. Cette réaction importante est écrite dans l'équation

$$2\,(Cy^2Fe,Cy^6Fe^2) + 4Hg O^2 = 4\,Cy^4Hg + 2\,FeO + 2\,Fe^2O^3.$$

En filtrant, on obtient une liqueur neutre qui donne, par sa concentration, des cristaux de cyanure transparents, quelquefois opaques, mais toujours anhydres. Ce bicyanure de mercure est inodore, très-vénéneux, et possède une saveur très-styptique, très-désagréable, et qui excite fortement la salivation. La chaleur le fond d'abord, puis le noircit et le décompose en mercure qui se volatilise, et en cyanogène qui se dégage. Mais il faut qu'il soit sec pour qu'il en soit ainsi; car, s'il est humide, au lieu de cyanogène on obtient de l'acide carbonique, de l'ammoniaque et beaucoup de vapeur cyanhydrique, ce qui indique évidemment que l'eau est décomposée. Le soufre favorise beaucoup la décomposition du cyanure de mercure : il donne alors du sulfocyanure de mercure, composé formé de soufre, de cyanogène et de mercure, qui, pulvérisé et chauffé de nouveau, se transforme en cyanogène et en cinabre ou sulfure de mercure.

La dissolution concentrée de potasse est sans action décomposante sur le bicyanure de mercure : elle ne fait que le dissoudre à chaud pour le laisser cristalliser par le refroidissement. Parmi les acides dont on a étudié l'action sur lui, il n'y a que les acides chlorhydrique et sulfhydrique qui puissent transformer le cyanogène de ce composé en acide cyanhydrique ; il se produit en même temps du bichlorure , du biiodure et du bisulfure. L'acide azotique bouillant ne fait que le dissoudre ; l'acide sulfurique concentré agit sur lui, mais en le décomposant et en produisant de l'acide sulfureux, du gaz carbonique , du sulfate d'ammoniaque et du sulfate de mercure. Il serait même possible qu'il ne se formât que du sulfate de mercure , du sulfate d'ammoniaque et de l'oxyde de carbone , comme on peut le voir par l'équation

$$HgC^4Az^2 + 2SO^3 + 3H^2O = C^4O^2 + SO^3Az^2H^6 + HgO, SO^3;$$

mais probablement que l'oxyde de carbone opère la décomposition d'un autre équivalent d'acide sulfurique , et produit de l'acide carbonique et du gaz sulfureux.

Ce cyanure est particulièrement caractérisé par la propriété qu'il a de précipiter en noir les sulfures alcalins, de dissoudre une grande quantité de bioxyde de mercure, et de prendre par ce fait des propriétés alcalines en perdant sa neutralité. L'oxyde est réellement dissous, et ne constitue pas un sous-cyanure. La liqueur peut cristalliser en houppes qui , humides, donnent, par leur décomposition par le feu, de l'acide carbonique, de l'ammoniaque , de la vapeur cyanhydrique , de l'azote et un liquide huileux; tandis que, sec, il ne donne, dans les mêmes circonstances, que du cyanogène, du gaz carbonique et de l'azote.

Pour terminer l'étude des propriétés de ce corps, nous dirons qu'il peut s'unir à l'azotate d'argent, à l'iodure de potassium, au cyanure de potassium, aux chromate et formiate de potasse, et former avec eux des composés définis susceptibles de cristalliser.

Quand on verse dans une dissolution d'argent de l'acide cyanhydrique, on obtient le cyanure d'argent, remarquable en ce qu'il s'unit aux autres cyanures et forme, comme le protocyanure de fer, des cyanures doubles très-stables. Pour obtenir les cyanures doubles alcalins, il suffit de mettre le cyanure alcalin en contact avec le cyanure d'argent : quant aux autres cyanures, qui sont pour la plupart insolubles, ils se préparent par voie de double décomposition. *Cyanure d'argent.*

L'alcool sépare le cyanure d'argent des cyanures doubles solubles. Ces cyanures ne sont troublés ni par les alcalis, ni par les chlorures ; enfin il paraît, d'après des recherches récentes, que le cyanure d'argent peut s'unir à l'acide cyanhydrique comme le protocyanure de fer, et former un acide cyanhydrique cyano-argenturé qui est très-stable.

Les cyanures sont des composés particulièrement caractérisés par la propriété qu'ils ont de donner des sels doubles. Les plus importants de ces cyanures doubles sont ceux où entre le protocyanure de fer ; car, leurs couleurs étant très-variées, ils offrent aux chimistes d'excellents réactifs pour reconnaître, comme nous l'avons vu, les bases des sels. Ces cyanures ferrés ont une composition représentée en général par $Cy^2Fe, 2Cy^2R$, où R représente un métal quelconque : on voit par là que le second cyanure entre pour 2 équivalents dans le composé, qui ne contient qu'un seul équivalent de protocyanure de fer. *Cyanures doubles ferrugineux.*

Quand on calcine dans une cornue, à l'abri du contact de l'air, les cyanures ferrugineux alcalins, on trouve que le cyanure alcalin n'est pas altéré, tandis que l'autre se décompose en cyanogène, en azote et en carbure de fer : les cya- *Action de la chaleur sur les cyanures doubles ferrugineux.*

nures des troisième et quatrième sections donnent du gaz
azote et des carbures de fer doubles où entrent 4 équivalents de carbone, et qui s'embrasent à l'air comme les py-
rophores; enfin les cyanures doubles des deux autres sections donnent du cyanogène, de l'azote et du quadricarbure
de fer C^4Fe. Mais, quand la calcination a lieu au contact de
l'air, le charbon est toujours brûlé, le fer toujours oxydé,
ainsi que l'autre métal, à moins qu'il ne fasse partie des
deux dernières sections. Nous avons vu que l'on profitait
de l'action décomposante du feu sur les cyanoferrures alcalins pour préparer le cyanure de potassium et les cyanures
alcalins.

Cyanofer-
rures.

Les cyanoferrures alcalins sont solubles et abandonnent
facilement leur eau de cristallisation par une douce chaleur ou dans le vide; la plupart des autres, et surtout
ceux des quatre dernières sections, sont insolubles; plusieurs, comme le bleu de Prusse, n'abandonnent leur eau
de cristallisation qu'au degré de chaleur où ils commencent à se décomposer. Les cyanures doubles insolubles
peuvent s'obtenir par voie de double décomposition au
moyen des cyanures alcalins ferrugineux, comme cela se
voit par l'équation

$$2SO^3 PbO + Cy^2 Fe, 2Cy^2 K = 2SO^2 KO + Cy^8 Fe, 2Cy^4 Pb,$$

où l'on a fait agir sur le cyanure double du sulfate de
plomb. Avec un simple cyanure de potassium, il se serait
produit du cyanure de plomb $Cy^2 Pb$.

Les cyanoferrures alcalins sont sans odeur, ne sont que
difficilement décomposés par les acides, et ne produisent
pas avec eux d'effervescence, comme les cyanures simples.
Ces corps n'agissent nullement sur l'économie animale,

tandis que les cyanures simples peuvent produire des empoisonnements.

Les acides énergiques, en agissant sur les cyanoferrures alcalins, forment, à la température ordinaire, un sel alcalin et un acide nouveau, l'acide cyanhydrique protocyanoferré, comme on le voit ici :

$$2SO^3 + Cy^2Fe, \ 2Cy^2Ba + 2H^2O = 2SO^3BaO + 2Cy^2H^2, \ Cy^2Fe,$$

les acides chlorhydrique et tartrique agissent d'une manière analogue sur le cyanoferrure de potassium. L'acide sulfhydrique, en passant à travers le cyanoferrure de plomb lavé et tenu en suspension dans l'eau, donne du sulfure de plomb qui se précipite et aussi de l'acide protocyanoferré, comme l'équation suivante l'indique d'ailleurs :

$$Cy^2Fe, \ 2Cy^2Pb + 2H^2S = 2PbS + 2Cy^2H^2, \ Cy^2Fe.$$

Cet acide peut cristalliser par l'évaporation spontanée de la liqueur dans le vide : les cristaux sont inodores, incolores et naturellement transparents ; mais ils bleuissent à leur superficie au contact de l'air par la formation d'une petite quantité de bleu de Prusse. Leur saveur est très-acide et ne ressemble pas à celle de l'acide cyanhydrique ordinaire ; ils se dissolvent très-bien dans l'eau et l'alcool sans les colorer. La solution aqueuse versée sur le peroxyde de fer ou dans un sel de peroxyde de fer donne tout de suite du bleu de Prusse ; elle neutralise complétement la potasse, la soude, la chaux, la baryte, et forme avec toutes ces bases des sels très-stables et en tout semblables à ceux qu'on obtient en traitant le bleu de Prusse par ces alcalis. Cette solution chauffée se décompose ; il en est de même quand on chauffe l'acide cris-

tallisé. En général, il agit comme un acide plus énergique
que l'acide cyanhydrique, et les réactions qu'il peut donner peuvent être facilement prévues en le considérant
comme du prussiate de fer en dissolution dans l'acide cyanhydrique ; car, contenant toujours 3 équivalents d'eau, si
on les lui ajoute, on aura :

$$2Cy^2H^2, Cy^2Fe + 3H^2O = 2(Cy^2H^2, H^2O) + Cy^2H^2FeO.$$

Acide cyan-hydrique ses-quicyano-ferré. Il existe un acide analogue au précédent, mais où le
protocyanure de fer est remplacé par le sesquicyanure de
fer, et dont la composition est représentée par la formule
$(2Cy^2H^2), Cy^6Fe^2$; cet acide peut cristalliser, possède
une saveur acide, et agit sur les dissolutions salines comme
l'acide précédent ; cependant il ne trouble en aucune manière les sels de peroxyde de fer et précipite en bleu ceux
de protoxyde. On le prépare en traitant le cyanure double
de potassium et de sesquioxyde de fer par un sel de plomb,
ce qui donne un sel de plomb ayant pour composition
$(2Cy^2Pb) Cy^2Fe^2$; et, traitant ce composé par l'acide sulfurique, il en résulte, par la décomposition de 2 équivalents d'eau, du sulfate de plomb $2SO^3PbO$ et l'acide
cyanhydrique sesquicyanuré $(2Cy^2H^2) Cy^6Fe^2$ qui colore
l'eau en rouge et qui cristallise en aiguilles jaunes brunâ-
tres par l'évaporation.

Action de l'acide sulfu-rique à chaud sur les cyano-ferrures. Quand on fait agir l'acide à chaud, à la température de
l'eau bouillante sur les cyanoferrures en excès, il se fait un
dépôt de protocyanure de fer, d'où l'on voit qu'à cette
température l'acide cyanhydrique ne s'unit pas au cyanure
ferrugineux. Dans le cas où l'acide serait prédominant,
l'acide cyanhydrique se décomposerait en acide formique
et en ammoniaque.

Quand l'acide sulfurique est concentré, alors les cyanures doubles s'unissent à l'acide et forment des composés définis, de véritables sels où les cyanures doubles jouent le rôle de bases, comme les chlorures vis à vis de l'acide chromique.

La potasse et les alcalis agissent d'une manière tranchée sur les cyanoferrures : de cette action il résulte presque toujours un cyanure double de potassium et de fer, comme on peut le voir par l'équation suivante, où R représente un métal quelconque :

$$2Cy^2R, Cy^2Fe + 2KO = 2Cy^2K, Cy^2Fe + 2RO.$$

On voit alors que la potasse KO et le cyanure Cy^2R éprouvent une double décomposition pour donner Cy^2K et RO.

C'est là ce qui arrive quand on traite le bleu de Prusse, qui est un cyanure double de protocyanure de fer et de sesquicyanure du même métal, par une dissolution de potasse; le sesquicyanure cède son cyanogène au potassium, et réciproquement, et la couleur bleue se change en celle du sesquioxyde de fer. Pour que le cyanure jaune qui se forme et qui reste en solution soit pur, il faut que le bleu de Prusse le soit lui-même. Comme il contient toujours de l'alumine, on le triture et on le traite par l'acide sulfurique étendu, qui dissout l'alumine et les autres matières étrangères.

La dissolution obtenue précédemment étant concentrée, puis refroidie, laisse peu à peu déposer en cristaux le cyanure double, que l'on peut purifier par une double dissolution et cristallisation. Ce cyanure est transparent, de couleur citrine, sapide et inodore; il contient ordinairement 3 équivalents d'eau, qu'une douce chaleur peut lui enlever en le faisant passer au blanc. Il contient, cristallisé, justement la quantité d'eau nécessaire pour convertir les métaux en protoxydes, le cyanogène en acide cyanhydrique, et permettre de le considérer alors comme la combinaison de deux cyanhydrates. Il est inaltérable à l'air, soluble dans trois fois et demi son poids d'eau, insoluble dans l'alcool, et ne se décompose qu'au-dessus du rouge en azote qui se dégage, et en un culot qui n'est qu'un mélange de cyanure de potassium et de quadricarbure de fer.

Il n'éprouve aucun changement ni par l'acide sulfhydrique, ni par les sulfures, ni par la noix de galle. L'acide sulfurique s'unit à ce sel et le dissout très-bien en produisant beaucoup de chaleur. Ce n'est qu'au-dessus de 100° que cette dissolution se décompose et laisse dégager des acides sulfureux, carbonique et du gaz azote, tandis qu'il reste des sulfates acides de potasse, de fer et ammoniaque. Le bioxyde de mercure, qui agit très-bien sur les cyanures simples, et même sur le bleu de Prusse, agit encore sur le cyanure jaune de fer et de potassium, en produisant du cyanure de mercure, de l'alcali libre, du cyanure de fer et un précipité jaune rougeâtre qui est du peroxyde de fer, comme cela se voit dans l'équation.

$$6(Cy^3Fe, 2Cy^2K) + 9HgO^2 = 8Cy^4Hg + 2Cy^3Fe + 2Fe^2O^3 + 12KO.$$

Il y aura toujours une portion de cyanure de fer dans la liqueur, et on obtiendra un sel qui contiendra tout à la fois du cyanure de fer, du cyanure de mercure et de la potasse.

Action du cyanure jaune sur les alcalis et les sels.

Comme nous l'avons déjà fait remarquer souvent, le cyanure jaune de potassium est un réactif précieux pour le chimiste. Ce sel ne produit aucun précipité dans les alcalis et les sels alcalins; mais la solution de cyanure jaune de potassium et de fer trouble presque toutes les dissolutions des sels appartenant aux quatre dernières sections et trouble aussi quelques sels terreux. Leur couleur, qui est très-variable, sert souvent dans les analyses à faire connaître la base d'un sel. Nous avons, à l'article des oxydes, fait connaître ces couleurs.

Quand dans le cyanure jaune $Cy^2Fe, 2Cy^2K$ de fer et de potassium, on verse une dissolution d'un sel de protoxyde de fer, il se produit un précipité blanc d'un cyanure double; ce cyanure blanc diffère du cyanure jaune en ce que 1 équivalent de cyanure de potassium paraît être remplacé par 1 équivalent de cyanure de fer, comme on peut le concevoir par l'équation

Cyanure blanc de potassium et de fer.

$$SO^3FeO + Cy^2Fe, 2Cy^2K = SO^3KO + 2Cy^2Fe, Cy^2K.$$

Ce cyanure blanc peut, par des lavages, se bleuir par la production d'une certaine quantité de bleu de Prusse, chose facile à concevoir.

Le bleu de Prusse, dont nous allons décrire les propriétés et le mode de préparation, a été la source de tous les composés du cyanogène, puisque c'est avec lui que nous avons préparé le cyanure jaune de potassium et de fer, et le cyanure de mercure. Sous le rapport commercial et industriel, il a aussi une très-grande importance, car ses usages dans les arts sont nombreux : ainsi les fabricants de papiers peints, les peintres en bâtiments en font une grande consommation : il est aussi employé pour la peinture à l'huile, mais avec peu de succès, puisqu'il devient peu à

Bleu de Prusse.

peu verdâtre : uni à la soie, il lui donne une belle teinte connue sous le nom de bleu Raymond, bleu que l'on prépare aujourd'hui en grand à Lyon dans plusieurs ateliers : on a fait aussi des essais heureux pour l'unir à la laine.

Le bleu de Prusse, dont le nom rappelle le pays où il a été préparé pour la première fois, a été découvert en 1710, par le plus grand des hasards, par Diebach, fabricant de couleurs à Berlin.

Depuis cette époque, ce corps a été l'objet d'un très-grand nombre de travaux. Il est maintenant bien prouvé, par des analyses rigoureuses et par toutes ses réactions, que c'est un cyanure double formé de protocyanure de fer et de sesquicyanure du même métal. Comme il contient toujours 4 équivalents d'eau qui ne peuvent disparaître que très-difficilement, on peut aussi en représenter la composition par une combinaison de cyanhydrate de protoxyde de fer avec du cyanhydrate de sesquioxyde de fer, comme cela se voit par l'équation

$$\text{Cy}^2\text{Fe}, \text{Cy}^6\text{Fe}^2 + 4\text{H}^2\text{O} = \text{Cy}^2\text{H}^2, \text{FeO} + \text{Cy}^6\text{H}^6, \text{Fe}^2\text{O}^3.$$

Le rôle du cyanogène, analogue à celui du chlore, du brome, de l'iode, nous porte à penser que c'est un cyanure double plutôt qu'une combinaison de deux cyanhydrates. MM. Porret et Robiquet, qui s'en sont beaucoup occupés, le considèrent comme une combinaison de sesquioxyde de fer Fe^2O^3 et d'acide cyanhydrique cyanoferré $2\text{Cy}^2\text{H}^2, \text{Cy}^2\text{Fe}$. On serait alors porté à penser qu'il devrait contenir 1 équivalent de base et 1 équivalent d'acide : en admettant cette idée, on aurait pour sa formule $(\text{Cy}^2\text{Fe}, 2\text{Cy}^2\text{H}^2)\,\text{Fe}^2\text{O}^3$, qui ne peut s'accorder avec l'hypothèse précédente, puisque, par la recomposition de l'hydrogène H^4 avec une quantité équivalente O^2 d'oxygène, on ne pourrait reproduire du protocyanure et du sesqui-cyanure avec les éléments qui resteraient. Pour qu'il se reformât ainsi du cyanure, il faudrait admettre qu'il y eût 3 équivalents d'acide cyanhydrique cyanoferré pour 2 équivalents de sesquioxyde, car on aurait bien

$$3\,(Cy^2Fe,\ 2Cy^2H^2)\ 2Fe^2O^3 = 3Cy^2Fe,\ 2Cy^6Fe^2 + 6H^2O,$$

formule différente de celle qui suppose le bleu de Prusse formé de 1 équivalent de protocyanure pour 1 équivalent de sesquicyanure ; car il y a ici 1 équivalent de sesquicya-nure pour $1\frac{1}{2}$ de protocyanure. C'est en cela que consiste réellement la différence entre les deux théories ; elle n'est pas autre part. La formule $Cy^2Fe,\ Cy^6Fe^2$ donne 4 équiva-lents de cyanogène pour 3 de fer, tandis que l'autre, $3\,Cy^2Fe,\ 2Cy^6Fe^2$, donne 9 équivalents de cyanogène pour 7 de fer : comme l'équivalent du cyanogène

$$Cy^2 = C^4Az^2 = 507,60,$$

et que celui du fer est 339,210, il s'ensuit que le rapport du poids du cyanogène, d'après la première formule, à ce-lui du fer, devrait être

$$\frac{4 \times 507,60}{3 \times 339,210} = \frac{2030,40}{1017,610},$$

tandis que, d'après la deuxième formule, ce rapport de-vrait être :

$$\frac{9 \times 507,60}{7 \times 339,210} = \frac{4568,40}{2374,470}.$$

Des expériences très-précises pourront seules décider quel rapport et par suite quelle formule on devra prendre.

Le bleu de Prusse est solide, d'un bleu très-foncé, insipide, inodore, insoluble dans l'eau et l'alcool, plus pesant que l'eau et inaltérable à une température de 150°. Distillé dans une cornue, il donne d'abord de l'eau, puis un peu de cyanhydrate d'ammoniaque et ensuite une grande quantité de carbonate d'ammoniaque, et laisse un résidu qui paraît être un tricarbure de fer pyrophorique, c'est-à-dire pouvant devenir incandescent quand on le chauffe. Le bleu de Prusse, lorsqu'il est parfaitement desséché, prend feu avec la plus grande facilité à l'approche d'un corps en combustion, et laisse pour résidu de l'oxyde de fer dans la proportion de 60 pour 100 de bleu de Prusse. Il verdit lentement lorsqu'on l'expose pendant longtemps au contact de l'air, de l'oxygène ou du chlore. Cette couleur verte est subitement produite dans le chlore gazeux, quand le bleu de Prusse est récemment précipité; elle tire même quelquefois vers le jaune. Ce qu'il y a de singulier dans ces phénomènes, c'est que les corps oxygénants font repasser au bleu le bleu de Prusse devenu ainsi verdâtre ou jaunâtre.

Quand on le traite par les solutions alcalines, les métaux des oxydes s'emparent du cyanogène pour former des cyanures alcalins, et cèdent leur oxygène au fer du bleu de Prusse; dans cette réaction la couleur bleue de ce dernier composé disparaît, et se trouve remplacée par la couleur de rouille qui caractérise le sesquioxyde de fer. Le bioxyde de mercure décompose également le bleu de Prusse; mais il se forme alors un cyanure de mercure.

Les acides affaiblis sont généralement sans action sur le bleu de Prusse; plusieurs acides concentrés le décomposent. Nous savons déjà que l'acide chlorhydrique le trans-

forme en acide cyanhydrique cyanoferruré; l'acide sulfurique concentré le décolore à froid, le rend blanc sans
dégagement d'acide cyanhydrique et d'aucun principe : la
couleur bleue reparaît par l'addition de l'eau, de l'eau
même purgée d'air. Il faut en conclure alors que le bleu
de Prusse ne devient blanc que parce qu'il contracte avec
l'acide sulfurique concentré à froid une véritable combinaison, et que le blanc ne redevient bleu que parce que l'acide
affaibli ne possède pas cette propriété. On pourrait encore
expliquer ces phénomènes remarquables en admettant que
l'acide sulfurique s'empare de l'eau du composé en le faisant ainsi passer du bleu au blanc; de telle sorte que le
bleu de Prusse ne devrait sa belle couleur qu'à l'eau qu'il
tient en combinaison. Pour reconnaître celle de ces deux
explications qui est vraie, il suffit évidemment de prendre le
composé blanc, de le délayer dans l'eau pure, puis, lorsqu'il est devenu bleu, de rechercher par l'azotate de baryte si la liqueur contient de l'acide sulfurique.

L'acide sulfhydrique, l'étain et le fer en lames le font
aussi passer du bleu au blanc lorsqu'il est récemment précipité et en suspension dans l'eau; alors il se transforme en
protocyanure. Le protochlorure d'étain et le sulfate de fer
peuvent également en modifier la couleur et la rendre
moins intense. Nous rappellerons, pour terminer l'histoire
des propriétés du bleu de Prusse, qu'il peut s'unir au cyanure jaune de potassium en diverses proportions et former
un bleu soluble ou insoluble, suivant que la quantité de
cyanure jaune est plus ou moins grande.

Dans les laboratoires on peut obtenir promptement Préparation
un bleu de Prusse très-pur en traitant la solution de du bleu de
cyanure jaune de potassium et de fer par un excès de ses- Prusse.

quichlorure de fer dissous : il se forme immédiatement des flocons bleus qui se précipitent ; on les lave par décantation, puis on les recueille sur un filtre et on les fait sécher.

On suit un procédé tout à fait différent dans les fabriques où l'on prépare le bleu de Prusse en grand. On mélange de la potasse du commerce avec son poids d'une matière animale azotée, telle que du sang desséché ou des rognures de corne, et on calcine ce mélange jusqu'au rouge, jusqu'à ce qu'il prenne une consistance pâteuse, dans un fourneau à réverbère ou dans un grand creuset de tôle ou de fonte : ce creuset est placé dans un grand fourneau surmonté d'un dôme ; sa partie antérieure est munie d'une porte par laquelle on introduit le combustible et la matière, tandis que la partie supérieure est surmontée d'un long tuyau qui se rend dans une cheminée. De cette manière on empêche les mauvaises odeurs de se répandre dans l'atelier. Si nous nous rappelons que la potasse du commerce contient de la potasse, du carbonate de potasse, du sulfate de potasse et du chlorure de potassium, on pourra prévoir ce qui se passera dans cette calcination : comme de l'oxyde de carbone brûle et se dégage, il faudra en conclure qu'une partie du charbon de la matière organique agit sur la potasse, la désoxygène et la transforme en potassium qui s'unit à une portion de cyanogène, lequel se dégage de la matière organique par la distillation : il y aura ainsi formation de cyanure de potassium et d'une petite quantité de sulfure de potassium par la réduction, au moyen du charbon, d'une partie du sulfate contenu dans le salin, de telle sorte qu'en cassant le résidu et le lavant, on obtiendra une liqueur qui contiendra de la potasse, du cyanure de potassium, des carbonate et sulfate de potasse, du sulfure de potassium et du chlorure de potassium. Si l'on versait dans la liqueur du sulfate de sesquioxyde de fer, il se précipiterait aussitôt du sulfure de fer, du cyanure de fer et du carbonate de fer ; mais si, au lieu de verser du sulfate de peroxyde de fer, on emploie un mélange de ce sel et d'alun, on voit tout de suite ce qui devra arriver ; car l'alun ou sulfate double d'alumine et de potasse, $So^3 KO (3So^3) Al^2 O^3$, est décomposé par la potasse, par le carbonate de potasse et par le sulfure de potassium, et laisse précipiter son alumine ; il se précipitera aussi du cyanure de fer et du sulfure de fer, provenant de l'action du sulfate de sesquioxyde de fer sur les cyanure et sulfure de potassium ; en même temps il se dégagera de l'acide carbonique, de l'acide sulfhydrique avec effervescence. Le résidu ou précipité, qui a une teinte grisâtre, est mis en contact avec beaucoup d'eau et prend une teinte bleuâtre ; il est de nouveau décanté, lavé, ce qui lui fait prendre une couleur bleue plus foncée ; enfin on obtient au cinquième lavage le bleu de Prusse dans tout son éclat : ce bleu est alors formé de bleu de Prusse pur et d'alumine, qui ne fait qu'affaiblir la teinte. Le sulfure de potassium, par l'effet des lavages multipliés avec de l'eau aérée, s'est peu à peu transformé en sulfate soluble et s'est séparé de l'alumine et du cyanure de fer. Il resterait maintenant à expliquer pourquoi ce cyanure s'est transformé en un cyanure double formé de protocyanure et de sesquicyanure : pour cela prenons 4 équivalents de protocyanure de fer ; on peut les représenter par $4Cy^2 Fe$ ou par $Cy^2 Fe + Cy^6 Fe^2 + Fe$; si l'on suppose que ces 4 équivalents soient mélangés avec de l'alumine, on voit que sous une influence oxygénante comme l'eau aérée, le mélange $Cy^2 Fe + Cy^6 Fe^2 + Fe + $ alumine sera soumis à une triple influence : premièrement à celle qui tend à unir le protocyanure Cy^2Fe au sesquicyanure Cy^6Fe^2; deuxièmement à celle qui tend à transformer le fer Fe en oxyde de fer par l'influence de l'oxygène; troisièmement à celle qui tend à combiner l'oxyde de fer à une partie de l'alumine qui entre dans le mélange pour former un aluminate. Si, au lieu de la formule Cy^2Fe, Cy^6Fe^2 adoptée dans cette explication, on prenait celle qui se rapporte aux travaux de M. Robiquet, on arriverait à des résultats analogues.

Des carbures métalliques.

On ne connaît que très-peu de carbures métalliques; cependant le fer et le carbone peuvent se combiner en plusieurs proportions, et donner naissance à plusieurs composés remarquables, tels que l'acier, la fonte et la plombagine.

Acier. Les chimistes et les manufacturiers distinguent quatre aciers différents : 1° l'acier naturel; 2° l'acier de cémentation; 3° l'acier fondu; 4° l'acier damassé. Tous ces aciers sont des produits de l'art.

Acier naturel. L'acier naturel est encore connu sous les noms d'acier d'Allemagne, de forge ou de fonte. Il se fait tantôt avec la fonte blanche, tantôt avec la fonte grise, quelquefois avec les deux ensemble. Cette fonte est exposée dans des fourneaux à réverbère, et on la tient fondue pendant dix heures, en dirigeant sur la surface un courant d'air destiné à brûler une partie du carbone. Lorsque la fonte commence à devenir pâteuse, on l'enlève en portions que l'on présente au vent d'un soufflet, et que l'on forge ensuite sous le martinet.

L'acier de cémentation se prépare en chauffant du fer de Acier de cémentation. bonne qualité, au milieu de la poussière de charbon, dans des caisses en tôle ou en terre à creusets. Ces caisses sont d'abord recouvertes d'une couche de cément formé d'un mélange de suie, de charbon de bois, de cendre et de sel marin. Au-dessus de ce cément, on met un lit de barres de fer espacées les unes des autres de la largeur du doigt, puis une nouvelle couche de cément, une nouvelle couche de barres de fer, etc. On achève de remplir la caisse par une couche d'argile, pour empêcher le contact de l'air, puis on la porte à la température rouge dans un fourneau particulier, et on la maintient à cette température pendant cinq à six jours. Au bout de ce temps, on examine les extrémités de quelques barres de fer que l'on a laissées passer au dehors pour servir d'éprouvette, et, si la combinaison s'est opérée jusqu'au centre de la barre, on laisse refroidir la caisse, car l'opération est terminée. L'acier ainsi préparé est boursouflé à sa surface, ce qui lui a fait donner le nom d'acier *poule*; on le forge en barres pour le mettre dans le commerce. Dans cette opération le charbon se combine au fer, en passant successivement des couches superficielles aux couches intérieures. On voit par là que ces dernières doivent contenir moins de charbon que les premières.

L'acier fondu est le meilleur de tous les aciers : voilà Acier fondu. pourquoi il est tant recherché par les ouvriers pour la confection de leurs outils. Il se fabrique en fondant l'acier naturel ou l'acier de cémentation dans des creusets de terre réfractaire, en ayant soin de recouvrir l'acier d'une légère couche de verre pilé et de charbon, et de boucher les creusets de leurs couvercles. Quand l'acier est fondu, il se fait une répartition plus égale du charbon dans toute la masse.

Quand la fusion est terminée, on enlève le laitier qui est à la surface de l'acier, et on coule celui-ci en lingots. Cet acier est plus dur que les deux autres; il est aussi plus fusible, ce qui fait qu'on ne peut le souder, soit avec lui-même, soit avec le fer, sans difficulté; il est susceptible de prendre un poli plus beau que les deux autres espèces.

Acier damassé ou acier Vootz.

L'acier damassé est celui qui sert à faire les damas dans tout l'Orient; sa surface est moirée et cristallisée. M. Faraday pense que les propriétés de cet acier sont dues à la présence d'une certaine quantité d'aluminium; ce chimiste est même parvenu à imiter l'acier de Wootz, en préparant un alliage de fer et d'aluminium par la calcination prolongée de l'alumine et du fer carburé, puis unissant une partie de cet alliage avec sept parties d'acier de bonne qualité. Pour faire paraître le moirage sur l'acier damassé, il est nécessaire de le soumettre à l'action de l'acide sulfurique affaibli, lorsqu'il est forgé. D'autres chimistes pensent que la matière du damas d'Orient est un acier fondu plus chargé de carbone que nos aciers d'Europe, et dans lequel il s'est formé par le refroidissement une cristallisation de deux combinaisons distinctes de fer et de carbone, l'une plus carburée que l'autre.

Propriétés de l'acier.

L'acier est solide, brillant, ductile, malléable, d'une texture granuleuse très-serrée, et susceptible de prendre un

Trempe de l'acier.

beau poli. Mais la *trempe* est sa propriété la plus curieuse et la plus importante. Lorsqu'on expose l'acier à l'action d'une chaleur rouge, et qu'on le fait refroidir subitement en le plongeant dans l'eau, il devient plus élastique, plus dur, moins malléable et plus ductile qu'auparavant : on dit alors que l'acier est *trempé,* parce que c'est en le

trempant dans un liquide qu'on lui communique ces propriétés. L'acier trempé peut reprendre ses propriétés primitives si on le chauffe de nouveau, et si on le laisse alors refroidir lentement. Les physiciens ont cherché à expliquer
le phénomène de la *trempe de l'acier :* mais leurs explications paraissent très-peu satisfaisantes. Le plus souvent,
dans les arts, on donne d'abord à l'acier une trempe plus
forte que celle qui lui est nécessaire, et on la ramène à un
degré convenable en faisant recuire le métal, c'est-à-dire en
le chauffant à un certain degré et le laissant ensuite refroidir
dans l'air. On juge du degré auquel l'acier a été recuit par
les teintes diverses qu'il prend à sa surface à mesure qu'on le
chauffe : ces teintes sont d'abord jaune-paille, puis brune,
puis bleue. La première teinte indique la trempe nécessaire
pour les instruments qui doivent avoir un tranchant vif,
tels que les rasoirs, les canifs, etc.; la seconde est l'indice
de la trempe convenable aux ciseaux, couteaux, etc.; la
teinte bleue est donnée aux ressorts de montre et à tous
les objets dans lesquels on recherche une grande élasticité
jointe à une grande dureté.

En général, les agents qui attaquent le fer attaquent
aussi l'acier; ainsi l'air humide, l'eau aérée l'oxydent à sa
surface. L'oxygène se combine avec lui à une température
élevée, et le transforme en oxyde de fer et en acide carbonique. L'acier renferme de 6 à 7 millièmes de carbone,
rarement 10. On peut mettre à profit l'action de l'oxygène
sur l'acier pour analyser ce composé, et pour savoir combien les diverses variétés de ce composé renferment de
carbone. Les acides qui dissolvent le fer agissent de la
même manière sur l'acier, en laissant cependant avec ce
dernier un résidu noirâtre formé par le carbone qui entrait

dans sa composition. Cette action des acides permet de distinguer l'acier du fer : en effet, si l'on verse une goutte d'acide azotique sur un morceau d'acier, il s'y produit aussitôt une tache noirâtre; sur le fer cette tache est verdâtre et disparaît par le lavage à l'eau froide.

Fonte. La fonte est, comme l'acier, une combinaison de fer et de carbone. On en distingue quatre espèces : 1° la fonte blanche non cristallisée; 2° la fonte grise; 3° la fonte blanche cristallisée; 4° la fonte noire.

Fonte blanche non cristallisée. La fonte blanche non cristallisée est très-dure et très-cassante; elle se forme lorsque la chaleur n'est pas assez forte, ou lorsqu'on emploie trop peu de charbon par rapport au minéral; elle contient de 2 à 4 pour 100 de carbone uni au fer. Chauffée dans un creuset fermé et refroidie lentement, elle devient souvent douce et grise; si, au contraire, on la refroidit rapidement, elle reste blanche et aigre.

Fonte grise. La fonte grise est moins cassante et moins dure que la précédente ; sa texture est grenue. Ce qui fait que cette fonte est très-souvent employée dans les arts mécaniques, c'est qu'elle est assez douce pour qu'on puisse la limer, la tourner et la forer facilement. Elle ne contient pas plus de carbone que la précédente, mais ce corps n'est pas entièrement combiné au fer. Chauffée et refroidie lentement, elle devient blanche et cassante. Mise en contact avec l'eau, la fonte grise se décompose lentement; le fer s'oxyde, et le carbone reste uni à une portion de fer, de manière à former une masse analogue à la plombagine. Cette fonte exige, pour être produite, plus de charbon et une température plus élevée que pour la fonte blanche.

Fonte blanche cristallisée. La fonte blanche cristallisée est très-dure et très-cassante; elle contient 5 centièmes de carbone et une quantité assez forte de manganèse ; elle n'est pas recherchée.

La fonte noire contient une assez forte proportion de Fonte noire. carbone non combiné et à l'état de plombagine; c'est la plus fusible de toutes les espèces. Cette fonte est formée de gros grains inégaux, noirs et brillants, parmi lesquels on peut distinguer à l'œil sec de gros grains de plombagine; elle se forme lorsque le charbon est en grand excès par rapport au minerai, et que la température est très-élevée; elle contient jusqu'à 6 ou 7 centièmes de carbone.

Presque toutes les variétés de fonte contiennent quelques traces de soufre , de phosphore, de silicium et de manganèse.

La plombagine, plus connue sous les noms de *plomb,* Plombagine. *mine à crayon,* était autrefois considérée comme un carbure de fer; il est démontré maintenant que la petite quantité de fer que contient ce minéral n'est pas combinée, mais seulement mélangée au carbone. La plombagine est d'une couleur grise avec éclat métallique ; elle est douce au toucher, infusible à une haute chaleur, et elle peut résister à une haute température sans brûler. Elle tache en gris les corps sur lesquels on la frotte.

Des alliages.

Le nombre des métaux utiles est peu considérable ; Nature des mais, en les combinant, on forme de nouveaux métaux alliages. appelés alliages et dont les arts et l'industrie tirent un très-grand usage. Les alliages sont donc, comme nous avons déjà eu l'occasion de le dire, des composés qui résultent de la réunion de deux ou de plusieurs métaux. On caractérise et on nomme les alliages par les noms des métaux qui les forment : ainsi on dit alliage de fer et d'étain ; on dit par la même raison *amalgame* d'or pour désigner l'union de l'or et du mercure, sans qu'il soit nécessaire de prononcer le nom de ce dernier métal. Avant d'examiner les alliages en particulier, on peut immédiatement se demander si ces corps sont de véritables composés et non de simples mélanges. Les chimistes considèrent en général les alliages sous ce dernier point de vue : ils sont conduits à cette idée par l'observation de ce qui se passe quand on laisse refroidir un alliage composé de métaux de densités différentes et en fusion ; on sait qu'alors les métaux se séparent, et que les plus lourds se rendent au fond du creuset. Mais plusieurs observations tendent à prouver que les métaux sont de véritables combinaisons dont, à la vérité, les forces *affinitaires* sont très-faibles : ainsi, plusieurs alliages cristallisent très-bien et peuvent donner de beaux cristaux.

Propriétés des alliages. Les alliages sont solides à la température ordinaire ; mais les amalgames dans lesquels le mercure est prédominant conservent la liquidité de ce métal. Tous sont brillants en masse, et jouissent d'un éclat métallique plus ou moins prononcé ; ils ont une densité en rapport avec celle des métaux qui entrent dans leur composition ; ils sont opaques, bons conducteurs de la chaleur et de l'électricité, susceptibles de cristalliser, plus durs, plus cassants et moins ductiles que ne le sont leurs principes constituants. Quelques-uns d'entre eux ont une grande sonorité et beaucoup d'élasticité.

Action de la chaleur sur les alliages. Quand on chauffe les alliages, ils entrent en fusion à des températures variables : en général, les alliages sont plus fusibles que le métal le moins fusible qui entre dans leur composition ; et s'ils sont formés de métaux dont les points de fusion sont très-rapprochés, ils sont un peu plus fusibles que le plus fusible d'entre ces métaux. Si l'on expose un alliage à un degré de chaleur supérieur à son point de fusion, et qu'il soit composé d'un métal fixe et d'un métal volatil, alors cet alliage est décomposé en totalité ou en partie. Quand l'alliage est formé de métaux fixes qui entrent en fusion à des températures très-différentes, et quand surtout le métal le plus fusible y prédomine, on peut le décomposer en partie, en l'exposant à une température qui puisse opérer la fusion de l'un et qui soit incapable de fondre l'autre. Cette opération, que l'on désigne sous le nom de *liquation*, se pratique dans les arts pour séparer l'argent du cuivre.

Comme nous l'avons déjà fait pressentir, la composition de ces corps n'est pas soumise aux lois des combinaisons à proportions définies : les métaux peuvent être unis entre eux dans des proportions qui peuvent varier à la volonté de l'opérateur. La préparation des alliages se fait directement en unissant les métaux par la fusion. Il n'y a qu'un très-petit nombre d'alliages employés dans les arts : nous ne nous occuperons que de ceux-là. Composition et préparation des alliages.

L'alliage de fer et d'étain recouvre toujours les feuilles de fer-blanc si répandues dans les arts. Il se prépare en plongeant des feuilles de tôle dans une chaudière qui contient de l'étain en fusion. Cet étain est recouvert d'une couche de graisse pour empêcher son oxydation ; mais ces feuilles sont préalablement bien décapées avec du grès et de l'acide sulfurique, et plongées, pendant une heure, Alliage de fer et d'étain.

dans du suif fondu. Les feuilles de tôle sont maintenues verticalement pendant près de deux heures dans le bain d'étain, puis elles sont retirées et portées dans une chaudière remplie de suif fondu, où on les nettoie de l'excès d'étain qui se trouve à leur surface en les frottant avec une brosse de chanvre.

Le fer forme encore deux autres alliages : le premier est celui de fer et d'aluminium, dont nous avons déjà parlé au sujet de l'acier damassé; le deuxième est celui de fer et d'antimoine, qui est sans usage, mais qui jouit de la propriété de faire feu au briquet.

Alliage de zinc et de cuivre ou laiton. Le laiton ou cuivre jaune est l'un des alliages les plus communs et les plus précieux par ses nombreux usages dans les arts mécaniques. Il est formé de 2 parties de cuivre et 1 partie de zinc; mais il contient presque toujours 2 et même 3 centièmes de plomb qui le rendent plus propre à être travaillé au tour; il renferme aussi parfois de petites quantités d'étain. Ces deux métaux se trouvent principalement dans les laitons qui sont fabriqués avec du vieux cuivre étamé; et cela se conçoit, puisque l'étamage se fait ordinairement avec un alliage de plomb et d'étain. Le cuivre jaune se prépare, soit en unissant le cuivre au zinc métallique, soit en chauffant ensemble un mélange de charbon, de cuivre et de carbonate de zinc. Le composé obtenu est jaune, très-malléable et très-ductile à froid, mais fragile et cassant au-dessous du rouge obscur; il est plus fusible que le cuivre rouge, peu altérable à l'air humide, à la température ordinaire, mais est transformé par ce gaz, à l'aide de la chaleur, en oxydes de cuivre et de zinc; enfin il laisse dégager presque tout le zinc qu'il contient, quand on l'expose à un violent feu de forge. Voilà pourquoi les fondeurs , avant de couler le laiton, y ajoutent presque toujours une nouvelle quantité de zinc qu'ils ont soin de bien remuer avec toute la masse, afin de rendre l'alliage homogène.

4 parties de cuivre rouge et 1 partie de zinc forment un alliage qui peut prendre, par l'action des acides, l'apparence de l'or.

Le chrysocale est encore appelé *similor, or de Manheim, or de Corse;* il est formé ordinairement de 90 parties de cuivre, de 8 parties de zinc et de 2 parties de plomb. Cet alliage est plus ductile que le plomb; sa beauté et sa ressemblance avec l'or le font rechercher pour la fabrication des faux bijoux. Chrysocale.

La soudure des plombiers est un alliage que l'on obtient en fondant ensemble 1 partie d'étain avec 2 parties de plomb. Il est solide, blanc grisâtre, malléable, plus fusible que l'étain, et peut très-bien servir à souder ensemble les les tuyaux de plomb, les tuyaux de cuivre et les feuilles de fer-blanc. Alliage d'é-
tain et de
plomb, ou
soudure des
plombiers.

L'airain ou bronze est un alliage formé de 90 parties de cuivre et de 10 parties d'étain; il sert, comme on sait, à fabriquer les canons. Il est d'une couleur jaune un peu rougeâtre, légèrement malléable, plus dur et plus fusible que le cuivre et peu altérable au contact de l'air humide. Alliages d'é-
tain et de
cuivre.

Le métal de cloche est un alliage formé de 22 parties d'étain et de 78 parties de cuivre. Il est d'un blanc grisâtre, cassant, à grains fins. En unissant 20 parties d'étain avec 80 parties de cuivre, on forme l'alliage qui sert à fabriquer les tam-tams et les cymbales. Les timbres des horloges contiennent un peu plus d'étain que l'alliage des cloches. Enfin les miroirs des telescopes sont formés d'un alliage que l'on compose en unissant 1 partie d'étain à 2 parties de cuivre.

Tous ces différents alliages de cuivre et d'étain jouissent de la propriété très-remarquable de devenir très-malléables par la trempe. Sous ce rapport, ils se comportent d'une manière inverse de l'acier, qui devient dur par la trempe, ainsi que nous l'avons reconnu. Pendant bien longtemps les Européens ont été dans l'impuissance de fabriquer le fameux instrument des Chinois connu sous le nom de *tam-tam*. M. d'Arcet, qui a fait de nombreux et beaux travaux en chimie industrielle, après avoir reconnu au métal des tam-tams la composition citée plus haut, essaya d'en faire fondre d'après les proportions voulues. Ses essais furent d'abord impuissants ; mais, après avoir remarqué que les instruments qui venaient de la Chine portaient les signes d'un fort martelage ; après avoir observé que le métal était très-cassant et très-dur, ce qui était des conditions contraires à la réussite du martelage, il pensa que l'alliage avait subi quelque préparation toute particulière. C'est dominé par cette idée qu'il tenta un grand nombre d'expériences qui le conduisirent à reconnaître que l'alliage des tam-tams était ductile, et pouvait très-bien se façonner au marteau, après qu'il avait été trempé. Il put confectionner ainsi des instruments qui ont la même sonorité que ceux des Chinois.

Alliages de l'antimoine.

Le plomb et l'antimoine peuvent former un alliage très-important, puisqu'il sert à faire les caractères d'imprimerie. Il est formé de 80 parties de plomb et de 20 parties d'antimoine ; il est malléable, plus dur que le plomb, fusible au-dessous de la chaleur rouge-cerise.

L'alliage formé par l'union de 1 partie d'antimoine et

de 9 parties d'étain est blanc, cassant, plus dur que l'é-
tain; il sert à faire les planches avec lesquelles on grave la
musique. L'antimoine peut aussi former avec le fer un alliage dur et blanc qui porte le nom de *régule martial.*

Le plomb et l'argent peuvent s'unir et former un alliage
qui n'est pas employé dans les arts, mais qui sert aux chimistes pour déterminer le titre de l'argent dans les alliages
de cuivre et d'argent. *Alliage d'argent et de plomb.*

Le cuivre et l'argent peuvent former divers alliages. Les
proportions de ces métaux varient suivant les usages auxquels on destine l'alliage; c'est à ces proportions, qui sont
rigoureusement fixées par les lois dans chaque pays, que
l'on donne le nom de titre de l'argent. En France, l'argent
monnayé renferme 900 parties d'argent et 100 parties de
cuivre sur 1000 parties d'alliage. On exprime ces rapports
en disant que la monnaie d'argent est en France au titre
de $\frac{900}{1000}$. Les bijoux d'argent sont, en France, au titre de
$\frac{800}{1000}$, c'est-à-dire que l'alliage dont ils sont formés renferme
800 parties d'argent sur 1000 ; la vaisselle est au titre
de $\frac{950}{1000}$; la monnaie de billon est au titre de $\frac{200}{1000}$ seulement. *Alliages de cuivre et d'argent.*

Les alliages de cuivre et d'argent conservent la couleur
blanche, même lorsque les deux métaux sont unis à parties égales. On forme facilement ces alliages par la fusion.
Il est à remarquer que le cuivre donne à l'argent plus de
dureté et plus de sonorité.

Le cuivre s'allie en toutes proportions avec l'or, sans
en changer la couleur, et en lui communiquant une dureté
plus grande. On se sert de ces alliages pour fabriquer la
monnaie d'or et les bijoux. Le titre de l'or s'exprime,
comme le titre de l'argent, par des nombres. En France,
les monnaies d'or renferment 900 parties d'or et 100 de *Alliages d'or et de cuivre.*

cuivre pour 1ooo parties d'alliage ; par conséquent leur titre est à $\frac{900}{1000}$. L'alliage qui sert à confectionner la vaisselle est au titre de $\frac{920}{1000}$; les bijoux sont au titre de $\frac{840}{1000}$ et de $\frac{750}{1000}$. L'alliage des bijoux contenant une grande proportion de cuivre est exposé à se ternir à l'air. On le nettoie facilement en le passant dans l'ammoniaque caustique et en le lavant ensuite à grande eau.

Alliages de platine. Le platine s'allie facilement, par la fusion, avec un grand nombre de métaux. L'alliage qu'il forme avec le cuivre est ductile, très-dur, susceptible de recevoir un beau poli qui ne ternit pas à l'air humide. Il est d'autant plus blanc que le platine entre dans sa composition en plus forte proportion. On s'en est servi pour faire des miroirs de télescope. L'alliage de platine et d'or est blanc argentin, lors même que cet alliage ne contient qu'un onzième de platine.

Alliages du mercure ou amalgames. Les amalgames ne sont pas des composés très-stables, car ils sont décomposés par la chaleur ; le mercure distille et l'autre métal reste au fond du creuset ou de la cornue. Il est même à remarquer que plusieurs alliages sont liquides à la température ordinaire. Ceux qui sont employés sont :

1°. L'*amalgame d'étain,* qui est employé dans l'étamage des glaces : l'opération consiste à verser du mercure sur une lame d'étain étendue horizontalement sur une table de fer bien plane, à appliquer la glace dessus et à la charger de poids pour la faire adhérer à l'amalgame.

2°. L'*amalgame de bismuth,* dont on se sert pour étamer la surface interne des bouteilles et globes de verre. Il est formé de 4 parties de mercure et de 1 partie de bismuth ; on le verse fondu dans les vases que l'on veut étamer et qui ont été préalablement chauffés et desséchés, et on l'agite pour le disséminer sur toute la surface intérieure, à laquelle il adhère par le refroidissement.

On forme aussi avec le mercure, l'étain et le bismuth, des alliages qui jouissent, selon les proportions de ces métaux, de la propriété de se fondre à de basses températures, à la température de l'eau bouillante : ce sont ces alliages qui servent à construire les rondelles fusibles dont on a voulu, pendant plusieurs années, se servir pour empêcher les explosions des machines à vapeur.

Les amalgames d'or et d'argent servent à argenter et à dorer les métaux, particulièrement le cuivre ; ces alliages servent encore, comme nous l'avons déjà vu, à extraire l'or et l'argent des minerais qui les contiennent. Ces amalgames sont faciles à former.

Amalgames d'or et d'argent.

FIN DU PREMIER VOLUME.

Chapître 2

Chimie exp. et théorique

page fantôme . 7.478 .

planche 1 à $\overline{VIII}$

CHIMIE

EXPÉRIMENTALE ET THÉORIQUE,

appliquée

AUX ARTS INDUSTRIELS ET AGRICOLES,

Par MUNIN,

Ancien élève de l'École Normale, ancien professeur de Physique et de Chimie au Collége royal de Bourges, membre de la Société d'Émulation de Brest.

TOME PREMIER.

PARIS,

BACHELIER, IMPRIMEUR-LIBRAIRE

DE L'ÉCOLE POLYTECHNIQUE ET DU BUREAU DES LONGITUDES,

Quai les Augustins, 55.

1845.

LIBRAIRIE DE BACHELIER,

Quai des Augustins, 55.

TRAITÉ ÉLÉMENTAIRE D'ASTRONOMIE PHYSIQUE, destiné à l'enseignement dans les Colléges, etc. ; par M. BIOT, membre de l'Institut ; 3e édit., entièrement refondue et considérablement augmentée ; in-8º, avec atlas (*sous presse*).

Les DEUX PREMIERS VOLUMES, avec atlas, sont en vente.

Les tomes III et IV sont sous presse.

ÉLÉMENTS DE GÉOMÉTRIE, par M. CATALAN, ancien élève de l'École Polytechnique, répétiteur à ladite École ; in-8º, avec 17 pl. 5 fr. 5o c.

COURS DE PHILOSOPHIE POSITIVE, par M. AUG. COMTE, ancien élève de l'École Polytechnique, répétiteur d'Analyse transcendante et de Mécanique rationnelle à ladite École ; 6 vol. in-8º. . . . . . 5o fr.

COURS D'ANALYSE DE L'ÉCOLE POLYTECHNIQUE, par M. DUHAMEL, directeur des études à l'École Polytechnique ; 2 vol. in-8º, 184o et 1841. . . . . 1o fr.

COURS DE MÉCANIQUE DE L'ÉCOLE POLYTECHNIQUE, par *le même* ; in-8º.

La 1re partie est en vente. . . . . 5 fr. 5o c.

La 2e partie est sous presse.

TABLES DE LOGARITHMES DE LALANDE, étendues à SEPT DÉCIMALES par MARIE ; précédées d'une Instruction par REYNAUD ; tirage de 1845, corrigé ; in-12. . . . . 3 fr. 5o c.

COURS DE PHYSIQUE DE L'ÉCOLE POLYTECHNIQUE, par M. LAMÉ, membre de l'Institut ; 2e édit., revue et augmentée ; 3 vol. in-8º, 184o. . . . . 18 fr.

ESSAI SUR LA COMPOSITION DES MACHINES, par MM. LANZ et BÉTANCOURT ; 3e édit., revue, corrigée et augmentée ; vol. in-4º, avec 13 grandes planches, 184o. . . . . 15 fr.

EXPOSITION DU SYSTÈME DU MONDE, par LAPLACE ; 6e édit., précédée de l'Éloge de l'auteur, par FOURIER ; in-4º, papier fin, avec portrait, 1835. . . . . 18 fr.

—— Le même Ouvrage ; 2 vol. in-8º, 1835. . . . . 15 fr.

EXERCICES SUR LA PHYSIQUE, ou Recueil de questions, de problèmes et d'éclaircissements sur différentes parties de cette science, avec les solutions ; par M. PIERRE, professeur de Mathématiques ; in-8º, avec 4 grandes planches, 1838. . . . . 4 fr.

TRAITÉ DE MÉCANIQUE, par POISSON ; 2e édit., considérablement augmentée ; 2 forts vol. in-8º, 1833. . . . . , ... 18 fr.

ÉLÉMENTS DE TRIGONOMÉTRIE RECTILIGNE ET SPHÉRIQUE, par M. DELISLE, examinateur d'admission à l'École Navale, professeur de Mathématiques spéciales au Collége Saint-Louis, et M. GERONO, professeur de Mathématiques ; in-8º, avec planches, 1845. 3 fr. 5o c.

Imprimerie de BACHELIER, rue du Jardinet, 12.

9 782013 604833